Michael Groß

Einfach machen!

Wie Komplexität beherrschbar und das Leben
erfolgreicher wird

REDLINE | VERLAG

Bibliografische Information der Deutschen Nationalbibliothek:
Die Deutsche Nationalbibliothek verzeichnet diese Publikation in der Deutschen National-
bibliografie; detaillierte bibliografische Daten sind im Internet über **http://d-nb.de** abrufbar.

Für Fragen und Anregungen:
lektorat@redline-verlag.de

1. Auflage 2016

© 2016 by Redline Verlag, ein Imprint der Münchner Verlagsgruppe GmbH,
Nymphenburger Straße 86
D-80636 München
Tel.: 089 651285-0
Fax: 089 652096

Redaktion: Marion Appelt, Berlin
Umschlaggestaltung: Catharina Aydemir, Starnberg
Umschlagabbildung: shutterstock/bikeriderlondon
Satz: Machleidt Medienbearbeitung, Ottobrunn
Druck: CPI books GmbH, Leck
Printed in Germany

ISBN Print 978-3-86881-628-0
ISBN E-Book (PDF) 978-3-86414-891-0
ISBN E-Book (EPUB, Mobi) 978-3-86414-890-3

Weitere Informationen zum Verlag finden Sie unter

www.redline-verlag.de
Beachten Sie auch unsere weiteren Imprints unter
www.muenchner-verlagsgruppe.de

Inhalt

Einfachheit ergibt sich nicht durch das Ignorieren von Komplexität, sondern durch den meisterhaften Umgang damit.

Aus einem Gespräch mit Steve Jobs (1955–2011)

Einführung:
Einfachheit als neue Qualität

Die Anforderungen, die nicht nur der Beruf an uns stellt, werden immer komplexer. Ständig kommt etwas Neues hinzu. Durch die Digitalisierung nahezu aller Branchen werden immer mehr Daten gesammelt und zu Informationen verknüpft. Doch was das »neue« Wissen für uns bedeutet oder wozu es nutzt, können derzeit nur sehr wenige ermessen.

Für viele Menschen führt dieser Fortschritt zu wachsender Unübersichtlichkeit, Vielfältigkeit und Vieldeutigkeit in der Arbeit und im Leben. Langfristige Perspektiven aufzubauen, die persönliche Zukunft zu planen erscheint ihnen immer häufiger schier unmöglich. Aber diese Unsicherheit allein ist nicht das Problem.

Schwer zu bewältigen ist die Komplexität vor allem durch uns. Der moderne Mensch neigt dazu, sein Leben komplexer zu machen, als es ist. Angefangen beim Erfassen der Informationen bis zum Abwägen aller Risiken bei Entscheidungen – überall suchen wir nach Variablen und Varianten und gehen häufig in der Vielfalt an Möglichkeiten unter. Im Ergebnis erleben wir Komplexität als Bedrohung unserer Handlungsfähigkeit.

Es ist immer möglich, etwas einfacher zu machen, um besser und erfolgreicher zu sein. Einfacher heißt nicht schlechter oder weniger. Einfacher bedeutet, Komplexität zu beherrschen, für sich das Wesentliche zu entdecken und sich darauf zu konzentrieren, damit wir weiterkommen.

Googelsieren sichert unsere Unabhängigkeit

Der Umgang und das Beherrschen von Komplexität zum »Einfach machen« wird immer entscheidender und zu einer eigenständigen Kompetenz. Für diese Fähigkeit fehlt es bisher an einer passenden Bezeichnung. Deshalb verwende ich einen neuen Begriff: »Googelsieren«. Das ist ein Neologismus, die Einführung eines neuen Ausdrucks. Ein neuer Begriff ist etwas ganz Natürliches. In jeder Sprache kommt es dazu, wenn der entsprechende Bedarf besteht. »Googeln« als Bezeichnung für die Suche im Internet ist so eine Wortschöpfung.

Wie komme ich auf »Googelsieren«? Die Mission des Unternehmens Google ist, aus nahezu unendlicher Vielfalt und Mehrdeutigkeit an Daten und Informationen etwas einfacher zu machen, so Nutzen zu schaffen und damit erfolgreich zu sein – das gilt von der Suchmaschine bis zum selbstfahrenden Auto. Beides sind Lösungen, um Komplexität zu beherrschen: Vereinfachung für mehr Erfolg im Erreichen der Ziele – ob im Internet oder auf der Straße. Damit nicht genug. Google möchte überall in unser Leben eingreifen – von A bis Z. Der neue Namen des Unternehmens lautet daher seit Oktober 2015 folgerichtig: Alphabet.

Einfachheit zu erreichen und dazu Komplexität beherrschen zu können, sollte nicht einem Unternehmen oder wenigen Personen vorbehalten sein. »Googelsieren« zu können bedeutet, sich von den allgegenwärtigen Algorithmen zu emanzipieren. Das »Einfach machen« sollten wir nicht Programmierern und Programmen überlassen. Je mehr Apps und neue Geräte uns helfen, desto abhängiger werden wir von ihnen – wenn wir nicht selbstbewusst »einfach machen«. Ich bin überzeugt, dass wir uns nicht selbst »ver-appen« sollten. Jeder von uns sollte die Kontrolle über die Gestaltung unseres Lebens behalten. Und dafür müssen wir im digitalen Zeitalter unsere Kompetenzen weiterentwickeln.

Jeder Mensch kann sich die Fähigkeit »Einfach machen« aneignen und muss dabei seinen eigenen Rhythmus finden. So wie Google den Suchalgorithmus ständig weiterentwickelt, müssen wir bei der Arbeit flexibel bleiben und Aufgaben fokussieren. Das »Googelsieren« der Komplexität wird für uns immer bedeutsamer, nicht zuletzt für die Bewahrung unserer Unabhängigkeit und Handlungsfähigkeit im Zeitalter des Internets.

Mit dem Buch möchte ich Sie anspornen, den digitalen Wandel und die einhergehende Herausforderung Komplexität als Chance für die eigene Entwicklung zu nutzen. Ich möchte Sie unterstützen, das zu vereinfachen, was komplex ist oder komplexer erscheint, als es ist. Dann ist sogar nicht ausgeschlossen, dass Sie Komplexität als etwas Faszinierendes erleben, wovon neue Impulse ausgehen. Sie können sich auch gerne über Ihre Erfahrungen und Ihre weitere Entwicklung austauschen, im Internet finden Sie unter www.googelsieren.de die passende Plattform. Anregungen sind dort jederzeit willkommen.

Das Buch macht es Ihnen einfach

Das Buch folgt der Maxime, ohne Umschweife auf den Punkt zu kommen. Der Übersicht im Anschluss der Einleitung entnehmen Sie die Kernaussagen der einzelnen Kapitel. Damit können Sie schnell in die Themen einsteigen, die Sie akut beschäftigen. Am Kapitelende erhalten Sie jeweils weitere konkrete Tipps, um zu mehr Einfachheit zu gelangen. Wählen Sie aus den Vorschlägen die für Ihre Situation und Ziele relevanten aus, um den eigenen Rhythmus zum »Googelsieren« zu finden. Der kann überraschend einfach sein, weil Sie wahrscheinlich Fähigkeiten kennenlernen, die Sie bereits beherrschen, die Sie stärken und neu kombinieren können.

Das Buch ist in drei Teile gegliedert, um Ihnen den Zugriff auf die Themen zu erleichtern, die für Sie besonders interessant sind:

Im ersten Teil steht unser Umgang mit Komplexität im Vordergrund. Denn allein durch eine andere Betrachtung von Komplexität können viele Herausforderungen im Alltag besser gemeistert werden.

Der zweite Teil widmet sich den Fähigkeiten, mit denen wir Komplexität beherrschen und das Berufsleben erfolgreicher gestalten können. Das »Googelsieren« und seine Vorteile werden hier konkret.

Der dritte Teil nimmt die Details ins Visier: Wie können wir den Alltag einfacher gestalten und wo stellt uns der technische Fortschritt vor neue Herausforderungen, wie etwa durch die ständige Erreichbarkeit? Kleine Veränderungen unseres Verhaltens können Großes bewirken und uns den Weg zum Erfolg ebnen. Im letzten Kapitel erhalten Sie das Rüstzeug, um Ihre eigenen Regeln für den optimalen Umgang mit Komplexität aufzustellen und zu befolgen.

Am Ende des Buchs finden Sie weiterführende Literaturhinweise, die nach den Kapiteln geordnet sind. Nicht zuletzt erleichtert Ihnen das Stichwortregister die Orientierung bei der Suche nach Antworten auf die Fragen, die Sie beschäftigen.

Ich hoffe, dass viele Anregungen zum »Einfach machen« für Sie dabei sind.

Michael Groß

Die Kapitel im Überblick

10. Keine Fehler vermeiden
    - Haltung bewahren: nichts zu tun ist keine Option
    - Rückschläge verkraften: Enttäuschung sacken lassen
    - Ergebnisse einordnen: Fehler passieren immer

11. Überraschen lassen
    - Auf die Probe stellen: »Googelsieren« bewährt sich
    - Nicht zu einfach machen: neue Apps helfen wenig
    - Herz und Hand im Einklang: unser Potenzial voll ausschöpfen

Teil 3: Den Alltag einfacher machen

12. Den Moment ausschöpfen
    - Netz voller Chancen: das Internet öffnet viele Wege
    - Achtsam für das Neue: eigene Möglichkeiten entdecken
    - Auf die Stirn schreiben: eigene Wirkkraft erhöhen

13. Schluss mit dem Stand-by-Modus
    - Erreichbarkeit als Eigentum: selbstbewusster an- und abschalten
    - Natürliches Doping: zwischen Spannung und Entspannung wechseln
    - »Pullen« schlägt »Pushen«: digitale Information beherrschen

14. Multitasking begrenzen
    - Alles auf einmal: Druck zur »Vielmacherei« abbauen
    - Apps erleichtern nicht alles: den eigenen Arbeitsstil finden
    - Papier hilft dauerhaft: Bilder für die eigene Arbeit schaffen

15. Weniger verplanen
    - »Zeitfresser« beseitigen: nervige Arbeiten radikal beschneiden
    - Mehr Zeit für nichts: gesparte Zeit nicht erneut verplanen
    - »Freiplanung« flexibel gestalten: Veränderungen im Umfeld einplanen

16. Sich inspirieren lassen
    - Guter Rat ist nicht teuer: Fähigkeiten geschickt neu kombinieren
    - Fremde Ideen aufgreifen: das Bessere liegt manchmal sehr nahe
    - Das Team macht's: kein Nehmen ohne Geben

17. Locker bleiben
    - Leicht gesagt und getan: in der Situation aufgehen
    - Bewährungen annehmen: aus dem Schlimmsten das Beste machen
    - Entspannen für besseren Stress: Druck positiv nutzbar machen

18. Eigene Grenzen überwinden
    - Optionen abwägen: jeweilige Risiken abschätzen
    - Zweifel annehmen: mögliche Folgen akzeptieren
    - Erfahrung nutzen: mutig neue Herausforderungen anpacken

19. Eigene Regeln setzen
    - Passenden Rahmen geben: Komplexität mutig aufnehmen
    - Persönliche Engpässe bestimmen: Stellschrauben setzen
    - Unser Alltag entscheidet: Anpassung ist Dauerbrenner

Ausblick: Googelsieren Sie schon?

Teil 1:
Unser Umgang mit Komplexität

1. Bloß nicht verrückt machen lassen

Die Zahlen sprechen für sich. Die Bundesanstalt für Arbeitsschutz und Arbeitsmedizin ermittelt mit dem »Stressreport Deutschland« jährlich, wie es um die arbeitende Bevölkerung in Deutschland steht. Rund die Hälfte der Erwerbstätigen klagt inzwischen über zunehmenden Stress. Als größte Herausforderung empfindet die Mehrheit, vor allem Führungskräfte, den Umgang mit der ständig steigenden Komplexität.

Die gute Botschaft gleich vorweg: Sie sind damit nicht allein. Viele Menschen möchten die Herausforderungen bewältigen, die sich durch die zunehmende Komplexität ergeben. Das Schwankende und Sprunghafte, Wechselhafte und Mehrdeutige in unserer Umgebung flößt Respekt ein oder macht sogar Angst. Die Dynamik ist groß und nimmt stetig zu. Berufsperspektiven und Lebenspläne ändern sich kurzfristig. Der eigene Einfluss auf das persönliche Schicksal scheint immer geringer zu werden. Wir spüren, immer mehr Getriebener statt Treiber zu sein.

Reflexhaft folgen viele dem spontanen Drang, Komplexität zu reduzieren oder sich ihr zu entziehen. Denn mit wachsender Komplexität wächst auch unsere Unsicherheit: Wissen wir auch alles, was wir wissen müssen, entscheiden und handeln wir richtig? Je mehr wir versuchen, Komplexität zu ignorieren, desto stärker sind wir ihr ausgeliefert. Umgekehrt stehen wir auch vor einem Dilemma: Je mehr wir danach streben, Komplexität vollständig zu erfassen, desto komplizierter wird jeder Lösungsversuch.

Wenn wir zum Beispiel im Job mit ausgefeilten Projektmanagement-Methoden und dezidierter Planung größtmögliche Einfachheit anstreben, verlieren wir uns in Details und somit häufig den roten Faden. Oder wir nehmen nur jene Einzelheiten wahr, die in das vorgegebene Raster passen. Andere entscheidende Faktoren, die mit Komplexität einhergehen, werden übersehen, weil diese im bereits vorhandenen Modell oder Konzept, dem wir folgen, nicht enthalten sind. In jedem Fall bleibt das Ergebnis hinter dem vom Management anvisierten Ziel und den eigenen Erwartungen zurück.

Je komplexer eine Frage erscheint und je komplizierter sie zu beantworten ist, desto größer ist der Wunsch nach einfachen Erklärungen. Glauben wir, diese gefunden zu haben, haben wir letztlich in der Regel nur eins erreicht: Die Unsicherheit bleibt nicht nur bestehen, sondern wird durch fehlerhaftes Planen, Entscheiden und Handeln sogar noch verstärkt.

Die genannten bekannten Mittel zur Beherrschung von Komplexität genügen also nicht. Sie entwickeln sich nicht im gleichen Tempo weiter, wie sich unsere Probleme häufen und zusammenfallen, wodurch alles immer intransparenter wird. Also fragen Sie sich völlig zu Recht, wo Sie ansetzen müssen, um Ihre Handlungsfähigkeit zu erhalten oder auszubauen.

Chancen und Herausforderungen durch VUCA

Machen Sie sich jetzt bitte nicht verrückt! Starten wir mit dem »Einfach machen«, indem wir eingestehen, dass wir alle ein bisschen VUCA sind.

Das Akronym VUCA setzt sich zusammen aus den englischen Begriffen Volatility, Uncertainty, Complexity sowie Ambiguity und wurde erstmals Anfang der 1990er-Jahre in Zusammenhang mit der Ausbildung in der US-Army verwendet. Es beschreibt die zunehmend komplexe Planung von Militäreinsätzen. Forciert durch die Digitalisierung, hat sich VUCA während der letzten zehn Jahre auch in der Personal- und Organisationsentwicklung von Unternehmen als Begriff etabliert. Hier zielt er ab auf das Schwankende und Sprunghafte in unserer Umwelt (Volatility), die Ungewissheit über die Zukunft (Uncertainty), die der immer stärker werdenden Vernetzung und Dynamik geschuldeten Intransparenz des Fortschritts (Complexity) sowie der Mehrdeutigkeit und Vielschichtigkeit der sich bietenden Möglichkeiten (Ambiguity).

Die vier Faktoren machen den im allgemeinen Sprachgebrauch benutzten Begriff der Komplexität greifbarer. Sie beeinflussen sich gegenseitig. Wir können uns den daraus resultierenden Bedingungen nicht entziehen und am Ende muss jeder Einzelne von uns die sich daraus ergebenden unterschiedlichen Handlungsmöglichkeiten berücksichtigen und beherrschen.

Die Einflüsse durch VUCA sind in ihrer Vielzahl und Vielfalt unserer jeweiligen Lebens- oder Berufssituation nicht zu überblicken. Die Palette an Themen reicht von der Globalisierung und Digitalisierung der Wirtschaft bis in die direkte persönliche Umgebung, die eigene Karriere zu verfolgen oder Beruf und Familie zu vereinbaren. Alle entwickeln sich unabhängig weiter und stehen zugleich untereinander in Abhängigkeiten – je nach Lebenssituation. Ihre

Wechselbeziehungen verändern sich stetig und erschließen sich uns nur unvollständig. Vor allem die Auswirkungen und Folgen, die sich aus dem Wechselspiel ergeben, sind unabsehbar. Dazu kommen seltene, außergewöhnliche Ereignisse, wie überraschende Krisen oder plötzliche Innovationen. Je komplexer ein System ist, desto größer ist die Wahrscheinlichkeit, dass es zu Ereignissen kommen kann, die für uns außergewöhnlich sind, die uns beeinflussen oder belasten.

Die 2008 einsetzende Finanz- und Wirtschaftskrise basierte auf einer einzelnen enormen Schwankung im System: die Pleite der Bank Lehman Brothers. Das Verhalten aller Anleger beschleunigte und veränderte eine vorhandene Komplexität: damals die miteinander eng verschachtelten Finanzprodukte der Banken. Die Pleite war ein Dominostein, der umfiel und eine Kette auslöste: Plötzlich verschwanden zig Milliarden an Wert. Ehemals vermeintlich sichere Anlagen erwiesen sich als leere Hülle. Die Welt vor dem wirtschaftlichen Kollaps zu bewahren wurde zu einer globalen Mammutaufgabe – und das damalige Stoppen der Kettenreaktion wirkt bis heute nach. Die nächste Krise ist nur eine Frage der Zeit. Jede genauere Prognose, wann und wie diese eintreten wird, ist jedoch zum Scheitern verurteilt. Dennoch müssen wir handeln, ob als Investmentbanker oder Privatanleger, Häuslebauer oder Firmengründer. Sie alle müssen Entscheidungen treffen, die häufig langfristige Folgen haben.

Auch im Beruf sind die Auswirkungen von Entscheidungen kaum absehbar. Wenn wir zum Beispiel im Firmen-Intranet oder auf einem Bewertungsportal unsere Erfahrung teilen, können wir nicht wissen, wie andere Menschen reagieren, was wiederum uns beeinflusst. Dadurch können sich bestenfalls »über drei Ecken« unverhofft neue Türen öffnen, etwa in Form eines Projekt- oder Jobangebots, was mir bereits passiert ist. Umgekehrt kann auch ein Shitstorm folgen, nachdem wir in ein Fettnäpfchen getreten sind (was mir bisher erspart geblieben ist). Die Auswirkung des eigenen Handelns auf andere Personen ist also kaum überschaubar: So können Menschen, die wir nicht kennen, völlig überreagieren. Eine Onlinebewertung kann dazu führen, dass andere einen geplanten Urlaub nicht buchen oder ein Jobangebot nicht annehmen, weil wir vor einem Unternehmen in einem entsprechenden Portal »gewarnt« haben.

Sie meinen, über so Kleinigkeiten müssen Sie sich keine Gedanken machen, was passiert, das passiert eben? Und tatsächlich: Sie können auch künftig ohne Hintergedanken irgendetwas »posten« und ein »Rating« abgeben. Achselzucken und Fatalismus sind jedoch keine Lösung. Es gilt, Komplexität nicht nur zu ertragen, sondern vielmehr zu nutzen. Und darum geht es in diesem Buch.

Zunächst müssen wir erkennen, dass es innerhalb einer komplexen Umgebung nicht möglich ist, alle Gründe unseres Handelns zu kennen und dessen Folgen abzusehen. Eine konkrete Situation zu erfassen, Auswirkungen von Informationen und eigenen Entscheidungen zu überblicken, ist heute eine große Herausforderung – aber auch eine Chance, wie Sie sehen werden.

Damit diese von Ihnen genutzt werden kann, muss als Erstes kurz geklärt werden, worauf wir uns zum Beherrschen von Komplexität einlassen. Was bedeutet VUCA im Detail?

Volatility. Unser Umfeld ist schwankend und sprunghaft, angefangen beim eigenen Team, Kunden und die weltweite wirtschaftliche und auch politische Entwicklung eingeschlossen. Daher sollten wir uns von der Annahme verabschieden, vieles wäre stabil – auch wenn manche Menschen sich dies sehnlichst wünschen. Gerade vermeintlich »ruhiges Fahrwasser« verleitet dazu, an dem festzuhalten, was man hat, oder nur auf das zu bauen, was man kann.

Uncertainty. Die Ungewissheit über die Zukunft und das, was unsere Vorgehensweise bewirkt, steigt tendenziell an. So paradox es klingt: Heutzutage ist eher das angenehme Gefühl der Sicherheit eine Gefahr, weil wir versuchen, den Status quo zu erhalten. Dadurch können wir auf unkalkulierbare Schwankungen in der Umgebung nicht flexibel reagieren.

Unsicherheit ist kein angenehmes Gefühl, gewiss. Sie macht uns jedoch achtsam, so erkennen wir Risiken und übernehmen Verantwortung, wenn wir sie bewusst eingehen. Unsicherheit fördert auch ungeahnte Kreativität. Sie hilft uns, neue und die richtigen Fragen zu stellen: Schon eine mögliche Not macht erfinderisch. Dazu zählt zum Beispiel die Frage, wie ich eine überraschende Aufgabe im Beruf bewältigen kann, die sich mir bisher so nicht gestellt hat. Aus dieser Überlegung entdecke ich nützliche Fähigkeiten, die mir bisher nicht so bewusst waren. Aus dem Problem Unsicherheit wird so ein Auslöser für die Beherrschung von Komplexität.

Complexity. Der Ursprung unseres Wunschs zum »Einfach machen« und der Kern von VUCA. Vernetzung, Dynamik und Intransparenz in Wirtschaft und Unternehmen, das direkte Umfeld sowie unser eigenes Handeln eingeschlossen, gehen Hand in Hand, manchmal als Ursachen und auch Wirkungen von Komplexität. Diese unklare Gemengelage hat in den letzten Jahren durch die Digitalisierung vieler Branchen an Geschwindigkeit und Kraft gewonnen.

Die zunehmende Komplexität ist vor allem eine Folge der Digitalisierung und macht sich in unserem Alltag inzwischen nahezu sekündlich bemerkbar, indem etwa jemand in einem sozialen Netzwerk wie Facebook oder mithilfe eines Instant-Nachrichtendienstes wie WhatsApp etwas mitteilt, egal ob wichtig oder unwichtig, lustig oder bedrückend. Diese Informationsdichte führt nicht zu mehr Wissen, sondern vielmehr zu größerer Verwirrung und zu erhöhtem Aufwand bei der Bewertung von Inhalten. Nur wenig ist klar und eindeutig.

Ambiguity. Mehrdeutigkeit entsteht durch nahezu unendliche Varianz an Optionen. Dieser Fortschritt, nicht nur technologisch, führt zu immer kleinteiligeren Entwicklungen, die kaum zu überschauen sind. Eindeutigkeit gibt es nur noch in klar bestimmbaren Umgebungen und Situationen, zum Beispiel im Sport. 90 Minuten dauert ein Fußballspiel, das 22 Menschen zwischen zwei Toren mit einem Ball nach klaren Regeln austragen. Wer mehr Tore schießt, gewinnt. Der Wettbewerb im »normalen Leben« ist wesentlich komplizierter, unregulierter und im Ergebnis unabsehbarer.

Hier schließt sich der Kreis und wir können erkennen, was VUCA für jeden von uns bedeutet. Zum »Einfach machen« ist es elementar, folgende Grundhaltung einzunehmen: Akzeptieren wir erstens Komplexität als bestimmendes Element in unserem Leben, dem wir nicht entfliehen sollten. Denn zweitens bietet uns Komplexität, wenn wir offen für ihre Einflüsse sind, mehr Chancen als Risiken. Für das eigene Leben Komplexität erfolgreich zu nutzen, gelingt uns drittens jedoch nur, wenn wir uns von einigen Denkmustern lösen, die uns prägen.

Alte Denkmuster ablegen

Je nach Ihrer aktuellen Lebens- und beruflichen Situation werden die einzelnen VUCA-Faktoren unterschiedlich ausgeprägt sein, einige mögen besonders relevant, nützlich oder hinderlich sein. Im Ergebnis könnte die Betrachtung Ihrer Situation zunächst dazu führen, dass Ihre Lage schwerer erscheint, als sie ist. Das ist normal, wenn wir uns über aktuelle oder bevorstehende Herausforderungen klarer werden wollen.

Es könnte auch sein, dass Ihre fest verankerte Sehnsucht, Komplexität zu vereinfachen, spontan heftig auflodert, weswegen ich Sie gleich zu Beginn über die wichtigsten Fallstricke aufklären möchte, auf die in den weiteren Kapiteln im Detail eingegangen wird. Typisch sind dabei folgende Fehler, um unseren Alltag einfacher zu gestalten, wodurch eine komplexe Aufgabe tatsächlich schwerer zu bewältigen ist:

➤ **Ursachenfokussierung.** Wir versuchen ständig, eine zentrale Ursache zu bestimmen. So wird zum Beispiel schnell ein Schuldiger ausgemacht oder ein Grund für ein Ereignis gefunden, das uns in die Quere kommt. Wenn der eine gefunden ist, sind wir erleichtert. Tatsächlich lässt sich immer seltener für ein Problem, ein Ereignis oder ein Ergebnis eindeutig eine Ursache bestimmen.

➤ **Zielreduzierung.** Wir optimieren einseitig, das heißt eine Sollgröße steht im Fokus, basierend auf einer Ursache. Wenn die Kosten im Unternehmen zu hoch sind, meinen wir, deren Reduzierung sei die wichtigste Aufgabe, obwohl meist mehrere Probleme dazu geführt haben.

➤ **Einkapselung.** Wir ziehen uns in Bereiche zurück, die uns vertraut sind, und suchen dort nach Lösungen. Völlig offen bleibt dabei, ob dadurch die Gesamtaufgabe bewältigt wird beziehungsweise dieser Bereich für die Zielerreichung relevant ist oder nicht.

➤ **Reparaturdienst.** Ein augenscheinlicher Missstand wird isoliert angegangen. Ein Klassiker ist: Wir kümmern uns ständig um die dringenden und nicht um die wichtigen Themen, im Beruf zum Beispiel die fortlaufende Verbesserung unserer Kompetenzen. Diese Mängel holen uns irgendwann ein, werden dringend und erst dann angegangen, erneut im Reparaturmodus.

Jeder von uns wird schon mal so agiert haben. Bestimmt fallen Ihnen Situationen oder Ereignisse ein, für die es in der Vergangenheit wirklich nur eine Ursache gab und die Beschränkung auf ein Ziel oder einen Teilbereich zu einer wesentlichen Verbesserung geführt hat. Und sicher werden Sie damit auch in Zukunft erfolgreich sein, zum Beispiel wenn Sie sich bei der Aneignung von Wissen allein auf die Informationen und Themen für Ihre Prüfungen konzentrieren, deren Bestehen wiederum für den Einstieg in einen Beruf oder den entsprechenden Aufstieg Voraussetzung sind.

Diese Situationen sind Ausnahmen. Deshalb bitte ich Sie, sich von alten Denkmustern zu lösen, damit Sie offen sind, die Perspektiven durch Komplexität zu entdecken. Zu Recht fragen Sie spontan: Was ist zu tun? Dazu werfen wir einen ersten Blick auf die wichtigsten Denkstrategien, die in den weiteren Kapiteln vertieft werden, wie Sie diese umsetzen können.

Neue Denkstrategien entwickeln

Zum Beherrschen von Komplexität ist die Kombination verschiedener Aspekte sinnvoll, die je nach Aufgabe und Herausforderung in unsere Planung und unser Handeln einfließen können. Es ist zum Beispiel ein Unterschied, ob es sich um eine grundsätzliche Fragestellung – wie die Übernahme einer neuen Verantwortung im Beruf – oder eine operative Aufgabe – wie das Beheben eines Leistungsdefizits – handelt. In jedem Fall helfen uns weiter:

➤ **Wichtigste Zusammenhänge erkennen.** Zum jeweiligen Anlass bestimmen Sie die relevanten Einflussfaktoren, die Ihnen wichtig erscheinen und ohne Komplexität gar nicht zur Verfügung stehen würden. Aus der Kombination der Faktoren ergeben sich verschiedene neue Möglichkeiten für eine Lösung, vor allem im Vergleich zur »normalen« Fokussierung auf eine Ursache.

➤ **Konkrete Erwartungen bilden.** Aus der Lösung, die Sie anstreben, nehmen Sie sich vor, wie Sie eine Herausforderung anpacken und Chancen nutzen möchten, die in einem Problem liegen. Das Ergebnis, auch wirtschaftlich in Zahlen betrachtet, ist die Folge, nicht nur das alleinige Ziel unserer Bemühungen.

➤ **Eigene Etappenziele formulieren.** Etappen sind wichtig auf dem Weg zum Ziel. Während der Umsetzung können neue Teilziele hinzukommen oder einzelne nicht mehr relevante Aufgaben entfallen. Der Weg zum Ziel ist nie eine Gerade, durch die Etappenziele vermeiden Sie zugleich, sich im Kreis zu drehen.

➤ **Flexibel bleiben.** Wenn kein Weg eine Gerade ist, dann sind Hindernisse und Umwege für Sie normal. Daher sind Zeitpuffer zu empfehlen, um auf unvorhergesehene Ereignisse oder Erkenntnisse reagieren zu können. Sich ohne Freiraum auf einen Arbeitsplan oder Gesamtablauf festzulegen und diesen mit »Brachialgewalt« zu verfolgen, reduziert die Flexibilität enorm.

➤ **Ergebnisse prüfen.** Eine flexible Planung lässt Luft, um zwischendurch den aktuellen Stand immer mal wieder zu überblicken, neue Informationen zur Kenntnis zu nehmen und zu beurteilen, ob wir im Rahmen unserer Erwartungen agiert haben und ob die geplanten Schritte angepasst werden sollten.

➤ **Unbefangen Korrekturen einleiten.** Ehemals richtige Entscheidungen können sich zum Beispiel durch neue Technologien als falsch herausstellen. Rechtzeitig sind neue Schwerpunkte zu bilden. Damit dies gelingt, sollte immer wieder aus dem Handeln kurzfristig ins Planen gewechselt werden. Damit werden neue Anforderungen von einem Risiko für die Erreichung der eigenen Ziele zu einer Chance zur Optimierung des eigenen Vorgehens und erhöhen die Erfolgsaussichten.

In Summe schafft dieses Komplexitätsmanagement die Voraussetzung, um je nach Anlass die Vorgehensweise einer vorhandenen
oder sich entwickelnden inhaltlichen Vernetzung, zeitlichen Dynamik und zunehmender Intransparenz anzupassen. Diese Flexibilität
ist ein Balanceakt, der nicht immer zum Erfolg führt.

Dennoch ergibt sich – vor allem im Vergleich zu bekannten Denkmustern – eine Vielzahl an Handlungsmöglichkeiten. Die Verbindung von Planen und Handeln, Detailarbeiten und Gesamtzielen,
Beharrlichkeit und Bereitschaft zur Veränderung hat ein ungeheures
Potenzial, das das einzelner Kompetenzen bei Weitem übertrifft –
und seien diese noch so beeindruckend gut entwickelt. Spezialisten (oder ausgeklügelte Systeme und Abläufe in Unternehmen) sind
umso anfälliger dafür, nicht die geplanten Ergebnisse zu erzielen, je
höher die Komplexität wird und diese an Bedeutung für das eigene
Voranschreiten gewinnt.

Das Beispiel Musikindustrie zeigt, wohin ein stabiles und für die
meisten beteiligten Spezialisten (Musiker, Produzenten, Verlage ...)
erfolgreiches System gelangt, ohne anpassungsfähig zu sein. Enorm
viel Kreativität und Individualität paarte sich im gemeinsamen Erfolg mit Ignoranz gegenüber der zunehmenden Komplexität. Große Hilflosigkeit herrschte, als das Internet das seit Jahrzehnten
bewährte Geschäftsmodell unterlief. Rückblickend betrachtet erscheint es absurd, dass von nahezu allen Beteiligten zunächst nur
mit den etablierten eigenen Denk- und Handlungsweisen die bestehende Position verteidigt wurde. Statt offensiv die mit dem Internet einhergehenden Möglichkeiten zum Download und Stre-
aming von Musik zu nutzen, wurde die Vergangenheit verwaltet
und keine Zukunft gestaltet. Dadurch haben Apple und Streaming-
Anbieter wie Spotify Bereitstellung von Musik übernommen, jederzeit und überall.

Die Musikkonzerne, die die »Daten« herstellen, finden sich plötzlich nicht mehr im Zentrum der Wertschöpfung wieder. Die alte unbestrittene Machtposition im Produzieren und Vertreiben von Musik war für die Konzerne eher hinderlich. Die Unsicherheit wurde nicht schnell groß genug, um die neue Komplexität mit verschiedenen Vertriebskanälen und Verkaufsmodellen, die für uns alle normal geworden sind, als Chance zu nutzen und die eigenen Kompetenzen zu erweitern.

Nach diesem mahnenden Beispiel, wie wichtig es ist, sich auf neue Denkstrategien einzulassen, blicken wir zum Abschluss dieses ersten Kapitels direkt auf die relevanten Kompetenzen, die zum Beherrschen von Komplexität nützlich sind.

Eine Fähigkeit allein reicht nicht

Ihnen ist deutlich geworden, dass es einer Kombination verschiedener Fähigkeiten bedarf, um Komplexität zu beherrschen und das »Einfach machen« umzusetzen. Aber bitte nicht erschrecken, die Liste ist überschaubar. Wir dürfen uns um drei wesentliche Handlungsfelder kümmern. Erfolgreiche »Komplexitätsbewältiger« berücksichtigen erstens ihr Fachwissen, zweitens die Zusammenarbeit mit anderen und schließlich die Führung der eigenen Person.

Zunächst ist es wichtig, dass wir fachlich kompetent sind und uns sachlich mit einem Thema oder Problem auseinandersetzen können. Das bedeutet auch, dass wir zum Beispiel im Rahmen unserer beruflichen Tätigkeit die wesentlichen umfeldbedingten Einflüsse auf unser Planen und Handeln bestimmen und bewerten können. Dazu zählen, ganz praktisch betrachtet, der zur Umsetzung einer Maßnahme erforderliche Aufwand und auch das Maß an Unterstützung durch Kollegen oder Führungskräfte.

Fachkompetenz ermöglicht uns auch, die Einflüsse auf unsere Ziele in sachlicher Hinsicht einzuschätzen und die durch Maßnahmen erzielten Effekte möglichen Nebenwirkungen gegenüberzustellen. Der Überblick über relevante Wechselbeziehungen und potenzielle Rückkopplungen erlaubt ein Chancen-Risiken-Profil. Mögliche Veränderungen durch die Einflüsse von VUCA auf unsere fachliche Tätigkeit bekommen wir so »in den Griff«. Unerwartete Überraschungen bleiben uns so eher erspart. Verwundern könnte uns dagegen ein völlig gradliniger Verlauf, zum Beispiel in der Umsetzung eines Projekts oder in der Vorbereitung auf eine Prüfung.

Zu den Variablen, die für Überraschungen sorgen, zählen auch andere Menschen. Diese können in verschiedenen Beziehungen zu uns stehen und je nach Aufgabe unterschiedliche Bedeutung haben – ob als Partner oder Kollege, Mitarbeiter oder Chef. Hier kommt der zweite Kompetenzbereich ins Spiel: die Fähigkeit zur Interaktion. Ist sie unterentwickelt, kann das die Komplexität erheblich erhöhen und den Erfolg beeinträchtigen – ob es um die Abstimmung mit Kollegen, Entscheidungen in Teams oder die Organisation von Projekten geht.

Zur Vermeidung von vorschnellen Festlegungen, wie eine Zusammenarbeit zu gestalten ist, sollten wir uns schlicht und einfach die Verschiedenartigkeit von Menschen bewusst machen. Wir haben bereits viel gewonnen, wenn wir offen sind für die Bedürfnisse anderer, die auf deren Erfahrungen und Ziele, ihr spezifisches Wissen und gelerntes Verhalten zurückgehen. Auf dieser Grundhaltung, Unterschiede als befruchtend anzusehen, lassen sich viel eher positive Impulse für die eigene Arbeit entdecken.

Die Unterschiedlichkeit in einer Beziehung von zwei oder mehreren Menschen kann für das Beherrschen von Komplexität vorteilhaft sein. Die dadurch mögliche Kombination verschiedener Kompetenzen schafft eine Vielfalt, die neue Perspektiven eröffnen kann, um sich neuen komplexen Aufgaben zu widmen. Die Inspiration im Team kann im Alltag sehr hilfreich sein, wie wir im dritten Teil des Buchs näher betrachten werden.

Für eine vorbildliche Zusammenarbeit ist der dritte Kompetenzbereich essenziell – die Führung der eigenen Person, also das Selbstmanagement. Darauf liegt der Schwerpunkt dieses Buchs. Auf den ersten Seiten wurde bereits deutlich, dass es bei der Beherrschung von Komplexität auf unsere grundsätzliche Haltung ankommt, die sich in unserer jeweiligen Rolle oder Funktion in Ausbildung oder Beruf ausdrücken muss.

Ausgangspunkt fürs »Einfach machen« ist die Bereitschaft, ja die Lust auf Veränderung. Sich bewusst zu sein, dass Sicherheit oft nur gefühlt oder nicht von Dauer ist, ist essenziell. Unsicherheit ist als positiver Impuls zu verstehen, damit die neuen Denkstrategien und Handlungsweisen auch in kritischen Situationen beibehalten werden. Dazu zählt auch das Aufeinanderprallen des eigenen Komplexitätsmanagements mit den traditionellen Entscheidungsprozessen in Organisationen. Die Beurteilung von Alternativen erfolgt in Unternehmen nach wie vor häufig in der Annahme vollständigen Wissens und rationalen Handelns – in einer VUCA-Welt eine Illusion.

Die Toleranz gegenüber Unwissenheit, Ungewissheiten und dem Unbekannten gehört zum Selbstmanagement, ebenso die Regulation von Emotionen je nach Anlass. Zum Beispiel gilt es, den Ärger über sich selbst zu kontrollieren, nachdem unzureichendes Wissen dazu geführt hat, dass falsch entschieden und gehandelt wurde. Dazu wird der Blick nach vorne gerichtet, welche neuen Optionen sich zum Handeln ergeben, statt mit seinem »Schicksal zu hadern« und über die Vergangenheit zu grübeln. Diese positive emotionale Wendung stärkt unsere Motivation, uns immer wieder neu mit den Wirkungen von Komplexität auf uns produktiv zu befassen.

Flexibel zu bleiben ist eine permanente Herausforderung. Hohe Aktivität und beherztes Anpacken wechseln sich ab mit Phasen des Nachdenkens und Innehaltens. Idealerweise entwickelt sich daraus mit der Zeit ein Automatismus, so müssen wir uns nicht immer wieder neue Denkweisen in Erinnerung rufen.

»Einfach machen« ist zu Beginn sicher nicht ganz leicht, auch wenn Ihnen einiges, das Sie gelesen haben, bekannt vorkommt. Über vieles, das sich nun in Ihrem Kopf ausbreitet, möchten Sie dringend Klarheit gewinnen. Das ist gut so, um auf Ihrem Weg weiter voranzuschreiten. Erinnern Sie sich später beim Umgang mit Komplexität an folgenden Satz: Nicht weil etwas schwer ist, wagen wir es nicht – weil wir es nicht wagen, ist es schwer.

Dieses Zitat ist den *Epistulae morales* des römischen Dichters und Philosophen Seneca entnommen und soll Sie aufmuntern. Für Sie mag im digitalen Zeitalter das Beherrschen von Komplexität schwerer denn je erscheinen. Menschen kämpfen allerdings schon immer mit dem Wunsch, das Leben einfacher zu gestalten. Und sie mussten dazu häufig einiges wagen – wie das nächste Kapitel deutlich macht.

Tipps zu diesem Kapitel

➤ VUCA als Prinzip: Akzeptieren Sie die Unübersichtlichkeit im Alltag und die Planungsunsicherheit.

➤ Neue Denkstrategien: Veraltete Verhaltensmuster durchbrechen Sie am schnellsten, wenn Sie in konkreten Situationen Ihre neue Haltung einnehmen und bewahren.

➤ Sich vertrauen: Ihre Fähigkeit zum »Einfach machen« entwickelt sich schrittweise, in einer Lernkurve mit Höhen und Tiefen.

2. Es ist komplex – seit jeher

»Sie sind – auch wenn es ihre Kräfte überschreitet – tollkühne Draufgänger und verlieren in gefährlichen Situationen nie den Mut. [...] Was sie aber erfolgreich angepackt und in Besitz genommen haben, das kommt ihnen als nur wenig vor im Vergleich zu dem, was sie alles noch erfolgreich durchführen und dazugewinnen könnten. Wenn ihnen bei irgendeinem Versuch etwas fehlschlägt, dann überkommt sie sogleich eine neue Hoffnung.«

So könnte, etwas altmodisch formuliert, die Beschreibung der Gestalter der digitalen Transformation im 21. Jahrhundert aus dem Silicon Valley lauten: Facebook, Google & Co., die viele etablierte Geschäftsmodelle auf den Kopf stellen. Tatsächlich handelt es sich um einen Auszug aus der *Geschichte des Peloponnesischen Krieges* (Buch 1, Kapitel 70), verfasst um 400 vor Christus vom griechischen Historiker Thukydides. Ihm ist die damalige Situation zu unübersichtlich, denn: »... die Athener sind neuerungssüchtig. Sie sind scharf darauf, ständig Pläne zu schmieden und das, was sie denken, auch in die Tat umzusetzen.«

Thukydides ist nicht der Einzige, der das so sieht. Etliche Philosophen und Literaten der Antike denken darüber nach, wie der Mensch mit dem Fortschritt mithalten und sein Leben besser organisieren könnte. Analog dazu forderten sie, eine Theorie habe nicht nur stimmig und gut zu sein, sondern müsse vielmehr auch durch Einfachheit bestechen. Eine Auseinandersetzung mit komplexen Systemen und Strukturen hat es also immer schon gegeben.

Wie zu erwarten war, ist der Begriff »Komplexität« lateinischen Ursprungs – »complexus«: die Umarmung, das Umfassen. Diese

Eigenschaft trifft auf heutige Systeme in Wirtschaft, Politik und Gesellschaft, die durch das gegenseitige Wechselspiel unterschiedlicher Einflüsse und den daraus folgenden Ergebnissen immer komplexer werden, umso mehr zu. Fest steht nur, dass uns das Unerwartete und Überraschende ständig vor neue Aufgaben stellt, unangenehme Herausforderungen sowie unverhoffte Chancen nach sich zieht.

Dinge zu vereinen und Einfachheit waren schon immer eine Wunschvorstellung des Menschen. Früher entstand und entwickelte sich Komplexität – wie es im Eingangszitat bereits anklingt – relativ isoliert in großen Ansiedlungen und betraf somit nur eine Minderheit der Bevölkerung. Für die Landbewohner änderte sich über viele Generationen und Jahrhunderte wenig. Heute herrscht Komplexität nahezu überall, in fast allen Bereichen des Lebens, ob beruflich oder privat. Und das trifft auf nahezu alle zu. Sich vor der Komplexität durch Ausweichen zu entziehen, ist als Erfolgsrezept überholt, es sei denn, jemand isoliert sich gesellschaftlich und beruflich durch Rückzug.

Work-Life-Blending gehört die Zukunft

Die Hoffnung, Freiräume in unserem Leben vor Arbeitseinflüssen und Fortschritt strikt zu schützen, steckt hinter der Work-Life-Balance, einem Ansatz des letzten Jahrhunderts. Damit gemeint ist die Trennung von Arbeiten und Leben – die Balance zwei separater Bereiche. Damit behindern wir uns selbst jedoch darin, die zunehmende Komplexität zu beherrschen. Jetzt gilt es, das Zusammenfließen der beiden Bereiche aktiv zu gestalten, um uns da und dort Freiräume zu schaffen. Sie sind die Folge und nicht das Ziel eines meisterhaften Umgangs mit Komplexität.

Genau das passiert bei »Work-Life-Blending«. Der Begriff bezeichnet die bewusst herbeigeführte Durchmischung von Arbeit und

Leben. Und zwar in Gebieten, wo es zum Beherrschen von Komplexität sinnvoll und teilweise sogar notwendig ist. Das beinhaltet zum Beispiel die Entscheidung darüber, wann wir wie mit wem worüber kommunizieren. Theoretisch ist dies jederzeit und überall möglich. Wir sollten uns aber mit »Blending« tunlichst davor hüten, denn wir tragen eine große Verantwortung gegenüber uns selbst und unserer Umgebung und sollten nicht alle Möglichkeiten immerzu nutzen. Die richtige Mischung macht's!

Dieser Aufgabe müssen wir uns stellen, denn wir wollen die Leitung zum globalen Informations- und damit Wirtschaftskreislauf nicht trennen, zumal die unser Jahrhundert zunehmend prägende Komplexität in erster Linie auf der revolutionären Informationstechnologie basiert. Bisher eigenständige Systeme sind nun miteinander verknüpft und werden immer stärker miteinander vernetzt, was sich auch in ganz Alltäglichem wie der Organisation unseres Tagesablaufs niederschlägt: Das Mobilfunkgerät war bis vor gut zehn Jahren ein Telefon mit Zusatzfunktionen zum Kommunizieren. Seit Kurzem kann es sogar am Handgelenk getragen werden, wo bisher nur eine schnöde Uhr ihren Dienst getan hat.

Ohne groß darüber nachzudenken, steuern wir darüber nun unsere Termine, kommunizieren privat und beruflich damit, ordern Taxis und Pizza, hören Musik oder speichern Eintritts- und Flugtickets darauf, messen damit unseren Puls und demnächst noch andere Körperwerte. Das Smartphone bietet alles in einem und ist permanent im Einsatz, ob beim Arbeiten oder in der Freizeit. Das ist »Blending«, »Balance« ist das nicht mehr.

Mitunter übersteigt der Grad an Komplexität – wie auch deren plötzliche Vereinfachung durch die Technik – unsere geistigen Fähigkeiten. Früher kannte jeder alle Funktionen seines Mobiltelefons. Heute niemand mehr! Geben Sie Ihr Gerät dem Chefentwickler bei Apple oder Samsung. Er wird Ihnen nicht sagen können, was Ihre

Applikationen alles draufhaben. Keine Chance, nicht die geringste bei zig Millionen von Anwendungen, die etwas einfacher oder überhaupt erst möglich machen. In Summe wird Kommunikation dadurch jedoch immer komplexer. Deshalb sagen wir innerlich zu uns: »Sieh einmal an, was plötzlich alles möglich ist.« Was Sie jetzt vielleicht überrascht: Auch dieses Gefühl haben wir mit unseren Vorfahren gemeinsam! Und das gilt von der Antike über das Mittelalter bis in die Neuzeit.

Die Trennung von Bit und Atom

Sie lesen gerade ein Buch. Bücher werden heute gedruckt, nicht mehr abgeschrieben. Bücher abschreiben? Ja, bis 1450 war dies die einzige Form der Vervielfältigung und erfolgte meist durch Mönche. Im Schnitt waren fünf von ihnen drei Jahre beschäftigt, den Text der Bibel zu übertragen und zu verzieren – für ein Exemplar.

Dann erfand Johannes Gutenberg aus Mainz den modernen Buchdruck mit beweglichen Metallbuchstaben. Seine Bibel von 1454 hatte in der Verarbeitung eine Qualität, die damals ihresgleichen suchte. Vor allem war die Produktion von Büchern nun viel einfacher. Wissen war plötzlich jedem, der lesen konnte, zugänglich. Nachdem im 15. Jahrhundert weltweit fünf Millionen Bücher gedruckt wurden, waren es im folgenden Jahrhundert fast 220 Millionen. Zugleich sank der Buchpreis durch weitere technische Verfeinerungen um zwei Drittel.

Die Auswirkungen auf die Quantität war das eine. Der mit dem Buchdruck einsetzende Wandel war hingegen dramatisch. Wie Applikationen heute vereinfachte ein Buch Menschen den Zugang zu Informationen. Das Buchwesen als System wurde dadurch jedoch erheblich komplexer, von der Produktion bis zum Vertrieb und Verkauf – eine Entwicklung epochalen Ausmaßes. Wenig später folgte die Reformation der Kirche. Ohne den Buchdruck hätten sich die

Ideen von Martin Luther nicht so schnell in Europa verbreiten können, wären vielleicht sogar untergegangen. Denn das Monopol der katholischen Kirche zur Verbreitung der Schrift und christlichen Lehre war zuvor gebrochen worden. Die Luther-Bibel konnte durch die neuen Produktionsmöglichkeiten und Verbreitungswege ihre Leser finden. 1522 wurde das Neue Testament in der für damalige Verhältnisse exorbitanten Auflage von 3.000 Exemplaren gedruckt.

Im 19. Jahrhundert folgte der nächste Entwicklungsschub: die Industrialisierung des Buchdrucks. Neue Maschinen ermöglichten die schnelle und nahezu unbegrenzte Vervielfältigung. In der Folge bekamen die Menschen Angst. Sie sahen darin eine große Gefahr, fürchteten, die Gesellschaft werde mit Informationen überflutet. Eine neue »Plattform« zur Verbreitung von Inhalten wurde besonders kritisch beäugt – der Zeitungskiosk. Er bot eine damals ungeheure und ungewohnte Menge an Bildern und Schlagzeilen feil. Zudem flitzten die ersten Autos durch die Straßen. Im zunehmenden Getümmel der enorm wachsenden Großstädte fühlten sich viele Menschen überfordert, wie Zeitzeugen berichteten. Die Information war anders als heute noch an die Materie gebunden.

Heute erschreckt uns nicht die Vielfalt einer Bahnhofsbuchhandlung, zumal durch das Internet Bit und Atom voneinander getrennt wurden. Und mit dem Erreichen dieser »Evolutionsstufe« wurde eine Umgebung geschaffen, die komplex ist, weswegen uns das eigene Handeln komplizierter erscheint, als es ist.

Tatsächlich verursachen das Internet und die Digitalisierung in qualitativer und quantitativer Hinsicht eine neuartige Komplexität. Durch die Trennung von der Materie lässt sich Information unendlich erzeugen, vermehren und ergänzen, ohne Einschränkung. Jeder kann sich jederzeit und überall daran beteiligen, ohne Rücksicht auf die Inhalte. Heute haben wir es durch das Internet mit einem Mega-Kiosk zu tun, mit einer schier endlose Vielzahl und Vielfalt an Inhalten.

Die Trennung von Bit und Atom hat jedoch die Trennung von Information und Wissen zur Folge: Es wird immer komplizierter, das für uns relevante Wissen aufzufinden. Zugleich entsteht permanent Neues durch den Austausch und die Daten, die wir hinterlassen. Informationen können weiter verdichtet werden, die die Grundlage für neues Wissen sind. Die Auswirkungen spüren wir im Alltag. Dazu zählen zum Beispiel Vorschläge, welches Buch Sie als Nächstes interessieren könnte, nachdem Sie ein anderes gekauft oder im gleichen Portal bewertet haben.

Komplexität durch Evolutionssprung

Wie unsere Vorfahren mit dem Aufkommen des Kiosk spüren wir in unserem Alltag eine Überforderung, ausgelöst durch die Nutzung unterschiedlicher Portale und Plattformen im Internet, die etablierte Kommunikationskanäle ergänzen, jedoch (noch) nicht ersetzen. Durch die Trennung von Bit und Atom ist unsere Vernetzung grenzenlos: Nahezu von jedem einigermaßen unkompliziert erreichbaren Ort dieser Welt mit Internetzugang können wir auf alle Informationen zugreifen und weitere verbreiten. Das war vor gut zehn Jahren noch undenkbar.

Der Umfang der Vernetzung und die damit einhergehende schnelle Kommunikation allein sind nicht die Herausforderung. Unser Umgang und seine Folgen sind die Ursache der Überforderung. Erstes Beispiel: Erwiesen ist, dass ein Drittel aller E-Mails überflüssig ist (wobei dieses »Instrument« für die »Generation Z« der Jahrgänge 1995 und jünger ohnehin schon wieder »old school« ist). Nicht nur werden Milliarden an Stunden nicht bloß während der Arbeit, sondern vor allem in der Freizeit vergeudet. Zusätzlich reiben wir uns dabei auf. Emotionen schaukeln sich hoch und Probleme entstehen, wo vorher keine waren. Das Ihnen wohl auch bekannte E-Mail-Ping-pong schafft zusätzliche Komplexität.

Damit sind wir beim zweiten wichtigen Beispiel: unsere Neugierde und unser Drang zur Nutzung aller neuen Kanäle und Angebote, um uns permanent mitzuteilen, denn wir könnten ja etwas verpassen oder es könnte irgendetwas unklar geblieben sein. Erinnern Sie sich noch an früher? Damals haben wir es auch geschafft, Termine zu vereinbaren. Die Abstimmung ist aufwendig geworden, weil wir um Bestätigung bitten, nachfragen und wieder umorganisieren. Eine profane Sache, die uns viel Energie kostet. Früher, vor Einführung des Mobiltelefons, war es einfach zu umständlich, ständig neu zu planen. Jetzt geht es, also machen wir es.

Nun werden Sie sagen: »Ja, aber ... Ich würde ja gerne, wenn nicht ...« Ja, die anderen! Nein, wir selbst! Es liegt an uns, dem eigenen Bedürfnis zu folgen, das Angebot an Informationen und Kanälen zu beherrschen, Treiber und nicht Getriebener zu sein.

Für den Umgang mit der gestiegenen Komplexität und um Überforderung im Alltag zu vermeiden, müssen wir zunächst unsere Haltung betrachten. Denn unsere Denkmuster ändern sich bei Weitem nicht so schnell wie unsere Möglichkeiten zur Verbreitung und Vernetzung von Informationen. Deshalb ist wesentlich für den Umgang mit Komplexität, weniger nach den Gründen von Ereignissen und Ergebnissen zu suchen, die immer seltener als Ganzes zu erfassen sind.

Tipps zu diesem Kapitel

➤ Evolutionssprung anerkennen: Die neue Vielfalt ist eine Herausforderung, die Sie nutzen können.

➤ Offene Haltung einnehmen: Das Beherrschen von Komplexität gelingt nicht mit bewährten Verhaltensmustern.

➤ Work-Life-Blending aktiv angehen: Die eigene »Mischung« finden, damit aus der Last Komplexität eine Lust wird.

3. Weniger nach Ursachen suchen

Oft fragen wir uns: Warum? Warum ist das so und nicht anders? Warum wurde so entschieden? Menschen wollen die Ursache eines Umstands erfahren oder warum sich jemand so und nicht anders verhalten hat. Dieser Wunsch sitzt tief. Denn evolutionsbedingt wollen wir Ursache und Wirkung miteinander verknüpfen. Das hat sich bisher bewährt und ist an sich nicht verwerflich, führt aber heute immer häufiger zu keinem Ergebnis. Oder der Weg dorthin ist – Sie ahnen es – sehr kompliziert aufgrund vielfältiger Einflussfaktoren sowie Mehrdeutigkeiten und damit verbundener Unsicherheit.

Bei hoher und weiter steigender Komplexität ist es aber nahezu unmöglich geworden, eine Ursache zu identifizieren. Wir können in komplexen Umgebungen den Zusammenhang zwischen Ursache und Wirkung nicht mehr so einfach bestimmen und verstehen wie früher. Erschwerend kommt hinzu, dass wir bestimmte Auswirkungen auf bestimmte Ursachen zurückführen. Wie im ersten Kapitel bereits gezeigt, können wir die Folgen einzelner Handlungen oder Entscheidungen immer seltener vorhersagen.

Komplexität hat viele Ursachen. Für VUCA gibt es viele Gründe, wobei die einzelnen Bedingungen sich wechselseitig beeinflussen können. Ursache und Wirkung sind daher nicht mehr klar voneinander zu trennen und können quasi eins werden. Es verhält sich wie bei Ihrer Hoffnung, die Sie mit diesem Buch verbinden. Sie denken wahrscheinlich, dass Sie spätestens nach der Lektüre Komplexität beherrschen und Ihr Leben erfolgreicher gestalten können. Die Ursache dafür ist klar: Ihre Lektüre. Das ist aber nur eine Möglichkeit. Es könnte auch sein, dass Sie bereits erfolgreich Ihr Leben gestalten, es jedoch noch besser machen möchten, weswegen Sie auch noch

Komplexität beherrschen möchten. Die Ursache wäre in dem Fall nicht die Lektüre, sondern Sie selbst. Deshalb tritt die beabsichtigte Wirkung auch ein.

Würden Sie am Ende klären wollen, warum die Wirkung dieses Buchs eingetreten ist, wäre ein enormer Aufwand notwendig. Eine repräsentative Studie müsste durchgeführt werden mit Hunderten von Teilnehmern, also Lesern dieses Buchs. Die Ergebnisse würden jedoch nur allgemeine Hinweise ergeben, wie Ursache und Wirkung zusammenhängen, ohne daraufhin auf jeden Einzelfall eingehen zu können, der vom Durchschnitt abweicht. Was wäre damit für Sie gewonnen? Kurz gesagt: nichts!

Deshalb richten wir die Aufmerksamkeit auf das Erlenen des meisterhaften Umgangs mit Komplexität und belassen es bei der Erkenntnis, dass es in der Regel eine Illusion ist zu wissen, warum etwas eingetreten ist, und davon ausgehend Vorhersagen zu treffen darüber, wann was wie passieren wird. Zum Beherrschen von Komplexität ist es vor allem hinderlich, an diesem Glauben festzuhalten und zwanghaft nach einer Ursache zu suchen oder den Eintritt einer bestimmten Auswirkung zu erwarten.

Im Beruf ist es ratsam, nach Ursachen zu suchen, wenn deren Klärung für das weitere Vorgehen unabdingbar ist, zum Beispiel wenn ein Fehler dies unmöglich macht. Die Beschäftigung mit den jeweiligen Facetten der Komplexität kann auch fachlich bedingt sein, wie im Bereich Forschung und Entwicklung in Unternehmen. Und natürlich ist es in einigen Berufen notwendig, Ursachen festzustellen. Ein Arzt erstellt eine Diagnose, um die angezeigte Behandlung einzuleiten. Der Erfolg ist auch hier nicht garantiert, da die Komplexität des menschlichen Organismus mit allen vorhandenen Wechselwirkungen nicht vollständig überschaubar ist.

Außerhalb dieser klar definierten Bereiche, wo Ursachenforschung sein muss, sollten wir weniger nach Gründen suchen, die sich mit unseren Kompetenzen und Vorgehensweisen gar nicht mehr feststellen lassen. Allein durch diesen Verzicht wird Komplexität schon wesentlich handhabbarer. Wir sollten so lange auf die Suche nach Ursachen verzichten, bis nichts mehr weggelassen werden kann, das unverzichtbar ist.

Für Ihre Überzeugung, dass durch diesen Verzicht Ihnen nichts verloren geht, dieser vielmehr für das »Einfacher machen« sehr sinnvoll ist, möchte ich kurz auf die Prägung unserer Psyche blicken.

Mentale Modelle prägen uns seit Urzeiten

Sogenannte mentale Modelle, das heißt, wie wir die Wirklichkeit erfassen und strukturieren, basieren auf einfachen Zusammenhängen von Ursache und Wirkung. In ihnen sind Grundannahmen über unsere Wirklichkeit gebündelt, die die Art und Weise steuern, wie wir Realität wahrnehmen und bewerten. Indem sie unsere Aufmerksamkeit lenken, wird dafür gesorgt, dass wir beispielsweise in einer bestimmten Situation relevante Informationen filtern.

Ganz am Anfang unserer Existenz stand das Überleben. Bei der Flucht vor Raubtieren hatten unsere Vorfahren nur dann eine Chance, wenn sie in der Gruppe blieben, das Rudel durch Ablenkung von der Höhle weglockten oder einen kollektiven Gegenangriff starteten, die entsprechenden Waffen vorausgesetzt. Die Frage, warum plötzlich ein Raubtier auftauchte, war nebensächlich. Die Komplexität der Situation war gering, Ursache und Wirkung waren klar zu bestimmen.

Wenn wir heute den etablierten einfachen Ursache-Wirkung-Beziehungen folgen, reduzieren wir Komplexität, beherrschen diese aber dadurch nicht – im Gegenteil. Wir ignorieren damit Informationen, die vermeintlich nicht »passen«. Das, was wir daraufhin tun, wird mit sehr hoher Wahrscheinlichkeit der aktuellen Aufgabe oder Problemlage nicht gerecht. Dies gilt insbesondere dann, wenn wir uns auf ein bestimmtes Vorgehen festlegen, das keinen Spielraum mehr lässt.

Aus dieser Komplexitätsreduktion und dem nachfolgenden Handeln gehen häufig neue Probleme hervor. Und so geraten wir in einen Kreislauf: Aufgrund des im Hintergrund aktiven mentalen Modells verwenden und verschwenden wir viel Zeit und Energie darauf, die Ursache und den Schuldigen für ein Problem zu finden. Lästige Streitigkeiten im Job, wer was wie hätte machen sollen, kennt jeder und regt sich darüber auf, es kommt immer wieder zu denselben Diskussionen. »Das führt zu nichts«, denken wir dann, und wir handeln wegen des Mechanismus doch wieder so.

Dem Ursache-Wirkung-Schema entsprechend glauben wir, dass sich aus der Kenntnis der Ursache automatisch eine Lösung ergibt. Wechselseitige Abhängigkeiten, Mehrdeutigkeiten oder Rückwirkungen, Nebenwirkungen von Handlungen oder Entscheidungen bleiben unberücksichtigt, um eine Ursache klar zu bestimmen. Weitere Maßnahmen, die auf den identifizierten Ursachen basieren, verfehlen anschließend häufig die beabsichtigte Wirkung. Im schlimmsten Fall entstehen für uns neue Herausforderungen, die dann erst recht nicht mehr mit dem bisherigen Vorgehen gelöst werden können. Es ist einfach: Probleme können nicht mit den Methoden gelöst werden, durch die sie entstanden sind.

Unser Streben nach Komplexitätsreduzierung beruht also auf einer Vielzahl von psychologischen Faktoren. Das Suchen nach einem klaren Ursache-Wirkung-Zusammenhang steht hier ganz oben. Auf dieser Prägung basierende Vorgehensweisen sind im digitalen Zeitalter immer weniger hilfreich. Lassen wir uns als »Nature Natives«

deshalb von den »Digital Natives« inspirieren, auch um uns von den digitalen Helfern nicht völlig abhängig zu machen.

Google & Co. als Vorbilder

Die erfolgreichen Internetkonzerne sind schon weiter im »Einfach machen« als die Allgemeinheit. Sie sind in der Lage, Daten zu sammeln und auszuwerten. Das gefällt nicht jedem. Das Datensammeln sollte sehr aufmerksam verfolgt und reguliert werden. Gerade wegen unserer Bedenken sollten wir selbstbewusster werden, nicht nur wenn es um den Schutz unserer Daten im Allgemeinen geht, sondern besonders wegen den Auswirkungen auf unser alltägliches Leben: Das Beherrschen von Komplexität sollten wir nicht einzelnen Unternehmen überlassen, die für uns Dinge vereinfachen. Wir sollten selbst fit werden für das »Einfach machen« und müssen dazu das Denken in Ursache-Wirkung-Beziehungen weitmöglich aufgeben.

Schauen wir uns zunächst an, wie Google & Co. funktionieren. Die Daten, die sie sammeln (und zwar alle, die wir hinterlassen!), sagen darüber etwas aus, was wir machen, niemals warum wir es tun. Aus der ungeheuren Menge an Daten lässt sich ermitteln, was passiert ist und was wahrscheinlich als Nächstes eintreten könnte. Kaufen wir ein Buch oder laden Musik aus dem Internet runter, wird diese Information mit Daten verknüpft, die wir bereits hinterlassen haben – Bücher, die wir vorher gesucht, Musik, die wir angespielt, aber nicht gekauft haben. Alle diese Daten werden mit denen anderer Nutzer verglichen beziehungsweise daraus wird abgeleitet, was uns darüber hinaus interessieren könnte, um uns ein Angebot zu unterbreiten. Fachsprachlich handelt es sich um die sogenannte »Next best offer«. So weiß zum Beispiel der Streaming-Dienst Spotify ziemlich genau, welche Musik welcher Typ von Kunde zum Einschlafen hört (das Endgerät verrät ja, wo wir sind). Der Kunde freut sich über die Tipps und streamt nachweislich tendenziell mehr. Die Frage, warum wir nach einer bestimmten Musikrichtung suchen oder einen Interpreten toll finden, ist dabei nicht relevant. Die Komplexität im Verhalten vieler Nutzer wird von Google & Co. durch Bewertung der Wirkung beherrscht (hier unser Kauf- und Surfverhalten) und nicht durch die Betrachtung der Ursache für unser Handeln.

Doch niemand ist perfekt. So sind die Vorschläge der Anbieter, was wir als Nächstes sehen, hören oder lesen sollten, mitunter ermüdend: Was nützt mir der Hinweis auf ein Buch, das ich bereits gekauft habe? Oder die Anzeige für ein Hemd oder eine Hose, ein Kleid oder Schuhe, die ich mir zuvor zwar angeschaut, aber nicht bestellt habe, weil es das Teil nicht in der passenden Größe gab? Darüber sagen die Daten nichts aus – noch nicht. Die Systeme werden jedoch immer besser darin, das zu prognostizieren, was uns in Zukunft interessieren könnte.

Die Stadtpolizei Zürich nutzt die sogenannte »Predictive Analysis«, die ebenfalls auf der Analyse und Verknüpfung von Daten basiert – ein Beispiel für die Beherrschung von Komplexität durch vorausschauende Analysen. Seit November 2014 ist in Zürich auch »Precobs« im Einsatz, das »Precrime Observation System«. Das Ziel hierbei ist die Vorhersage von Einbrüchen, um daraus Präventionsmaßnahmen abzuleiten.

Jeden Morgen wird das Computerprogramm mit den zur Anzeige gebrachten Einbrüchen gefüttert. Dann erstellt es anhand der näheren Angaben – Adresse, Vorgehensweise, Beute, Datum und Uhrzeit – je nach Häufung eine Prognose, wo es voraussichtlich zu einem weiteren Einbruch kommen könnte. Die Trefferquote liegt laut den Entwicklern bei etwa 80 Prozent. Tatsächlich fiel die Zahl der Einbrüche in Zürich aufgrund erhöhter Polizeipräsenz in den entsprechenden Stadtbezirken um 30 Prozent.

Warum in bestimmten Gegenden mehr eingebrochen wird als in anderen, geht aus den Daten nicht hervor. Diese Frage zu beantworten würde die Komplexität erhöhen und es wäre noch schwieriger, sie zu beherrschen. Die Ursachen der Häufung von Einbrüchen und die Beweggründe der Täter ist für die Polizei auch irrelevant. Für sie ist wichtig, dass die Daten mit hoher Wahrscheinlichkeit darauf schließen lassen, wann und wo eingebrochen werden könnte.

Die Suche nach den Ursachen beginnt, nachdem Straftäter dingfest gemacht wurden und sie vor Gericht stehen. Das ist richtig und in einem Rechtsstaat wichtig, um die Schuldfähigkeit zu beurteilen. Auch diese Daten können gesammelt und daraus abgeleitet werden, was diese Person oder eine andere Person mit vergleichbarem Profil als Nächstes tun könnte. Dazu braucht man nur genügend Daten, genauso wie beim Buchkaufen und Musikladen.

Fiktiv, aber nicht weit weg von der Realität ist daher, einen Rückfall eines Straftäters zu prognostizieren – sagen wir einmal zu 95 Prozent. Im Film *Minority Report* von 2002 werden Menschen verhaftet, kurz bevor sie eine prognostizierte Straftat begehen. Wird diese Fiktion einmal Realität, wenn die »Predictive Analysis« immer weiter voranschreitet? Da Vorhersagen nie hundertprozentig zutreffen, ist ein Szenario wie in *Minority Report* undenkbar und würde gegen die Prinzipien eines Rechtsstaats verstoßen.

Die Fiktion ist allerdings über die Zuspitzung für unser Thema bedeutsam. Denken wir kurz weiter: Das Ignorieren von Komplexität würde bedeuten, dass uns eine 95-prozentige Wahrscheinlichkeit genügen würde, einen Menschen für vorhandene Daten und nicht begangene Taten zumindest temporär in Gewahrsam zu nehmen. Es würde sich insofern bei nach Datenlage deklarierten Tätern eher um »Däter« handeln, da ja nur Daten und keine Taten vorliegen.

Das klingt absurd. Das soll es auch, um Ihnen plastisch zu zeigen, wohin das Ignorieren von Komplexität führen kann. Was wäre also im Beispiel zu tun? Die Beherrschung von Komplexität erfolgt durch eine höhere Achtsamkeit für die einzelnen Ereignisse, was wirklich passiert – auch auf die Gefahr, dadurch mögliche Taten, die nicht geschehen sollten, nicht vermeiden zu können. Jeder Mensch ist einzigartig und es gab immer wieder Fälle, wo Menschen sich trotz schlechter Prognose gut entwickelt haben und umgekehrt. Jeder von uns kann sich – aus welchen Gründen und durch welche Einflüsse auch immer – anders verhalten als erwartet. Offenheit, auch gegenüber unvorhergesehenen Ereignissen, gehört zum »Einfach machen« dazu – auch wenn dies für uns erneut eine Herausforderung darstellt.

Allein Daten zu vertrauen reicht nicht, was das Einfachste wäre. Es ist davon auszugehen, dass künftig immer mehr Lebensbereiche digitalisiert und Daten gesammelt werden. Eins sollten Sie dabei nicht vergessen: Nicht alles, was wir messen können, ist wichtig. Und nicht alles, was wichtig ist, können wir messen.

Ereignisse genauer wahrnehmen

Vom kurzen Ausflug in die Fiktion zurück in die Realität. Inzwischen spricht vieles dafür, sich zunächst auf das, was passiert, zu konzentrieren und erst dann nach dem Warum zu fragen, insofern das überhaupt noch nötig und von Interesse ist. Ein hervorragendes Beispiel dafür ist der folgende Fall.

In Kanada wurde durch »Predictive Analysis« die Überlebenschance von Frühgeburten um über die Hälfte gesteigert. Zuvor hatten die Ärzte versagt und waren verzweifelt, da die Behandlung von plötzlich schwer kranken »Frühchen« mit ihrem gelernten Vorgehen zur Diagnose keinen Erfolg hatte. Die Ärzte konnten bei bestem Willen und auch unter Einsatz aller bekannten Methoden keine eindeutigen Ursachen diagnostizieren. Die Verzweiflung war groß.

Die Ärzte gaben die Unmenge an Daten, die sie von den Frühchen registriert hatten, an Informatiker, die keinerlei medizinisches Fachwissen besaßen. Die Datenanalytiker zeigten anhand der Aufzeichnungen aller Gesundheitsparameter etwas auf, was sich kein Arzt vorstellen konnte, die nach Ursachen forschten. Vor allem bei Frühchen, die durchweg hervorragende Gesundheitsdaten hatten, war das Risiko enorm, dass sie relativ zeitnah starben.

Den Grund konnten die Informatiker den zunächst schockierten Ärzten nicht benennen. Vermutet wurde, dass den gesunden Frühchen gegenüber den bereits länger kranken weniger Aufmerksamkeit geschenkt wird. Daher werden kleine Veränderungen später wahrgenommen. Zugleich können sich aufgrund der generell geringen Abwehrkräfte der Frühchen die Keime für tödliche Infektionen viel schneller ausbreiten. Indem allen Frühchen, ob gesund oder krank, die gleiche Aufmerksamkeit geschenkt wird, kann das Risiko einer Infektion, die tödlich endet, gesenkt werden. So das nüchterne Fazit.

»Alles prima, nur sind wir keine Computer«, werden Sie einwenden: Wir können nicht alle Daten sammeln und verknüpfen. Wir können uns vielleicht eher wie Ärzte um die Ursachen kümmern. Ja, stimmt, und das ist ja genau das Problem! Tatsächlich können wird nicht alles erfassen. Zum Beispiel können wir nicht sagen, wer während eines Arbeitstages wie viel zu einem Projekt beigetragen hat oder ob etwas fehlt, was aber vielleicht gar nicht wichtig ist beziehungsweise was zu viel gemacht wurde. Das ist nicht möglich.

Und gerade weil wir nicht alles im Blick haben können, geht es im Beherrschen von Komplexität um unsere konsequente Konzentration: Wir sollten die Informationen nur in Bezug auf das »Was passiert?« betrachten und auf die Suche nach einer Antwort auf die

Frage nach dem Warum so weit wie möglich verzichten. Das erleichtert vieles in der alltäglichen Arbeit und kann, wie im Beispiel oben gezeigt, auch unsere Erfolgschancen erhöhen. Hätten sich die Ärzte schlicht darauf konzentriert, was aktuell passiert mit den Frühchen, hätten sie also jedem die gleiche Aufmerksamkeit geschenkt, ob gesund oder krank, dann wäre die Sterblichkeit geringer gewesen. Tatsächlich haben die Ärzte ihr Verhalten geändert und genau das getan: allen Neugeborenen die gleiche Aufmerksamkeit zu schenken, den Kranken und Gesunden. Die Sterblichkeit sank deutlich.

Aus Notsituationen lässt sich ableiten, wie Handeln auch ohne genaues Wissen über die Ursache möglich ist – vor allem in komplexen Situationen. Warum ein Haus brennt, ist beim Löschen für die Feuerwehr zweitrangig, gerade weil in den meisten Fällen die Situation nicht voll zu überblicken ist. Auch sonst wird nur dem Beachtung geschenkt, was die Arbeit beeinträchtigen könnte. Dazu zählen gefährliche Stoffe und Materialien sowie Orte, wo noch weiterer Schaden entstehen kann, auch durch das Löschen selbst.

Die elementare Faustregel für Piloten im Notfall lautet: »Aviate, navigate, communicate« – fliegen, navigieren, kommunizieren, in der Reihenfolge. Ausnahmen erfolgen nur dann, wenn die Klärung des Grunds elementar ist, um den Flieger in der Luft zu halten. Ein solcher Fall ist zum Beispiel der Ausfall eines Triebwerks durch einen Brand. Ohne die Bekämpfung der Ursache wäre in diesem Fall die Einhaltung der Faustregel nicht mehr möglich.

Persönliches Verhalten dem Bedarf anpassen

Allein indem wir uns in Alltagssituationen so gut wie möglich auf den konkreten Anlass konzentrieren und nur bei dringendem Bedarf die Ursachen berücksichtigen, können wir uns selbst entlasten.

In der persönlichen Interaktion im Team oder mit dem Partner ist es natürlich wichtig, sich über dessen Bedürfnisse und Gefühle Klarheit zu verschaffen. Ein gemeinsames Verständnis darüber, wie Komplexität zu beherrschen ist, ist essenziell. Wertschätzung und Empathie sind heutzutage wichtige Eigenschaften, vor allem von Führungskräften. Sie sind gut beraten, die Möglichkeiten zur Verständigung bewusst einzusetzen. Jede Art von Kommunikation hat eine Inhalts- und eine Beziehungsebene. Die Formulierung sagt stets etwas aus über die Beteiligten und in welchem Verhältnis sie zueinander stehen. Ein ganz einfaches Beispiel: »Schatz, bitte trage den Mülleimer hinaus.« Durch den Gebrauch des Imperativs »trage« und eine bewusste Betonung des Worts schwingt ein »mach endlich« mit. Widerwille wird garantiert eintreten, sollte noch ein »gefälligst« ergänzt werden.

Sobald die Beziehungsebene dominiert, macht es oft keinen Sinn, ein Gespräch fortzusetzen. Dann folgt irgendwann: »Dich muss man ja immer mehrfach um etwas bitten« oder: »Du nörgelst ja sowieso nur rum« und so weiter. Stattdessen ist hier die Frage »Warum bist du jetzt sauer auf mich?« besser. Die Ursache-Wirkung-Beziehung bleibt in der konkreten Situation. Ein Abschweifen auf vergangene Anlässe oder ein Verallgemeinern, der Einzelfall sei typisch für das Verhalten insgesamt, hilft nicht weiter. Dadurch wird nur die Wahrscheinlichkeit erhöht, das ursprüngliche Problem völlig aus den Augen zu verlieren und eine Diskussion ausufern zu lassen.

Durch die schwierige Trennung der Inhalts- von der Beziehungsebene eskalieren Themen häufig (völlig unnötig), insbesondere beim E-Mail-Pingpong. Einfacher ist es, in einem Telefonat oder kurzen Gespräch einen inhaltlich kritischen oder komplizierten Sachverhalt zu klären. Von Angesicht zu Angesicht, unter Einbeziehen von Gestik, Mimik und Tonfall bleiben wir eher bei der Sache. Wir zügeln uns in der direkten Kommunikation viel eher, setzen Untertöne behutsamer ein. Denn seit Jahrtausenden ist dies die gelernte Form der

Konfliktlösung, nicht in Chatrooms oder per E-Mail. Gerade in der schnellen schriftlichen elektronischen Kommunikation ist es nahezu unmöglich, rein sachlich ohne Unterton zu kommunizieren. Wie oben gezeigt, kommt es auf die Formulierung an, ein einzelnes Wort kann eine Angelegenheit verkomplizieren. Bleiben Sie einfach bei der Sache, im Hier und Jetzt!

»Nun gut«, denken Sie jetzt. »So richtig bin ich noch nicht überzeugt, dass wir nicht allen Dingen und Ereignissen auf den Grund gehen müssen. Ich erwarte von mir, die Komplexität möglichst vollständig zu erfassen und für mich nutzbar zu machen.« Und genau hier sind wir am nächsten Punkt angekommen, der zum Umgang mit Komplexität wichtig ist. Unsere Erwartungshaltung, wie weit wir gelangen und was wir erreichen können, ist sehr bedeutsam.

Tipps zu diesem Kapitel

➤ Klarheit schaffen: Machen Sie sich bewusst, wann Sie mentalen Modellen entsprechend agieren und inwiefern Sie Ihr Verhalten ändern sollten.

➤ Fokus auf das »Was« richten: Ursachen ermitteln Sie nur, wenn ohne dieses Wissen weiteres Handeln nicht möglich ist oder mit unkalkulierbaren Risiken einhergeht.

➤ In Ereignisse »einspüren«: Suchen Sie Lösungen oder das Einverständnis anderer in akuten Situationen, bevor Hintergründe erforscht werden.

4. Die richtige Erwartung haben

Das völlige Beherrschen von Komplexität in jeder sich bietenden Situation – diese Erwartung an sich selbst wäre vermessen. Umgekehrt wäre völlige Gleichgültigkeit gegenüber dem, was wir mit dem »Einfach machen« erreichen können, ebenso ein Fehler. Erwartungen schaffen Anreize und lassen uns nachdenken. Im Alltag sorgen wir aber viel zu selten für Klarheit über unsere Erwartungen – was wir tun wollen oder sollten und wo wir hinwollen.

Sie lesen dieses Buch in der Erwartung, besser mit Komplexität zurechtzukommen. Nach den ersten drei Kapiteln können Sie den ersten Eindruck gewonnen haben, dass Ihnen dies gelingen könnte. Denn in Ihnen verstärkt sich das Gefühl, Komplexität als Chance betrachten und so das eigene Leben erfolgreicher gestalten zu können. Damit Ihre Erwartung ganz erfüllt werden kann, sind im ersten Teil einige grundsätzliche Aspekte zu klären, die unseren Umgang mit Komplexität prägen. In diesem Kapitel steht im Mittelpunkt, wie unsere eigenen und fremde Erwartungen positiv auf uns wirken.

Die Formulierung von eigenen Erwartungen an eine konkrete Situation ermutigt. Das möchte ich tun und erreichen. Nichts, was man sich einredet oder emotional von außen angeheizt wird. Vielmehr gilt es, sich bewusst zu werden, was man von sich erwartet, welche Stärken man nutzen und wie man sie einsetzen kann. Wir freuen uns anschließend umso mehr über einen Erfolg, wenn dieser auf den eigenen Fähigkeiten, der eigenen Disziplin oder Tüchtigkeit beruht und eben nicht auf äußeren Ursachen wie Glück oder dem Pech von anderen.

Das Formulieren von Erwartungen hat Aufforderungscharakter, ist ein Anreiz zu handeln. Das gilt besonders bei Herausforderungen, die nicht so einfach zu bewältigen sind. Grundsätzlich sollten wir uns tendenziell eher überfordern als von Anbeginn unterfordert zu sein. Denn den Erwartungshorizont zu senken ist immer und zu jeder Zeit möglich. Die Erwartungen nach oben zu schrauben – zum Beispiel mitten im Geschäftsjahr noch mehr Umsatz als geplant erreichen zu wollen – ist eher schwierig. Zum Glück ist das Beherrschen von Komplexität eine anspruchsvolle Erwartung – für jeden von uns. Aber stellen Sie sich einmal vor, Sie würden diesen Anspruch nicht haben. Ohne eine konkrete Erwartung an uns selbst werden wir nicht aktiv und könnten wir nicht am Ball bleiben, wenn es schwierig wird. Somit bliebe unser Potenzial ungenutzt.

Erwartungen sind wesentlich für unsere Motivation und um auch bei Widerständen nicht nachzulassen. Ausgangspunkt jeder Erwartung ist unser angeborenes Streben nach Wirksamkeit. Welche Wirkungen wir auf welche Art erzielen möchten, das hängt wiederum von unseren persönlichen Motiven, Zielen und Bedürfnissen ab, die sehr unterschiedlich sein können (zum »Einfach machen« ist es nicht notwendig, im Detail zu betrachten, wie wir unsere Motive bilden und diese in Beziehung zueinander stehen). In jedem Fall brauchen wir eine Gelegenheit oder Situation, um unsere Motive zur Geltung zu bringen, unsere Bedürfnisse zu erfüllen und Ziele zu erreichen.

Mithilfe von »Einfach machen« Komplexität zu beherrschen, hat mit Ihren Motiven, Bedürfnissen und Zielen zu tun. Auslöser, sich nun mit dem Thema zu beschäftigen, kann eine Situation gewesen sein, in der Sie überfordert waren. Oder Sie müssen mit Komplexität umgehen. Das kann ein Projekt sein, das aus dem Ruder zu laufen droht. Oder eine Ihrer Entscheidungen hat sich als falsch erwiesen, weil Sie die Komplexität einer Situation verkannt haben. Oder Sie sind im Buchhandel oder beim Surfen im Internet auf den Buchtitel aufmerksam geworden, was spontan in Ihrem Inneren das Bedürfnis zum »Einfach machen« ausgelöst hat – so es noch nicht vorhanden war. Niemand von Ihnen möchte einfach so aus einer Laune etwas einfach machen.

Warum auch immer Sie dieses Buch gekauft haben, egal, welche Motive Sie haben, welche Ziele Sie verfolgen oder welche Bedürfnisse Sie erfüllen möchten, Sie alle eint, dass Sie gehandelt haben, das Buch in den Händen halten und damit eine Erwartung verbinden: Komplexität besser beherrschen zu können, um das eigene Leben erfolgreicher zu gestalten. Und das ist entscheidend! Nur mit der Erwartung, dass Ihr Handeln ein Ergebnis haben und sich daraus eine positive Folge für Sie ergeben wird, lesen Sie aufmerksam weiter.

Die Abfolge von Handlung, Resultat und Folge prägt uns und somit unsere Erwartungen – und das von Kindesbeinen an. Wir räumen unser Zimmer auf, damit es sauber ist und weil wir damit Anerkennung verbinden. Wir lernen, um so viel zu wissen, dass wir in der Klassenarbeit eine bessere Note bekommen als beim letzten Mal. Und später fahren wir zu Kunden, um Aufträge zu akquirieren und als Folge daraus einen Bonus zu erhalten.

Die Liste an Beispielen für den Zusammenhang Handlung – Ergebnis – Folge könnte ich beliebig verlängern. Sie selbst können für Ihre aktuelle Tätigkeit bestimmt leicht Ihre »subjektive Anreizkonstellation« beschreiben. Von unserem Handeln erwarten wir stets ein Resultat, das sich wiederum ideell oder materiell positiv auswirkt – auf uns oder andere. Je größer die Erwartung an ein Ergebnis und das, was es nach sich zieht, ist, umso mehr neigen wir dazu, zu handeln und uns zu engagieren.

Ohne Erwartung fällt es schwer, aktiv zu werden. Umgekehrt können uns zu hohe Erwartungen beeinträchtigen, wenn etwa während eines Prozesses klar wird, dass wir das anvisierte Ergebnis nicht erzielen können. Dies wäre der Fall, wenn Sie davon ausgehen, in jeder

Situation perfekt mit Komplexität und ihren Folgen umgehen zu können. Das wird Ihnen auch nach der Lektüre des Buchs nicht gelingen, sie werden diesem Ziel aber wesentlich näherkommen.

Wenn es bei Ihnen keinen akuten Auslöser, vielmehr ein eher allgemeines Bedürfnis gab, dann sind Ihnen vielleicht bereits in den ersten Kapiteln Anlässe in den Sinn gekommen, die Sie mit dem neuen Wissen von Ihnen besser hätten gestalten können. Sollten Sie ohne konkreten Anlass zu diesem Buch gegriffen haben und erst jetzt den Wunsch verspüren, Komplexität in den Griff zu bekommen, bitte ich Sie, im weiteren Verlauf der Lektüre konkrete Erwartungen zu formulieren, sobald Ihnen aktuelle Anlässe einfallen, in denen Sie mit Komplexität besser umgehen möchten.

Der Weg ist ein Ziel

Erwartungen sind – bezogen auf eine Situation, ein erreichbares Ergebnis und mögliche Folgen – immer subjektiv. Besonders der berufliche Erfolg hängt stark von der eigenen Erwartung ab. Daher kann das gleiche Ergebnis von unterschiedlichen Menschen völlig anders bewertet werden. Die neue Position als Teamleiter kann der Höhepunkt einer Karriere sein, wenn jemand kaum zu hoffen gewagt hat, diese einmal einzunehmen. Umgekehrt fühlt sich ein anderer mit dieser Aufgabe unterfordert, weil er sie sich aufgrund seiner Ausbildung und nach vielen Weiterbildungen als Mindestziel gesteckt hat. Was wir als Erfolg erleben, hängt erheblich von unserer Motivation ab, das prägt wiederum unsere Erwartungshaltung. Ebenfalls von Bedeutung in diesem Zusammenhang sind der Stolz auf das Erreichte (in Abhängigkeit der sogenannten Leistungsmotivation, für sich selbst etwas zu erreichen), eine gute Teamatmosphäre (durch eine hohe Anschlussmotivation, für andere oder mit anderen etwas zu erreichen) oder die Erweiterung der Entscheidungskompetenzen (im Hintergrund steht die sogenannte Machtmotivation, andere zu beeinflussen oder zu etwas zu bewegen). Ein öffentliches Lob im Büro, ein Dank des Patienten und der Applaus des Publikums sind in emotionaler Hinsicht viel mehr wert als der dicke Bonus – soweit dies der Erwartungshaltung entspricht. Die persönliche Vorstellung von »Belohnung« ist ausschlaggebend und diese »richtig«, wenn sie mit unserer Motivation und unserer Definition von Erfolg einhergeht. Was heißt das nun für unseren Umgang mit Komplexität?

Die Herausforderung besteht darin, dass der Einfluss unseres Handelns auf ein Ergebnis beziehungsweise die Folge abnimmt, je komplexer eine Situation wird und je dynamischer sich die Rahmenbedingungen verändern. Die einzelnen Umstände sind umfassend miteinander verwoben, Stichwort VUCA-Variablen in Kapitel eins. Deshalb müssen wir je nach Umfeldbedingungen unsere Erwartungen justieren. Formelhaft zugespitzt gilt: Je komplexer eine Situation und je stärker der Einfluss der VUCA-Faktoren auf das Ergebnis unseres Handelns ist, umso mehr sollten wir uns auf die Frage konzentrieren, wie wir eine Herausforderung angehen. Das Resultat und was daraus folgt, sollte uns weniger interessieren. Wir sollten eine Erwartung formulieren an unseren Weg, wie wir unser Ziel erreichen wollen. Eine »richtige« Erwartung zum Beherrschen von Komplexität ist, wenn wir uns nicht allein auf das Ergebnis und die Folge konzentrieren. Die »klassische Erwartungsreihe« Handlung → Ergebnis → Folge allein ist nicht geeignet, uns in komplexen Situationen zu leiten.

Indem wir das Handeln in unsere Erwartungen einbeziehen, steigt die Wahrscheinlichkeit, unser anvisiertes Ergebnis und das, was daraus hervorgeht, zu erreichen und unser Leben erfolgreicher zu gestalten. Der Grund dafür ist einleuchtend: Wir sind wesentlich aufmerksamer für das, was auf dem Weg dorthin geschieht, wir reagieren auf ungeahnte Veränderungen, die uns die Komplexität beschert, statt Hindernisse als lästig und ermüdend zu empfinden. Mit einem Vorgehen, das auf die Einflüsse von Komplexität abgestimmt ist, erhöht sich die Chance erheblich, das erwartete Ergebnis zu erzielen, wenn auch nicht wie ursprünglich gedacht. Umwege sind normal, um Komplexität zu beherrschen. Erwarten Sie das Unerwartete als befruchtendes Element. Durch komplexitätsbedingte Hindernisse entstehen oft sogar neue Möglichkeiten – wenn Umwege in unseren Erwartungen nicht ausgeschlossen, sondern berücksichtigt werden.

Sie merken: Komplexität wird durch diese Erwartungshaltung zu einer Chance, mit Herausforderungen zu wachsen und im Wettbewerb besser aufgestellt zu sein.

Die Digitalisierung in vielen Branchen sorgt für eine neue, bisher unbekannte Komplexität und bietet viele Gelegenheiten, achtsam für unerwartete Hindernisse zu sein. So wird das Verhalten von Kunden immer unkalkulierbarer durch die vielen Informations- und Verkaufskanäle. Im Internet wird sich informiert und dann vor Ort gekauft oder umgekehrt oder ganz traditionell nur offline oder nur noch online. Beobachten Sie sich selbst, wie sich das eigene Kaufverhalten verändert und Sie sich dies nicht immer erklären können. Wie wollen Sie dies schaffen, wenn Sie sich beruflich mit diesen Fragen beschäftigen und das Verhalten aller Kunden beeinflussen möchten? Bestimmt nicht, wie gezeigt, durch das Reduzieren von Komplexität mit einfachen, aber untauglichen Ursache-Wirkung-Beziehungen. Auch nicht durch eine gradlinige Erwartung, welches Ergebnis Ihre Aktivitäten als Verkaufs- oder Marketingmanager haben werden und welche Folgen dadurch eintreten.

Kontraproduktiv wäre, erneut die Komplexität zu reduzieren, indem wir künstlich eine Situation vereinfachen, um diese erfassbarer zu machen. Dann überraschen uns Ereignisse auf dem Weg, die aufgrund von Komplexität entstehen und die wir zuvor ausgeblendet haben. Als einzelne Person können wir, vor allem im Beruf und in Unternehmen, mit diesem Bewusstsein vorangehen. Wenige

Unternehmen besitzen bereits die Agilität, fortlaufend Veränderungen zu gestalten und, um das Beispiel von oben aufzunehmen, ständig die Aktivitäten in Richtung Ihrer Kunden anzupassen.

Im Gegenteil werden Sie »eingefahrene Bahnen« im beruflichen Umfeld vor eine Herausforderung stellen, je aktiver Sie den Umgang mit Komplexität angehen und die neuen Möglichkeiten für sich entdecken. Diese problematischen äußeren Rahmenbedingungen wirken umso hinderlicher, je direkter diese auf uns einwirken – durch fremde Erwartungen, die an uns gerichtet werden. Wir reagieren spontan und regen uns tendenziell auf. Und das völlig zu Recht! Wenn zum Beispiel erwartet wird, dass eine Handlung von uns ein klar zu bestimmendes Ergebnis oder sogar positive wirschaftliche Folgen haben soll, dann entspricht dieses Denken nicht der Komplexität, die die Digitalisierung der Wirtschaft schafft. Heutzutage kann sogar ein Mitarbeiter im Vertrieb nicht eins zu eins den (nicht) erzielten Umsatz allein auf die eigene Tätigkeit zurückführen: Die Kunden agieren auf Augenhöhe, können sich viele Informationen besorgen, die mitunter man selbst nicht hat. Noch wenige Unternehmen haben dies erkannt, richten zum Beispiel ihre Bonusregelungen danach aus und reduzieren den Anteil individueller Kennzahlen an den Prämien.

Da Ihre Umgebung tendenziell hinter Ihnen hinterherhinken wird, wenn Sie nach der Lektüre dieses Buchs Komplexität beherrschen können, ist es wichtig, sich den möglichen Unterschieden in der Eigen- und Fremdwahrnehmung zu stellen. Sonst werden uns auf Dauer die fremden Erwartungen überwältigen, die konträr zu unserer Fähigkeit stehen. In uns wird sich das Gefühl des Scheiterns entwickeln, obwohl wir vielleicht die Anerkennung von außen erhalten, aber den eigenen Ansprüchen, die Komplexität zu beherrschen, nicht genügen.

Fremde Erwartungen managen

Für unser Selbstmanagement sind fremde Erwartungen grundsätzlich positiv. Sie sind ein Anreiz für die Auseinandersetzung mit den eigenen Vorstellungen und Fähigkeiten, etwa wie wir sie in einer neuen Situation aktiv einbringen können oder ob wir sie anpassen sollten. Auch das ist eine Anforderung, die Komplexität an uns stellt. Die Erwartungen anderer zählen zu den VUCA-Variablen, derer wir uns annehmen müssen.

Die erste Frage in diesem Zusammenhang lautet: Was kann ich tun, um fremde Erwartungen zu nutzen? Hinderlich wäre dagegen, daran zu denken, was passiert, wenn diese nicht erfüllt werden. Zum Beispiel ist es reine Zeitverschwendung, darüber zu grübeln, was mich erwartet, wenn ich eine Terminvorgabe nicht einhalte. Diese Erwartung an eine zeitgerechte Lieferung haben Kunden, eine Spezies, mit der viele von uns direkt oder indirekt beruflich zu tun haben. Umgekehrt sind wir alle Kunden – von Telefon- oder Softwarefirmen, Computer- oder Automobilunternehmen, Lebensmittel- oder Pharmakonzernen. Die Bedürfnisse von Kunden sind unüberschaubar und wandeln sich überraschend. Aufgrund der Vielzahl an ähnlichen Angeboten sowie der unterschiedlichen Quellen, über die wir uns vor einem Kauf informieren, wissen wir als Kunde mitunter gar nicht mehr genau, was wir wollen. Und so fragen wir uns: Wie sollen wir fremde Erwartungen erfüllen, die kaum zu erkennen sind?

Auch unspezifische Forderungen, die von außen an uns herangetragen werden, können wir in positive Erwartungen an uns selbst »übersetzen«. Hier ist erneut der Weg das Ziel: Wir bilden eine eigene Erwartung daran, was wir tun, damit der Kunde eine positive Folge erfahren kann.

Kommt zu mir als Arzt ein Patient, dessen Symptome keine eindeutige Diagnose zulassen (dazu kann auch eine Grippe zählen), kann allein der emotionale Zuspruch, das »Kümmern« als Teil auf dem Weg zum Ziel, seine Genesung, einen wesentlichen Beitrag leisten. Das gilt auch für andere »Kunden«: Wer sich auf eine Situation oder einen Menschen einlässt, dem wird klar, worauf es ankommt, er kennt dann die wahren Bedürfnisse des Kunden, die ihm selbst oft nicht bewusst sind. Komplexität wird so nicht ignoriert oder reduziert. Eine fremde Erwartung machen wir uns zu eigen, formulieren daraus eine eigene Erwartung an den weiteren Umgang miteinander und bilden so den Ausgangspunkt für das weitere Vorgehen.

Diese Fähigkeit ist im beruflichen Alltag sehr wichtig. Für viele Mitarbeiter stellen Zielvorgaben basierend auf fremden Erwartungen eine große Herausforderung dar. Eine Unternehmensleitung kann zum Beispiel Umsatzziele für einzelne Kunden oder auch Kundengruppen formulieren, übersetzt diese aber nicht in konkrete Erwartungen an die Mitarbeiter, was konkret getan werden kann, um die Ziele zu erreichen. Die Verbindung von rationalen Zahlen mit den emotionalen Bedürfnissen fehlt, die aber für das engagierte Handeln der Mitarbeiter relevant sind. Beispielsweise wollen Mitarbeiter in der Gesundheitsbranche häufig den Kunden zunächst etwas Gutes tun und ihnen helfen. Das ist ihnen sehr wichtig. Das Management müsste also den Mitarbeitern sagen, dass sie auf die Bedürfnisse der Patienten besser eingehen sollten, um ihnen zu helfen. Und dadurch würde letztlich als Folge das anvisierte Umsatzziel erreicht. Im Berufsalltag liegt es jedoch meistens an uns selbst, abstrakte fremde Erwartungen relevant zu machen. Dadurch konzentrieren wir unsere Energien und Tätigkeiten und schaffen eine wesentliche Grundlage für das Beherrschen von Komplexität.

Fremde Erwartungen für sich zu »übersetzen« ist nicht allein deshalb wichtig, um diese für uns als Anreiz wirksam zu machen. Es entsteht auch ein willkommener »Nebeneffekt«: Entspricht eine Erwartung unseren Motiven oder haben wir diese für unser persönliches Bedürfnis übersetzt, haben wir auch keine Angst vor

Misserfolg. Gedanken ans Scheitern schießen uns nur dann in den Kopf, wenn eine fremde Erwartung uns sinnlos erscheint, uns irritiert oder gar verunsichert. Mögliche Versagensängste können nicht zu einer sich selbst erfüllenden Prophezeiung werden, wenn das Erfüllen einer fremden Erwartung für uns persönlich Positives nach sich zieht. Schwierig ist vieles von allein, also sollten wir es uns nicht noch schwerer machen, indem wir über die vielen Möglichkeiten des Scheiterns nachdenken.

Erwartungen erfüllen und Erfolge anerkennen

Unterm Strich wollen wir Erwartungen erfüllen, zumindest teilweise. Ansonsten würde die davon ausgehende Kraft, durch die wir uns in Bewegung setzen, verpuffen. Hinsichtlich Komplexität wäre es umgekehrt zu viel verlangt, von unserem Handeln direkt auf ein bestimmtes Ergebnis und dessen Folgen zu schließen. Ein gutes Beispiel dafür ist der Sport. Regelmäßig erreichen Athleten in Wettkämpfen ihre persönliche Bestleistung, bekommen aber keine Medaille. Warum? Jemand anders war noch besser! Die deutsche Fußballnationalmannschaft trägt vier Sterne auf dem Trikot, weil vier Weltmeisterschaften gewonnen wurden. Damit wird nicht die Leistung, sondern der Erfolg der Mannschaft anerkannt. Der Stern ist insofern ein starkes Symbol für ein seltenes Ereignis: Eine Erwartung wurde erfüllt. Der Gewinn der Weltmeisterschaft ist ein Ergebnis vieler vorausgegangener Spiele, die von unkalkulierbaren komplexen Ereignissen geprägt waren. Wir sind alle begeistert. Eine ganze Nation erwartet, den Titel zu holen.

Sportler wie in dem Fall sind ein ideales Beispiel für die Annahme fremder Erwartungen. Sie setzen sich ein, um ein bestimmtes Leistungsniveau zu erreichen. Zu Beginn sind sie sich bewusst, dass sie bei null anfangen und nur gewinnen können. Da sie noch nichts erreicht haben, haben sie auch nichts zu verlieren. Jedes Spiel beginnt mit 0 : 0, auch wenn zuvor eine Begegnung grandios gewonnen wurde. So ging Deutschland bei der Fußball-WM 2014 ins Finale, nachdem das Team Brasilien mit einem historisch einmaligen 7 : 1 im Halbfinale besiegt hatte. Analog dazu muss jeder potenzielle Kunde akquiriert werden und kann in diesem Sinne auch nicht »verloren« werden.

Diese Perspektive einzunehmen bedeutet nicht, dass es egal ist, ob ein Spiel oder ein Kunde gewonnen, eine Aufgabe oder Prüfung bestanden wird oder nicht. Vielmehr geht es darum, zwischen der Leistung als Ergebnis und dem Resultat als Folge zu unterscheiden. Dies dient in komplexen Situationen, in denen äußere Faktoren extrem schwanken und sich wechselseitig beeinflussen, dazu, die innere Gelassenheit zu bewahren. Nervosität und Angst vor dem Verlieren gilt es beispielsweise zu beherrschen und es kommt darauf an, nicht den roten Faden zu verlieren. »Ich bin gut vorbereitet. Ich habe es drauf. Das wird schon werden.« Hören Sie auf diese innere Stimme, denn daraus spricht Gelassenheit. Sie ist elementar, um auf die Einflüsse von Komplexität zu reagieren. Sie macht uns »besser« und hilft, Erwartungen sogar zu übertreffen.

Komplexität bedeutet auch, sich an einer Vielzahl von Erfolgsnormen zu orientieren. Das hilft, Ihre Erwartungen weiter zu konkretisieren. Schwarz-Weiß-Denken ist dazu eher selten notwendig. Anders als im Leistungssport geht es in den wenigsten Lebensbereichen um das Besiegen anderer. In Schule, Ausbildung und Studium sowie in den meisten Berufen gibt es keinen direkten Wettbewerb »Auge-in-Auge«. Dort findet das Besiegen indirekt statt: Nur eine Firma bekommt den Auftrag, alle anderen sind Verlierer, ohne dass sich die Kontrahenten je persönlich kennengelernt haben. Innerhalb dieses Wettbewerbs gibt es eine Vielzahl weiterer »weicher« Erwartungen, die sich finanziell nicht umgehend auswirken. Emotional können sie aber genauso bedeutsam sein, je nachdem, wie unsere Bedürfnisse sind, die unser Verhalten stärken: In Unternehmen wird unser Engagement in Faktoren übersetzt wie Besuchsfrequenzen im Vertrieb oder Servicelevels in der Kundenbetreuung, Time to Market in der Produktentwicklung oder die Empfehlungsbereitschaft der Kunden im Marketing. Einige Leser werden diese Parameter bereits kennen. Es gibt etliche weitere Indikatoren, um persönliche Erwartungen in greifbare unternehmensrelevante Folgen umzusetzen.

Für Ihr »Einfach machen« taugen die genannten Faktoren, um Ihre Fähigkeiten auf die von Ihnen beeinflussbaren Ergebnisse zu konzentrieren, die für die beabsichtigte Folge (wie den Umsatz von Unternehmen) besonders relevant sind. Je komplexer eine Situation ist, umso wichtiger ist diese Fokussierung. Die genannten Indikatoren sind dazu die Hilfsmittel, um sich nicht zu verzetteln und sich auf die wichtigsten Tätigkeiten zu konzentrieren, um beispielsweise als Folge mehr Aufträge zu erhalten. Unsere persönlichen Erwartungen und Erfolge sollten wir jedoch nicht von einer einzigen Folge abhängig machen – weder positiv, wenn das Ergebnis hervorragend ist, noch negativ, wenn wir unter den Erwartungen bleiben.

Ähnlich verhält es sich mit der Art und Weise, wie sich die eigene Leistung auszahlt. Meist in Jahresgesprächen formulieren die Beteiligten ihre Erwartungen an sich selbst und gegenüber anderen. Das ist in Unternehmen üblich. Im Umgang mit Komplexität sollte materielle Belohnung sekundär sein. Geld ist – gerade um im Job mehr zu leisten und erfolgreich zu sein – die wichtigste Nebensache der Welt. Aber erst der emotionale Genuss, den eine erbrachte Leistung bereitet, schafft eine Zufriedenheit, die neue Energien erzeugt, nicht zuletzt, um neue Herausforderungen zu bewältigen. Und die sind im Umgang mit Komplexität sicher. Materieller Gewinn hingegen motiviert nur kurzfristig.

Erwartungen erfüllen sich im Alltag

Durch »Einfach machen« können sich Erfolgserlebnisse täglich einstellen, auch wenn Sie diese so gar nicht erwartet haben. Dazu zählen neue Kundenkontakte, weil sich über x Ecken Ihre Fähigkeiten herumgesprochen haben, oder kompetente Partner, die Sie gesucht haben. Oder Sie selbst erzielen unverhofft einen Durchbruch, wenn ein Projekt sich zum Guten wendet, das zuvor aus dem Ruder zu laufen schien. Das ist das Positive an VUCA: Nahezu täglich können sich neue Perspektiven ergeben. Gehen Sie aber nicht davon aus, dass sich Erwartungen erfüllen (ob eigene oder fremde) oder Erfolge täglich einstellen – auch wenn wir es uns wünschen.

Notieren Sie sich diese Momente in Ihrem Kalender, damit Sie in Erinnerung behalten, wann Komplexität Sie weitergebracht oder Sie diese beherrscht haben. Denn niemand kann jahrelang ohne Höhepunkte und Einzelerfolge auf ein Ziel hinarbeiten. Ebenso wenig führt der Umgang mit Komplexität nicht zu einem bestimmten Zustand oder einem Ergebnis, das erhalten bleibt. Sie werden dafür auch nicht ausgezeichnet. Sie können aber jeden Tag aufs Neue Ihre oder fremde Erwartungen erfüllen. In jedem Fall werden sich überraschend neue Perspektiven auftun.

Tipps zu diesem Kapitel

➤ Erwartungen formulieren: Entwickeln Sie eine konkrete Vorstellung der Fähigkeiten, die Sie stärken möchten.

➤ Sich des eigenen Wegs bewusst sein: Das erhöht die Chance, die gewünschten Ergebnisse einschließlich Folgen daraus zu erreichen.

➤ Erwarten Sie das Unerwartete: Eine höhere Achtsamkeit gegenüber komplexitätsbedingten Hindernissen schafft neue Perspektiven.

5. Immer flexibel bleiben

Um im Alltag Erwartungen zu erfüllen und Komplexität als Chance zu nutzen, muss eine weitere Voraussetzung erfüllt sein: die flexible Gestaltung der eigenen Ziele und Pläne. Auf eine Formel zugespitzt bedeutet dies: Wer zu viel plant, den überrascht jeder Zufall!

Was heißt das für Sie? Zufälle, also Ereignisse von geringer Wahrscheinlichkeit, treten in komplexen Systemen tendenziell häufiger auf als sonst und sind nicht planbar – weder wann sie sich einstellen noch inwieweit sie uns betreffen. Je engmaschiger wir zum Beispiel unseren Tagesablauf gestalten und je effizienter wir ihn im Einzelnen strukturieren, desto stärker werden uns Ereignisse, die wir »nicht auf dem Schirm« haben, »aus der Bahn werfen«. Es besteht schlicht kein Freiraum für Abweichungen vom Plan durch zusätzliche Variablen. Und sei dies »nur« auf unseren persönlichen Tagesablauf bezogen, ganz zu schweigen von Projekten, in die ein Team oder ein Unternehmen als Ganzes eingebunden ist.

In der Fachsprache werden starre Strukturen als »fragiles System« bezeichnet. Sie zeichnen sich aus durch schlanke und effiziente Abläufe, sie sind auf einen Zweck gerichtet, und der ist bisher auch eingetreten. Auch Sie werden nicht völlig erfolglos durchs Leben gegangen sein. Jedoch versagt eine Spezialisierung auf wenige Fähigkeiten oder Abläufe und ist sogar kontraproduktiv, wenn sich die Wettbewerbsbedingungen durch Anforderungen von Kunden oder aufgrund eigener neuer Zielsetzungen ändern. Was vorher optimal geeignet war, ist plötzlich gänzlich untauglich.

Sie wissen bereits, dass das Beherrschen von Komplexität nicht durch Fokussierung, sprich Reduzierung beziehungsweise Ignorieren von

Komplexität gelingt. Das würde Fragilität bedeuten. Mit Komplexität einhergehende Einflüsse würden Ihre Pläne und Ihr Agieren massiv gefährden.

Das Gegenteil von Fragilität, die Anfälligkeit von Systemen, ist Stabilität. Um sie zu erreichen und zu erhalten, ist Flexibilität erforderlich, die letzte Voraussetzung, um Komplexität zu beherrschen. Sollten Sie einen Widerspruch darin sehen, basiert er auf alten Mechanismen wie dem Denken in Ursache-Wirkung-Beziehung und der Annahme, Ziele seien ohne Umwege und Hindernisse zu erreichen. Ziele und Pläne anpassen zu können, neue Schwerpunkte zu setzen und Abläufe zu verändern bedeutet nicht Beliebigkeit oder ein ständiges Hin- und Herspringen. Vielmehr geht durch Inkaufnahme von Umwegen und neuen Teilzielen der rote Faden nicht verloren. Das Erreichen von Meilensteinen wird unter veränderten Bedingungen eher möglich. Nur so können wir Hindernisse, die durch Komplexität entstehen, als Chance begreifen und nutzen.

Ein Zielhaus für Flexibilität

Das sogenannte Zielhaus bietet Ihnen die Struktur, um flexibel zu bleiben und somit für Stabilität zu sorgen. Für unseren Lebensweg und den beruflichen Werdegang sollten wir mehrere Zielebenen und Zielräume einrichten, die – wie bei einem Gebäude – miteinander verbunden sind. Sie ergeben das sogenannte Zielhaus, das wir sinnbildlich als Ganzes bewohnen. Dabei halten wir uns manchmal nur in einem Raum auf, wenn wir uns zum Beispiel auf Prüfungen konzentrieren oder einen neuen Job antreten. Der Rest ist dadurch jedoch nicht unbewohnt, diese Bereiche stehen inhaltlich nur temporär weniger im Fokus. Währenddessen können einzelne Zimmer vollgepackt sein mit Vorhaben, andere unmöbliert sein wie im Fall eines Berufswechsels oder dem Abschluss einer Ausbildung. Das Zielhaus als stabile Konstruktion für das vielfältige Zusammenwirken unserer Ziele ermöglicht Flexibilität, wodurch Komplexität beherrschbar wird.

Durch unser Zielhaus haben wir mehr Möglichkeiten, Ziele zu entwickeln, unterschiedlich zu gewichten und zu verbinden und können so flexibel reagieren, wenn Umwege notwendig werden, die durch Komplexität verursacht werden. Mit einem Zielhaus schaffen wir mehr Chancen: Zum einen können wir eigene Vorhaben für unser Leben einbringen und umsetzen, die für unser Handeln relevant sind, und ein positives Ergebnis schneller herbeiführen. Andererseits gelingt es uns damit eher, äußere Ansprüche und Erwartungen – wie Zielvorgaben im Job – dem entsprechenden Bereich im eigenen Zielhaus zuzuordnen und somit mit unseren Bedürfnissen optimal zu verbinden. Nicht zuletzt kann die Errichtung und Instandhaltung eines Zielhauses bislang schlummernde Ressourcen wecken.

Das Zielhaus wird durch die Komplexität, durch das, was um uns passiert, mit Leben gefüllt. Denken wir an das unverhoffte Jobangebot oder den ebenso überraschenden Jobverlust. Ein Zielhaus besteht daher nicht nur am Reißbrett. Ist die Grundstruktur einmal eingerichtet, enthält es Räume, die irgendwann mal aufgemöbelt werden könnten oder in die man sich zurückziehen kann, wenn in einem Bereich plötzlich »Land unter« ist. Selbst in kritischen Situationen wie nach einem Unfall oder bei einer Erkrankung, wenn wir das Gefühl haben, dass das Zielhaus einzustürzen droht, gibt es immer etwas, das für den nächsten Tag eine Perspektive schafft – insofern das Zielhaus gut eingerichtet ist und es im Innern stabil ist. Fatal ist hingegen, wenn sich dauerhaft alles auf einen Raum konzentriert, in dem sich alles abspielt.

Jedes Zielhaus sollte mindestens vier Ebenen haben. Sie sind hierarchisch geordnet und stehen im Alltag mittelbar in Beziehung zueinander. Meist hat die tägliche Aufgabe – auf der unteren Ebene – keinen direkten Einfluss auf die höchste Ebene: die Lebensvision.

Dann aber kann sich die Gelegenheit ergeben, dass an einem Tag die Vision Wirklichkeit wird.

Über allen Zielebenen steht das übergreifende »große Ganze«, die Lebensvision. Darunter bestehen Lebensphasen als zweite Ebene, beginnend mit der Schulzeit, dann der Berufsausbildung, dem ersten Job und den Wechseln im Beruf. Unter dieser Ebene wiederum existieren für einen Lebensabschnitt, die dritte Ebene, konkrete Ziele für die laufende Tätigkeit in den nächsten Monaten, dem Schul- oder Geschäftsjahr, dem Semester oder auch der Spielsaison. Die Ergebnisse auf dieser Ebene beeinflussen wiederum die Ziele in der jeweiligen übergeordneten Lebensphase. Zwei Beispiele: Mit jeder bestandenen Prüfung in einem Semester erhöht sich die Chance auf einen erfolgreichen Abschluss des Studiums. Mit jedem Erfolg in einem Geschäftsquartal wird die Chance größer, auch die nächste Karrierestufe zu erklimmen. Schließlich haben wir – als Eingang in unser Zielhaus – den einzelnen Tag, was ich heute leisten oder erreichen möchte. Dies kann ganz statisch auf ein Ereignis gerichtet sein: das Rennen oder die Präsentation, die Operation oder die Prüfung. Oder es kann auch ganz offen sein, was ein Tag bringen wird. Aber auch das ist ein Ziel: offen zu sein, sich auf den Tag einzulassen, wahrzunehmen, was um uns passiert. Erinnern Sie sich an den Appell:

Gib jedem Tag die Chance, der schönste in deinem Leben zu sein.

Der Vorteil ist, dass diese kurzfristige, dadurch von Unwägbarkeiten und äußeren Einflüssen besser geschützte Zielebene uns über »Durststrecken« bei den langfristigen Vorhaben hinweghelfen kann. Viele Menschen haben den Sinn verloren für die Dinge, die im »Hier und Jetzt« erreichbar sind und sehr erfüllend sein können. Wir bekommen häufig erst wieder ein Gespür für die täglichen Fortschritte, wenn die höheren Ebenen für uns gegenwärtig verschlossen erscheinen oder gar vollständig zusammengebrochen sind, zum Beispiel durch einen Unfall oder eine Krankheit. Ohne die kleinen Erfolgsgefühle im Alltag, eine Leistung geschafft, ein Ergebnis erzielt und sogar eine Folge daraus bewirkt zu haben, verlieren auf Dauer auch die Ziele für eine Lebensphase oder einen Lebensabschnitt an Attraktivität, da sie immer unerreichbarer scheinen. Sie merken, alle Ebenen stehen in einem Wechselspiel und befruchten sich gegenseitig. Das Zielhaus schafft die notwendige stabile Struktur, um zum Beherrschen von Komplexität die notwendige Flexibilität im Leben zu schaffen und zu erhalten.

Lebensvision als Inspiration

Die Lebensvision ist der emotional bedeutsamste Bestandteil unseres Zielhauses und gibt uns die Richtung vor. Sie ist quasi das Dach. Dennoch ist sie im Alltag vieler Menschen nicht präsent. Mit ihr verhält es sich im täglichen Leben wie mit dem Dachboden eines Hauses, den man selten besteigt. Aber wenn man einmal oben ist, stoßen wir häufig auf überraschende und erstaunliche Dinge.

Eine Lebensvision beginnen wir häufig als Jugendliche zu entwickeln. »Mit 17 hat man noch Träume«, heißt es nicht ohne Grund. Einige Menschen verfolgen diese ihr gesamtes Leben, andere geben sie schnell auf – sie räumen den Dachboden komplett aus und füllen ihn wieder neu. Entscheidend ist in jedem Fall, dass die Lebensvision uns meist unabhängig von den auf den anderen Ebenen angesiedelten konkreten Zielen antreibt und bewegt. Der Bezug zu den anderen Ebenen hängt meistens vom Lebensalter und der Lebensphase ab. Es ist ein Unterschied, ob ein Mensch sich nach der Schule für eine Ausbildung entscheidet, um seiner Vision zu folgen. Oder man widmet sich seiner Vision als Hobby, wenn man älter ist und die Zeit hat, seinen Traum zu erfüllen. Oder die Vision bleibt Gedanke, also auf dem Dachboden vergraben. Zu diesem Typus gehört der Autor. Meine Vision, Pilot zu werden, begeistert mich immer noch, aber nur, wenn ich als Passagier im Flugzeug aus dem Fenster blicke.

Für den Beruf bin ich mit 201 Zentimeter Länge zu groß und für das Hobby hat immer irgendwie die Zeit gefehlt.

Aber es geht aus anders. Nach dem Studium mit Prädikat wird eine junge Managerin in das Nachwuchsprogramm eines Unternehmens aufgenommen, interessante Stationen im Ausland eingeschlossen. Zugleich träumt sie davon, eine Familie mit vier Kindern zu haben. Und das hat sie parallel auch geschafft. Oder das Beispiel des extrem erfolgreichen Seniorpartners einer internationalen Unternehmensberatung, der an den seltenen freien Wochenenden in seiner Garage herumwerkelt und Möbel für sein Haus im Allgäu baut. Ob aus seinem Traum, als Schreiner zu arbeiten, irgendwann etwas wird, ist völlig ungewiss, aber eine inspirierende Perspektive. Ähnlich ein Automechaniker, der jeden Tag von 7:00 bis 16:00 Uhr in einer Werkstatt arbeitet. Insgeheim möchte er einmal an einem Formel-1-Boliden schrauben. Sein Herz geht ihm auf, allein wenn er bei Rennen auf der Tribüne sitzt – sich selbst um die Fahrzeuge kümmern wird er sich wahrscheinlich nie.

Natürlich kann eine Lebensvision in Erfüllung gehen, auch dank der Komplexität, die in unserem Zielhaus unverhofft Türen öffnen kann. Dafür gibt es keine Regel und keine Anleitung. Es passiert durch die vielfältigen Einflüsse, dass plötzlich der Korridor zur Vision frei ist. Äußere Faktoren spielen dabei gerade im Beruf – auf der Basis der eigenen Leistung – eine große Rolle. Eine Kombination vieler Ereignisse bahnt hierbei den Pfad. Die meisten Vorstände, mit denen ich bereits zusammengearbeitet habe, berichteten, dass sie zu Beginn ihrer Konzerntätigkeit daran gedacht haben, wie toll es wäre, einmal ganz nach oben zu rücken. Vorstand zu werden war jedoch nicht ihr konkretes Ziel, das sie konsequent verfolgten. Meist ist es eine Vielzahl an Mosaiksteinen, die zusammen das Bild ergeben: Zusätzliche Weiterbildungen und Auslandsaufenthalte, ein wachsender Geschäftsbereich, unterschiedliche Aufgabengebiete während der Karriere, der Abschied anderer Manager oder auch ein engagierter

Mentor. Es gibt keine Erfolgsformel für den Aufstieg – und schon gar nicht zur Erfüllung der Lebensvision. Tatsache aber ist, dass uns gerade durch Komplexität mehr Optionen zur Verfügung stehen als früher. Mit dem Zielhaus werden diese für die eigene Lebensvision nutzbar.

Facebook-Gründer Mark Zuckerberg wollte, nicht zuletzt weil er eher kontaktscheu ist, Studenten und Freunden an der Eliteuniversität Harvard die Vernetzung untereinander erleichtern. Ihm ging es nur um eine neue Möglichkeit »to make our life easier«. Das war 2004. Als sich das Ganze 2006 weit über die ursprüngliche Idee hinaus entwickelt hatte und er damit immer erfolgreicher wurde, brach er das Studium der Informatik und Psychologie ab. Er verschloss quasi einen Zielraum und öffnete einen anderen. Das Zusammenwirken komplexer Zusammenhänge, zum Beispiel die Ideen und Leistungen von anderen Menschen, war für ihn von Vorteil – mit dem Ergebnis, dass heute über eine Milliarde Menschen Facebook nutzen. Für ihn folgt daraus, dass er inzwischen mehrfacher Milliardär ist. Ob er sich in seiner Lebensvision diese Auswirkung gewünscht hat, hoffe ich nicht. Denn was hätte er jetzt noch davon?

Lebensphasen als Meilensteine

Zum Glück haben wir mit unserem Zielhaus nicht nur eine Vision, die uns begeistern kann. Die mittelfristige Zielvorstellung für die nächsten fünf oder auch nur zwei bis drei Jahre schafft zahlreiche Gelegenheiten für Erfolgserlebnisse, auch sich unserer Lebensvision zu nähern. Anlässe können zum Beispiel der Abschluss der Ausbildung sein, um seinen Traumberuf zu ergreifen.

Unabhängig von der Vision können wir in jeder Lebensphase erfolgreich sein. In Abhängigkeit vom zeitlichen Rahmen können währenddessen unvorhergesehene Ereignisse die Neujustierung der

Zielsetzung notwendig machen. Eigentlich geht niemand aus einer Phase hervor wie geplant oder schließt etwas zu einem Zeitpunkt ab, wie er es sich vorgenommen hat. Am ehesten trifft dies auf den Schul- oder Studienabschluss, die Ausbildung oder Weiterbildungen zu, die aber auch nicht jeder erfolgreich beendet.

Menschen möchten sich beruflich weiterentwickeln, erreichen aber häufig schnell das Ende der Fahnenstange. Sportler visieren eine konkrete Leistung an, müssen sich jedoch bei ehrlicher Betrachtung eingestehen, keine Chance zu haben, zum Beispiel in die nächste Liga aufzusteigen. Umgekehrt gibt es positive Überraschungen und die nächste Stufe ist schneller erreicht als gedacht – auch aufgrund der vielfältigen Impulse, die vom komplexen Umfeld ausgehen. Äußere Umstände in einzelnen Lebensphasen, wie Wirtschafts- und Ehekrisen, finanzielle oder gesundheitliche Probleme, erfordern Anpassungen oder Umwege, führen aber nicht zwingend dazu, die Perspektive zu wechseln. Es können sich auch Abkürzungen auftun, die sich zum Beispiel auf die eigene Karriere auswirken, etwa wenn ein Kollege die Firma verlässt oder ein anderes Unternehmen gekauft wird und dadurch neue Chancen entstehen.

Was auch immer passiert: Aus der Verantwortung, in jeder Lebensphase eine Perspektive zu haben und diese anzupassen, entlässt uns niemand. Denn wir können nicht anders, als auf äußere Einflüsse zu reagieren. Wir müssen sie beurteilen und nutzbar machen als unverhoffte Chancen, auch wenn sie zunächst ein unangenehmes Hindernis sind. Unternehmen können Jahresziele ausgeben und für die nächsten Jahre für unsere Karriere eine Perspektive geben. Aber passen diese Ziele zu meinen eigenen Erwartungen und Stärken, die ich weiter ausbilden möchte?

Hier greift wieder das Zielhaus, das uns die Flexibilität schafft, unsere Ziele für eine Lebensphase und auch eine Erwartung zu deren Wirkung mit den Veränderungen im Umfeld zu verbinden: Diese

Verantwortung möchte ich übernehmen, diese neuen Perspektiven möchte ich nutzen oder auch diesen Status möchte ich erringen. Die Folge daraus, wie zum Beispiel einen Bonus zu erhalten, steht, wenn überhaupt, ganz am Ende. Wenn wir uns »nur« um die Leistung kümmern und die positive Folge »mitnehmen«, haben wir dauerhaft eine wesentlich stärkere eigene Motivationskraft als Menschen, denen es nur um die quantitativen, materiellen Folgen geht. Und das gilt umso mehr in Zeiten der Komplexität, in denen die eigene Leistung, wie im vorherigen Kapitel gezeigt, immer weniger zur letztlichen Folge direkt beitragen kann.

Wir sollten uns nicht nur von Geld blenden lassen, sondern uns vielmehr an den bisherigen Erfolgen freuen. In den verschiedenen Lebensphasen zählen unterschiedliche Stärken, die nicht in der Schule, Berufsausbildung oder im Studium erworben werden. Diese müssen wir vielmehr in uns selbst entdecken und ausbilden. Der perfekte Verkäufer oder motivierende Manager benötigt später Fähigkeiten, die seine Ausbildung nicht vorsieht, weil sie nicht relevant sind. Dort werden »nur« Methoden vermittelt und das, was theoretisch auf ihn zukommt. Er lernt nicht, wie er in der Praxis erfolgreich agiert. Entsprechend unterschiedlich sind die Zielsetzungen der jeweiligen Lebensphase.

Jede unserer Lebensphasen hat eine eigene Qualität und Bedeutung im Leben. Am roten Faden Lebensvision aneinandergereiht, kommt diese mal mehr, mal weniger zum Vorschein. Kein Ziel für eine Lebensphase zu haben ist viel schlimmer, als ein Ziel nicht zu erreichen. Die nächste Ebene der Lebensabschnitte ermöglicht aber, auch innerhalb einer Phase, die insgesamt vielleicht nicht so gut läuft, für sich Erfolge erzielen zu können.

Lebensabschnitte als Antreiber

Sie nehmen sich konkrete Ziele für das Semester oder das nächste Geschäftsquartal vor. Damit befinden wir uns auf der dritten Ebene, dem Lebensabschnitt, der meistens Teil einer Phase ist. Hier stellen sich konkrete Fragen zu den Zielen wie »Was möchte ich verkaufen, welche Kunden möchte ich gewinnen, welche Mitarbeiter möchte ich fördern, welche Fähigkeiten möchte ich besser einsetzen, wie möchte ich die Prüfung bestehen?« und so weiter. Der größte Vorteil von Lebensabschnitten ist der kurze Zeitraum von wenigen Monaten, den sie umfassen. Damit bieten sie jeweils nicht nur Gelegenheit, flexibel auf Veränderungen in der Umgebung zu reagieren. Schnell erzielbare Erfolge stärken unsere Motivation, in komplexen Umfeldern zu handeln. Das gilt besonders, wenn längerfristige Zielsetzungen plötzlich sehr weit weg erscheinen, zum Beispiel wenn ein Kollege die anvisierte Position bekommt. Wir bauen für den Weg zum Erfolg quasi kleine Stufen ein, die auch in stürmischen Zeiten mit hoher Wahrscheinlichkeit erreichbar sind.

Dabei sind wir häufig auf uns allein gestellt, etwa wenn wir eigene Ziele für einen Lebensabschnitt formulieren sollen. Nur im Studium oder bei Weiterbildungen gibt es Prüfungen. Und sonst? Im beruflichen Alltag sind, Meilensteine bei Projekten ausgenommen, keine genauen Angaben ganz konkret für Sie im Arbeitsalltag vorgesehen, wie ein Jahresziel erreicht werden soll. Für Ihren Umgang mit Komplexität ist dies ein großes Glück. Sie selbst haben somit die Möglichkeit zu entscheiden, was Sie fasziniert oder wie Sie sich einbringen können, natürlich immer im Rahmen Ihres Umfelds im Beruf. Arbeiten Sie im Verkauf, dann können Sie sich vornehmen, aus welchen Branchen Sie wie viele neue Kunden ansprechen wollen und welche neuen Methoden Sie dazu einsetzen möchten. Arbeiten Sie in einem Pflegeheim, dann können Sie anstreben, dass mehr Familien von Patienten Sie empfehlen, um am Ende des Jahres eine höhere Belegungsquote zu erreichen. Dies sind zwei bewusst extrem unterschiedliche Beispiele, um Sie anzuregen, wie Sie vorgegebene Ziele mit den eigenen Bedürfnissen verbinden können. Diese Verknüpfung der eigenen Vorstellungen für den aktuellen Lebensabschnitt mit Ihren Möglichkeiten im Unternehmen, im Krankenhaus, im Amt oder wo auch immer ist immer möglich.

Sie sind gefordert, eine eigene Perspektive zu entwickeln, gerade wenn Ziele von außen vorgegeben und Erwartungen an Sie gerichtet werden. Jeder von uns hat die spannende Aufgabe, mögliche Wege zum Ziel und entsprechende Zwischenziele zu formulieren. Die eigenen Ziele können am stärksten aktivieren, wenn sie uns fordern. Experimente haben gezeigt, dass Menschen mehr leisten, je schwieriger ein Ziel zu erreichen ist. Nichts ist langweiliger als ein Ziel, das ohne große Mühe quasi »im Handumdrehen« erreicht werden kann. Erst wenn Menschen an die Grenzen ihrer Leistungsfähigkeit stoßen, ist der Wille auch noch so groß, resignieren sie. Erst bei völliger Überforderung und wenn Improvisation versagt, führt ein forderndes Ziel zu Frustration.

Wer alle seine Ziele erreicht, hat ein Problem – die falschen Ziele. Viele Beispiele zeigen, dass einfache Ziele schnell langweilig werden. Erst durch die Bewältigung ambitionierter Vorhaben entdecken wir unser Können und erfahren größere Genugtuung. Der lapidare Gedanke »Kein Problem, das packe ich schon« ist selten Ausdruck von unkritischem Optimismus oder überzogenem Selbstbewusstsein. Diese Einschätzung ist vielmehr ein Zeichen für Unterforderung. Die Folge ist: Man tut nicht mehr, als man meint, tun zu müssen. Das erfolgt instinktiv.

Und wenn es dann doch zu viel wird, wir zu stark »am Rad drehen«? Das Runterschrauben eigener Anforderungen geht immer! Dann geht der Blick auf die unterste Ebene, auf das »Tagesgeschäft« und Tätigkeiten, die wir »im Griff haben«. Sich nur auf das »Hier und Jetzt« zu konzentrieren, sollten Sie nur dann tun, nachdem Sie sich ein anspruchsvolles Ziele gesetzt und verfolgt haben, jedoch einsehen müssen, es nicht zu packen und keine andere Option mehr zu haben. Sich einzugestehen, »es geht doch nicht«, ist keine Schande.

Der einzelne Tag als Aufgabe

Jeder Tag bringt etwas Neues, meist im Kleinen. Eher selten ereignet sich Großes, und wenn doch, dann passiert dies völlig unerwartet. Vielmehr arbeiten wir zielstrebig auf diese Momente tagtäglich hin: Im Sport gehören dazu die wichtigsten Wettkämpfe einer Saison. Genauso verhält es sich während der Aus- oder Weiterbildung. Mit einer Prüfung kann innerhalb eines Tages ein Lebensabschnitt oder eine Lebensphase enden. Auch Unvorhergesehenes, mit dem sich die Dinge von heute auf morgen ändern, kann eine Zäsur sein, etwa wenn der Arbeitgeber pleitegeht oder durch eine Krankheit beziehungsweise. einen Unfall die persönliche Planung für einen Lebensabschnitt oder sogar eine Lebensphase über den Haufen geworfen wird. An diese Momente erinnern wir uns ein Leben lang.

Diese unverhofften Weggabelungen, ob beruflich oder privat, sind eher selten. Viel häufiger stellt sich im Alltag das Gefühl von Routine ein. Wir drohen in Trott zu verfallen. Ob im Büro, bei der Erziehung, in der Partnerschaft oder beim Training im Sport – es ist eine Utopie, dass wir im Leben jeden Tag ohne Anstrengung unsere Ziele umsetzen könnten. Das gelingt allein deshalb nicht, da wir bekanntlich von vielen äußeren Faktoren beeinflusst werden, die unseren Vorstellungen widersprechen – ein Chef mit neuen Ideen, die aktuell nicht zu gebrauchen sind, der Lehrstoff, der mich in meinem Lernprogramm nicht weiterbringt, oder der Trainer, der heute etwas Neues ausprobieren möchte, obwohl ich mich auf ganz andere Übungen gefreut habe.

All das hat den Vorteil, dass wir uns damit und mit dem, was wir machen, auseinandersetzen und uns überlegen können, ob wir diese

Einflüsse für uns als Impulse nutzen können, um Neues anzupacken. Viel schlimmer ist es, wenn gefühlt nichts passiert, nichts vorangeht und jeden Tag das Gleiche passiert.

Dabei gilt es, bestimmte unliebsame Dinge oder Tätigkeiten hinzunehmen. Alltägliche Schwierigkeiten sind immer Teil des Weges zu einem Ziel. Für den Umgang mit diesen Situationen ist es sehr, sehr hilfreich, sich daran zu erinnern, nach vorn zu blicken und nicht nach den Ursachen zu fragen, warum etwas passiert ist oder sein muss. Das macht die Sache nicht besser, es hält auf und hindert uns daran, etwas Unangenehmes, Notwendiges anzupacken und hinter uns zu bringen. Je schneller, desto besser. Auch das gehört zum »Einfach machen« dazu.

Um sich nicht unnötig aufzuregen und zu hadern über eine Enttäuschung, schafft das Zielhaus für uns erneut die notwendige Flexibilität. Blicken wir in diesen Momenten der Frustration auf eine andere Ebene, die uns das Zielhaus bietet. Die Perspektive auf den aktuellen Lebensabschnitt oder die Lebensphase, was ich dort erreichen will, erleichtert, über Frustration hinwegzukommen, und stärkt die tägliche Anstrengung, Ungeliebtes zu tun. Es gehört einfach dazu. Das gilt fürs Lernen oder für Projektarbeit oder auch Meetings. Es hat nichts mit Masochismus zu tun, sich von ungeliebten Dingen inspirieren zu lassen. Es gehört zum Umgang mit Komplexität, jedes Angebot wenn möglich erst mal anzunehmen und daraus etwas zu machen, wenn es sinnvoll ist.

Nur zu einem sollten Alltagsprobleme nicht führen: die übergreifenden Ziele infrage zu stellen. Vielmehr vermittelt uns deren Überwindung das Gefühl, diesen einen Schritt nähergekommen zu sein. Ohne die kleinen Erfolge im Alltag, das Wissen, eine Leistung vollbracht zu haben, verlieren die Ziele eines Lebensabschnitts an Attraktivität, da sie für immer unerreichbar erscheinen.

Unser Handeln kann schnell eindimensional werden, wenn wir uns auf eine Ebene beschränken – egal, wie attraktiv ein einzelnes darauf angesiedeltes Ziel auch sein mag. Dadurch wird unser Leben zum Roulette-Spiel, da die Wirklichkeit komplex ist und die Erreichung eines Ziels von vielen Variablen abhängt, die wir nicht beeinflussen können. Und noch viel wichtiger zu wissen ist, dass so die Chancen rechts und links des Weges übersehen werden.

Unser Zielhaus bauen und pflegen

Ein Zielhaus zu bauen und zu bewohnen schafft die Flexibilität, um stets zum Handeln geeignete Erwartungen aufzubauen, die der aktuellen Situation angemessen sind, vor allem wenn die Komplexität für große Unübersichtlichkeit und Mehrdeutigkeit der Perspektiven sorgt. Das Zielhaus ermöglicht in nahezu jeder Situation die Entwicklung konkreter Vorstellungen zur erfolgreichen Gestaltung des Lebensweges. Je nach Lebenssituation oder auch durch einen einzelnen Moment rücken einzelne Ebenen oder Räume näher. Die Kündigung eines Kollegen kann zum Beispiel eine Tür für eine neue Lebensphase aufstoßen, die bisher verschlossen war: einen unverhofften Karrieresprung. Um dann diese Gelegenheit zu nutzen, genügt es nicht, sich vorzunehmen, jetzt mehr zu verdienen oder reich zu werden oder anderen zu helfen. In der neuen Funktion die Leistungsfähigkeit der Abteilung, die man übernehmen möchte, zu erhöhen, ein Haus im Grünen zu bauen oder in Afrika Minenopfer zu operieren macht diesen Wunsch hingegen fassbar und zu einer Absicht, die ich verfolgen kann. Mit diesem Bild vor Augen als Perspektive lassen sich auch die Auswirkungen von Komplexität besser beherrschen, weil wir ein Ziel fokussieren, das eine hohe emotionale Qualität besitzt.

Und wenn wir feststellen, dass ein Raum leer ist? Oder wir in einem Zimmer nicht weiterkommen beziehungsweise alles darin entdeckt haben? Dann wechseln oder erweitern wir den Blickwinkel, je nachdem, ob wir kurzfristig Zwischenziele oder ein übergeordnetes Ziel brauchen, etwa um Zielkonflikte zu lösen. Denn der komplexe Zusammenhang der unterschiedlichen Zielebenen führt automatisch zu entgegengesetzten Zielen. Häufig führt die Beschaffung finanzieller Mittel für ein Segelboot oder Ferienhaus, Motorrad oder einen Oldtimer dazu, diese Dinge durch die notwendige Mehrarbeit nicht sofort genießen zu können. Der Zielkonflikt löst sich, wenn wir wissen, sich am Ende einer Lebensphase das Geld beschafft haben zu können, zum Beispiel durch konsequentes Voranschreiten im Raum Beruf. Die Vorfreude und Vorstellung, wie es sein wird, die Freizeit mit dem erfüllten Wunsch zu genießen, treibt uns an!

Sie merken, das Zielhaus ist ein lebendiges Gebilde, das durch die Vielfalt in einer festen Struktur eine hohe Flexibilität schafft. Das Haus sollte niemals zu einem Ein-Raum-Apartment werden. Fehlt eine der vier Ebenen, bleiben wir in einem Zimmer stehen und es stellen sich keine frischen Impulse ein, neue Räume zu beziehen oder nicht mehr gebrauchte zu verschließen, dann verwaist das Haus. Die Struktur wird dann fragil, Instabilität ist die Folge. Für den nötigen »Anpassungsdruck« sorgt allein der Einfluss der Komplexität. Wir sollten das Zielhaus an veränderten Bedingungen ausrichten, ohne uns diesen zu unterwerfen.

Das Bauen eines Zielhauses und das Darin-Leben – in der Psychologie auch als Zielhierarchie beschrieben – ist für jeden Menschen ein fortwährendes Experiment. Zum Versuchen und immer wieder Neu-Anfangen reicht es zu wissen: Unsere Zielperspektive muss für die eigene Person emotional lohnend erscheinen, um sich auf den Weg zu machen. Die konkrete Erreichbarkeit eines Ergebnisses, mögliche Folgen eingeschlossen, ist dagegen sekundär, da die unvorhersehbaren Einflüsse auf dem Weg dorthin niemand kalkulieren kann – und sollte. Denn rational im Detail zu betrachten, was alles passieren kann, hält eher ab, loszulaufen und sich den Herausforderungen unterwegs zu stellen.

Bei der Ausstattung Ihres Zielhauses sollten Sie drei Aspekte beachten, die für den Umgang mit Komplexität besonders bedeutsam sind und Ihre Flexibilität dauerhaft gewährleisten:

1. Unwissenheit berücksichtigen

2. Routinen zur Zielüberprüfung etablieren

3. Überwindungskraft für ständige Veränderung stärken

Unwissenheit berücksichtigen

Sie dürften bereits ahnen, dass es unmöglich ist, alle Informationen zu besitzen oder zu bekommen, um ein Zielhaus bis ins Detail fertig auszustatten und darin das perfekte Leben zu führen. Es wird immer etwas fehlen, irgendwo wird ein Informationsvakuum bestehen bleiben. Umso wichtiger ist das Zielhaus selbst als stabiles Gerüst, um darin auf Veränderungen zu reagieren.

Indem wir uns eingestehen, nicht alles zu wissen, werden wir aufmerksamer für das, was um uns herum passiert, welche Impulse nützlich sind oder welche stören. Wer dagegen meint, alles zu wissen und planen zu können, den überraschen die Einflüsse, die von außen eindringen.

»Schwarze Schwäne« sind das Ergebnis, wenn der Glaube an das vorhandene Wissen die Vorstellung behindert, dass Nichtwissen wichtig sein könnte. Europäische Siedler waren, als sie zum ersten Mal in Australien eintrafen, völlig überrascht, dass sie auf Schwäne trafen – schwarze Schwäne. Diese Erfahrung wurde aber erst in den letzten Jahren zum Sinnbild für den Eintritt äußerst unwahrscheinlicher Ereignisse, die man nicht vorhersagen kann und die einen hohen, häufig negativen Einfluss auf die Umgebung ausüben. Und zu dieser Umgebung gehört auch unser Zielhaus.

Unerwartete Ereignisse wie eine Erkrankung oder ein Unfall, ein Anschlag oder ein körperlicher Angriff kann zu einer Krise führen. Ebenso eine Kombination aus VUCA. Je bewusster wir uns sind, dass wir bei bestem Willen nicht alles vorhersehen können, umso besser können wir potenzielle Krisen bewältigen. Wir sind unbefangener, reagieren schneller, nachdem wir ein Ereignis haben »sacken lassen«, und halten nicht unnötig an etwas sicher Geglaubtem fest. Wir gelangen zu Einsichten und schalten zügig wieder in den kreativen »Machermodus«, statt geschockt im Leid zu verharren. Sinnbildlich gesprochen starren wir nicht in einem verwüsteten Zielraum an die Wand. Vielmehr verschließen wir gegebenenfalls die Tür eines Zimmers in unserem Zielhaus und gehen aufgrund bereits gemachter Erfahrungen intuitiv auf die Suche in anderen Räumen. Die bewusste Anerkennung von Unwissenheit und dass wir die Auswirkungen von Komplexität nicht vorwegnehmen können, lässt uns diese aktiv beherrschen.

Das bedeutet aber nicht, bewusst für Unwissenheit zu sorgen, quasi »den Kopf in den Sand zu stecken«, statt aufmerksam zu sein, was passiert. Und zweitens bedeutet, Unwissenheit zu berücksichtigen, nicht, Wissen zu ignorieren, das wir erlangen können und sinnvoll ist zur Beurteilung einer Zielsetzung. Das Eingeständnis, nicht alles wissen zu können, trägt maßgeblich zu Flexibilität bei. Zudem erlaubt uns die Flexibilität, die uns das Zielhaus verschafft, für alle Unwägbarkeiten »gerüstet« zu sein.

Routinen zur Zielüberprüfung etablieren

Häuser werden nicht völlig planlos und »zufällig« nach Lust und Laune instand gehalten und renoviert. Entweder besteht ein konkreter Anlass wie nach einem Sturm, der Schäden am Dach verursacht hat, oder es handelt sich um eine bewusste Entscheidung, weil einem nach einigen Jahren die Farbe nicht mehr gefällt. Und genauso verhält es sich mit unserem Zielhaus: Impulse von außen sorgen dafür, dass wir uns über aktuelle oder längerfristige Ziele Klarheit verschaffen wollen. Dies ist aufgrund der vielfältigen Einflüsse unserer Umgebung nahezu ständig gegeben, wie bei einem überraschenden attraktiven Jobangebot oder der Beförderung eines Kollegen auf eine Position, die man selbst anvisiert hatte. Ebenso kann im Privatleben eine neue Liebe die bisherigen Planungen über den Haufen schmeißen oder eine Erkrankung zwingt zum Umdenken. Aber auch wir selbst möchten vielleicht eine neue Perspektive einnehmen – einfach so und warum auch immer! Unser Leben hält ohnehin so einige Überraschungen bereit – positive und negative.

In jedem Fall sollten Sie zum Beherrschen von Komplexität nicht immer wieder neu überlegen, wie Sie mit einem Thema umgehen. Bewährt hat sich folgendes Vorgehen:

Zielüberprüfung aufgrund einschneidender Ereignisse: Ob technologische Innovationen, die vermeintlich aus dem Nichts auftauchen oder überraschende Karrierechancen durch das Zusammenfallen verschiedener Umstände – es lohnt sich zu überlegen, was dies jeweils für die eigenen Ziele bedeutet beziehungsweise ob oder wie man die plötzliche Herausforderung oder Chance nutzen kann. Selten sind wir gezwungen, sofort zu entscheiden, also ob wir einen Raum in unserem Zielhaus erst mal nicht betreten oder komplett umgestalten.

Neben der konkreten Betrachtung eines Ereignisses und was es für uns bedeutet, mögliche Szenarien eingeschlossen, müssen wir seine Auswirkungen auf andere Zielräume prüfen. Zum Beispiel bei beruflichen Wegmarken stellt sich die Frage, was sich privat ändern wird, inwiefern Freizeit und Freundeskreis davon betroffen sind. Daraus ergibt sich eine Pro-und-Kontra-Liste, wodurch jeder Punkt je nach Bedeutung gewichtet wird. Es wird immer etwas dagegen sprechen. Negative Aspekte bewusst anzunehmen und mit ihnen umzugehen fällt leicht, wenn die Sichtweise grundsätzlich positiv ist. Das kann sogar nur ein Aspekt sein, der beispielsweise nichts anderes zulässt, als ein Jobangebot anzunehmen – zumal niemand weiß, ob aus den Tiefen der Komplexität sich noch mal ein solches Angebot ergibt. »Jetzt oder nie« heißt es dann.

Zielüberprüfung aufgrund alltäglicher Anlässe: Ständig fällt uns komplexitätsbedingt zum Beispiel in geschäftlichen Entscheidungsprozessen ein Ereignis auf den Schoß, das Fragen aufwirft. Sie zu beantworten beziehungsweise zu berücksichtigen kann lästig sein oder schwerfallen. In den seltensten Fällen hilft es uns weiterzufragen, warum es so gekommen ist. Wie bereits gezeigt, fühlen wir uns besser, einen Schuldigen oder eine Entschuldigung zu suchen und vermeintlich zu finden (wer sucht, der findet eben). Nur an der Sache ändert dies nichts, da ohnehin unklar bleibt, wie wir nun weitermachen sollten.

Wenn jedoch häufiger und in vergleichbaren Situationen uns die Komplexität überwältigt und lästig ist, ist ein Blick auf das Zielhaus sinnvoll. Vielleicht ist ein Zimmer »abgewohnt«, kann also keine Kraft mehr spenden, sodass uns die alltäglichen Ärgernisse immer unangenehmer erscheinen, sei dies der Chef im Büro, der ständig »herumnörgelt«, oder der Kollege, der ständig »zu blöd« ist. Dies hat aber oft weniger mit dem Anlass oder Gegenstand an sich zu tun, sondern eher mit unserem Zugang oder unserer Grundhaltung. Wir müssen uns dann neu justieren, zum Beispiel uns vornehmen, die eigenen Kompetenzen weiterzuentwickeln, um dadurch eine neue Jobperspektive zu bekommen, bevor wir uns unendlich aufregen.

Routinecheck: Auch ohne Anlass ist ab und an eine Reflexion sinnvoll, ob Ihre Ziele noch gültig sind, neue zur Ergänzung sinnvoll und attraktiv wären oder ob alles prima ist. Sich dessen zu vergewissern dient auch der Stärkung auf dem Weg dorthin. Eine kurze Betrachtung des eigenen Zielhauses ist in jedem Fall sinnvoll. Daraus kann sich ergeben: Weiter so! Oder der Vorsatz entsteht, eine neue Lebensphase anzuvisieren und dazu die Voraussetzungen zu schaffen – etwa indem das Fachwissen aufgefrischt wird.

Eine Reflexion sollte jährlich oder alle zwei bis drei Jahre erfolgen. Denn allein durch die äußeren Umstände gibt es genug für Sie zu tun. Die Gedanken zur Optimierung des Zielhauses sollten möglichst handschriftlich festgehalten und abgelegt werden, um sie wieder hervorholen zu können. »Old school« ist gerade in Zeiten der Digitalisierung sinnvoll, denn was wir mit der Hand notieren, dringt tiefer in unser Gedächtnis ein. In unserem Kopf entstehen dabei Bilder und wir gewinnen eine Vorstellung dessen, was uns bei der Zielerreichung erwartet.

Überwindungskraft für ständige Veränderung stärken

Auf dem Weg zum Ziel läuft nicht alles glatt und vieles verändert sich. Um flexibel zu bleiben, hilft der Gedanke, dass Gutes nicht gut bleiben wird. Vor allem an Bewährtem festzuhalten oder nur darauf zu bauen kann zu einer Selbstbeschränkung führen. Stattdessen empfiehlt es sich, auf neue Möglichkeiten im Umgang mit Komplexität zu setzen. Anstelle zurückzuschauen auf das, was bisher gut war und funktioniert hat, gilt es, mit gesundem Selbstvertrauen in die Zukunft zu blicken und es nicht immer auf die gleiche Art zu versuchen. Allein die Vorstellung, bereits bewährte Methoden und ausschließlich vorhandenes Wissen anzuwenden oder konsequent an die Erfahrungen von Ereignissen der Vergangenheit anzuknüpfen, führt nur dazu, sich neuen Möglichkeiten zu verschließen, die vielleicht besser geeignet sind. Auf bereits Vorhandenes wie erprobte Techniken et cetera kann leicht wieder zurückgegriffen werden.

Sie kennen vielleicht schon von typischen Managementseminaren den Appell, sich weiterzuentwickeln: Das Bessere ist der Feind des Guten. Oder die Aufforderung, immer besser zu werden, um zu den Besten zu gehören. Sie sind sich auch bewusst, dass in den meisten Berufen Stillstand Rückschritt bedeutet. Nur wollen wir das nicht hören, besonders wenn es »gut läuft« und wir tatsächlich gut sind – vor dem Hintergrund der aktuellen Situation, des Marktumfelds oder gemessen am Stand der Forschung.

Ich möchte Sie nicht abschrecken, sondern nur aufrichtig sein. Zum »Einfach machen« ist auch eine gewisse Anstrengung erforderlich, um Komplexität meisterhaft zu beherrschen, und das dauerhaft. Den Willen dazu vorausgesetzt, müssen wir uns überwinden, nicht weiterhin stur am heute Guten festzuhalten. Die Stärke, diesen Fehler zu vermeiden, kann kein Chef oder Lehrer vermitteln. Beide können uns eine entsprechende Perspektive aufzeigen, um diese Kraft zu mobilisieren und, soweit noch nicht geschehen, uns dieser überhaupt gewahr zu werden. Überwinden, uns anstrengen müssen wir uns allein. Dass Sie dieses Buch gekauft haben und lesen, ist der beste Beweis, dass Sie sich das Leben »einfach machen« wollen und für Veränderungen bereit sind!

Hinter der Leichtigkeit und Brillanz der Besten stecken häufig viel Arbeit, Fleiß und Überwindung. Ob Artisten im Zirkus, mit dem Oscar prämierte Schauspieler oder auch Studenten mit exzellenten Abschlüssen – immer kam es in der Vorbereitung irgendwann zu Situationen, in denen diese Menschen über sich selbst hinausgewachsen sind und sich selbst übertroffen haben. Dazu braucht es den Willen, sich zu etwas zu überwinden.

Überwindung ist, psychologisch betrachtet, die emotionale Selbststeuerung zur Gestaltung des eigenen Schicksals in schwierigen Situationen. Der Umgang mit Komplexität hat dafür durch die verbundenen Unsicherheiten und Mehrdeutigkeiten für uns einiges zu bieten. Überwindung ist ein freiwilliger Willensakt, unter Alternativen nicht die einfachste zu wählen, auch auf die Gefahr hin, sich zu überfordern. Das haben Sie getan. Sie haben sich entschieden, nicht in das alte Muster zurückzufallen und durch die Reduzierung von Komplexität das Leben für Sie einfacher erscheinen zu lassen, zum Beispiel durch das Festhalten an Ursache-Wirkung-Zusammenhänge. Sie wollen es tatsächlich einfacher machen, wenn es komplex wird.

Wenn wir uns durch Überwindung zum Erfolg führen, dann besitzt diese Tätigkeit einen tiefen und anhaltenden Bedeutungsgehalt für unser Handeln. Die Angst vor Misserfolg wird reduziert, vor allem mit Blick auf die Zukunft.

Wer sinnbildlich ins kalte Wasser springt, nur um zu springen, macht etwas falsch. Deshalb bringt es nichts, sich Extremsituationen auszusetzen, um für den Alltag etwas zu lernen. Über heiße Kohlen laufen, sich am Bungee-Seil in die Tiefe stürzen oder ähnliche »Mutproben« sind für unsere Herausforderungen im Alltag bedeutungslos. Sie können sehr glücklich darüber sein, trotz Höhenangst beim Betriebsausflug erstmals eine Kletterwand hochgestiegen zu sein. Das heißt nicht, dass Sie sich auf eine Präsentation gut vorbereiten, die Sie wenig später vor der Geschäftsführung halten wollen. Hier geht es nicht um Überwindung – dies ist Teil Ihres Jobs.

Um sich zu etwas zu überwinden, bedarf es auch keiner besonderen Gelegenheit, wie es bei manchen der Fall ist, die meinen, dafür 8.000er besteigen oder einen Marathon laufen zu müssen. Dies ist nachweislich für den Alltag, der damit nichts zu tun hat, häufig folgenlos. Überwinden müssen und sollten wir uns jeden Tag, ob im Training, im Studium oder im Job. Diese »Gelegenheiten« sind meist wenig spektakulär, aber wenn wir es schaffen, ist es umso effektiver. Denn es kostet Kraft, überhaupt neue Dinge anzupacken. Nehmen wir beispielsweise die guten Vorsätze fürs neue Jahr. Manche nehmen sich dabei vielleicht in ihrem Zielhaus für die Ebene des nächsten Lebensabschnitts zu viel vor, um an ihrer Fitness zu arbeiten. Haben sie bisher eher selten Sport gemacht und sind plötzlich mehrmals in der Woche aktiv, schmerzen die Muskeln und Gelenke schnell. Wenn sie sich dann noch zum Training zwingen, kommt es zu Verspannungen oder sie verletzen sich. Irgendwann sind sie genauso plötzlich wieder verschwunden, wie sie im Fitnessstudio aufgetaucht sind, und geben auf. Viel besser wäre es, das Ganze kontinuierlich, mit einem festen Rhythmus und nicht von null auf hundert anzugehen. Zunächst reicht es, nur zweimal in der Woche 30 Minuten Sport zu treiben und sich dann behutsam zu steigern. Früher oder später ist dann keine Überwindung mehr nötig, weil das Neue in unserem Leben fest verankert wurde.

Genauso verhält es sich mit dem »Einfach machen«. Es fällt nicht vom Himmel. Sie werden ganz am Anfang einiges umgehend erfolgreich umsetzen, würden aber schnell die Lust verlieren, wenn Sie sofort alles befolgten, was Ihnen nach der Lektüre des Buchs nützlich erscheint. Es würde Sie, bei aller Überwindung, überfordern.

Wenn Sie eine realistische Vorstellung haben, was Sie wie erreichen können, und Ihr Zielhaus entsprechend eingerichtet haben, kostet es Sie weniger Überwindungskraft, wenn Sie sich bei ungewohnten Tätigkeiten den kleinen täglichen Fortschritt bewusst machen. Im Beispiel der guten Vorsätze mit dem Gang ins Fitnessstudio könnte diese das eine Kilo mehr sein, dass Sie als Gewicht auf die Hantel packen. Zusätzlich kann – vor allem bei zu Beginn sehr entfernt erscheinenden Zielen – der Blick auf das Ergebnis hilfreich sein, um die Überwindungskraft nachhaltig zu stärken. Wer mit 120 Kilo Körpergewicht an den Start geht, kann täglich zum Training gehen, indem er sich ausmalt, bald mit nur 90 Kilo im Sommer am Strand zu brillieren – nur mal so als ein sehr plastisches Beispiel. Damit möchte ich sagen, dass

Ihre Vorstellung dessen, was Sie durch »Einfach machen« erreichen möchten, nicht unbedingt spektakulär, dafür jedoch möglichst bildlich wie eine Szene sein muss, wodurch sie konkret wird. Dazu zählt etwa auch eine Idee davon, wie Sie das durch das Beherrschen von Komplexität gewonnene Mehr an Zeit nutzen möchten. Oder Sie nehmen das Ergebnis eines Projekts, das Sie übernommen haben und das sich durch eine hohe Komplexität auszeichnet, über ein Bild über die beabsichtigte Folge ins Visier: das IT-System, das ohne Problem die Produktion steuert, oder der Applaus zum Abschluss einer Veranstaltung, der für die Mühen der Vorbereitungen zuvor entschädigt.

Jedes unserer Ziele lässt sich in Situationen oder Szenarien »übersetzen«. Die Vorstellung dessen oder des auf dem Weg dorthin Erlebten kann die zur Überwindung erforderliche Kraft auslösen, sodass wir uns selbst überraschen, indem wir mehr als das Erwartete leisten. Vielleicht schwirrt Ihnen dazu bereits etwas im Kopf herum, wie »Einfach machen« für Sie konkret aussehen könnte (dann bitte sofort notieren).

Und wenn wir geschafft haben, was wir uns vorgenommen haben – was passiert dann? Dann erkennen wir durch die Erfahrung nachhaltig tieferen Sinn in dem, was wir tun, leisten oder schaffen können. Dies gilt vor allem, wenn man das Ergebnis sieht, das ohne die Überwindungskraft nie erreicht worden wäre. Sich überwunden zu haben, stimmt optimistisch. Mit dieser positiven Grundhaltung muss man sich nicht mehr sagen: »Jetzt reiß dich mal zusammen.« Das ist negativ. Die psychischen Schmerzen, die diese Art der Überwindung auf Dauer verursachen würden, hielten uns davon ab, uns auch beim nächsten Mal zu überwinden. Vielmehr sollte in Situationen, in denen Überwindungskraft gefordert ist, der Gedanke aufkommen: »Jetzt kann's losgehen.« Dann wird Überwindung zu einem schönen Erlebnis. Der Weg zum Ziel bekommt eine eigene Bedeutung, die zum Beherrschen von Komplexität wichtig ist, da das Ergebnis unseres Handelns und die Folge daraus immer weniger vorhersehbar sind.

Umso schöner ist es, wenn das Resultat und die Folgen des »Einfach machen« tatsächlich unseren Erwartungen entsprechen. Vollkommen ist unser Glück, etwas geschafft zu haben, das man sich selbst nicht zugetraut und somit nicht damit gerechnet hat. Dies setzt nachweislich die Glückshormone im Körper frei, die eine langfristig positive Erinnerung ermöglichen und unser Selbstbewusstsein stärken. Ähnlich wie bei Kleinkindern, denen erstmals etwas gelingt und woraus sie viel Energie für neue Aufgaben ziehen. Irgendwann fallen die gestapelten Bauklötze nicht mehr um. Unerwartet steht das erste Türmchen im Zimmer – und das Strahlen im Gesicht ist großartig. Die Tätigkeit ist nicht komplex, für Kinder aber kompliziert. Aus gutem Grund hat sich deshalb die positive Wortwendung »Bauklötze staunen« erhalten. Und das können nicht nur Kinder.

Die Erfahrung, etwas Neues überraschend geschafft zu haben ist für »Einfach machen« von hoher Symbolkraft. Denn Sie werden im Umgang mit Komplexität Dinge erleben, die Sie so noch nicht kannten, weil sie nicht plan- oder vorhersehbar sind. Sicher wird auch das eintreten, was Sie sich vorgenommen haben, doch neue Erfahrungen und überraschende Erlebnisse sind nur möglich, weil Sie den meisterhaften Umgang mit Komplexität anstreben.

Tipps zu diesem Kapitel

➤ Zielhaus errichten und pflegen: Statten Sie Ihr Zielhaus aus und nehmen Sie komplexitätsbedingte Veränderungen auf der entsprechenden Ebene im jeweiligen Raum vor.

➤ Unwissenheit zulassen und nutzen: Bleiben Sie achtsam für das Unwägbare und halten Sie nicht unnötig an etwas Sicher-Geglaubtem fest.

➤ Überwindungskraft stärken: Setzen Sie sich bewusst Situationen aus, die Sie überfordern könnten, um eigene versteckte Potenziale zu entdecken.

Die Ergebnisse im ersten Teil

Die Umsetzung dieser Perspektiven fühlt sich für Sie noch weit weg an? So weit ist es nicht mehr! Sie haben schon einiges erfahren, was kurz zusammengefasst wird, bevor wir in Teil 2 einsteigen.

Mit den ersten fünf Kapiteln haben Sie wichtige Grundlagen für den Umgang mit Komplexität gelegt. Sie haben zu Beginn Klarheit bekommen, dass Komplexität nicht ignoriert oder reduziert, aber beherrscht werden kann. Dazu kennen Sie die Zusammenhänge der vier VUCA-Faktoren »Volatility«, »Uncertainty«, »Complexity« und »Ambiguity« und haben so mehr Sicherheit gewonnen, für sich selbst neue Denkstrategien zu entwickeln. Im zweiten Kapitel wurde Ihnen die Notwendigkeit dafür deutlich aufgrund der neuen Situation, dass im digitalen Zeitalter Bit und Atom getrennt sind. Mehr denn je in der Geschichte der Menschheit neigen wir deshalb dazu, die Komplexität selbst zu erhöhen. Zugleich nimmt der innere Drang zur Reduzierung zu, die aber nicht weiterhilft, sondern eher für das Gegenteil sorgt.

Als ersten Schritt in eine neue Richtung haben Sie in Kapitel 3 unsere Herkunft verstanden mit dem Denkmodell von Ursache und Wirkung und haben und ein anderes Wahrnehmen der Wirklichkeit kennengelernt. Darauf basierend können Sie nun, wie im vierten Kapitel gezeigt, die richtige Erwartungshaltung einnehmen, um auch im Umgang mit Komplexität die Ergebnisse und Folgen Ihres Handelns im Blick zu behalten. Der Weg dorthin verschafft vor allem im Vergleich mit traditionellen Denkweisen neue Perspektiven. Damit Ihnen dies gelingt, ist schließlich eine höhere Flexibilität nötig, die Ihnen eine neue Form der Stabilität verschaffen kann. Gepaart mit einem Quentchen Überwindungskraft kann das »Googelsieren«, das gleich im zweiten Teil im Detail vorgestellt wird, für Sie eine hohe positive Dynamik entfalten. Das bedeutet für Sie als Fazit aus dem ersten Teil: Mit einem guten Grundgerüst ausgestattet gehen Sie weiter auf dem Weg zu mehr Einfachheit.

Teil 2: Unsere neue Fähigkeit »Googelsieren«

Mit dem ersten Teil hat sich die Art und Weise, wie Sie Komplexität betrachten, geändert. Die Chancen, sich durch das Beherrschen von Komplexität weiterzuentwickeln, stehen für Sie nun im Vordergrund. Damit haben Sie die Voraussetzung geschaffen, viele Herausforderungen im Alltag besser zu meistern.

Der zweite Teil widmet sich den entscheidenden Fähigkeiten zum »Einfach machen«. Das bereits erwähnte »Googelsieren« wird nun konkret. Sie erfahren, wie wir uns damit im digitalen Zeitalter einen Vorteil verschaffen, indem wir im Alltag Work-Life-Blending praktizieren. Dazu möchten Sie natürlich zuerst erfahren: Wie komme ich auf den Begriff »Googelsieren«?

Das Prinzip der Suchmaschine Google ist, dass wir Nutzer mittels eines Algorithmus, der ständig weiterentwickelt wird, individuelle Suchergebnisse erhalten, die unserem Bedarf entsprechen sollen. Es ist eine Maschine, die Komplexität für uns vereinfacht. »Googelsieren« ist der nächste Schritt. »Einfach machen« ist das Googeln ohne Suchmaschine: Jeder von uns findet jeweils den eigenen Rhythmus zur Beherrschung von Komplexität, der sich ebenfalls ständig weiterentwickelt.

Blicken wir auf die Details. Die Grundlage für unser tägliches Googeln sind Algorithmen. Diese werden fortlaufend angepasst. Je nach Bedarf sind größere Aktualisierungen erforderlich, um die Ergebnisse für uns bei ständig steigender Komplexität aufgrund der wachsenden Datenmenge und Vielzahl an Informationen zu verbessern. Googelsieren bedeutet, dass Sie wie Google mit seinem Algorithmus Ihren Rhythmus im Umgang mit Komplexität bestimmen und verbessern. Wie beim Googeln werden Sie darin nie perfekt sein. Aber wir können uns unser Leben damit wesentlich einfacher machen.

Die Fähigkeit, Komplexität besser zu beherrschen, hat auch einen wichtigen Nebeneffekt. Mit Ihrem eigenen Rhythmus beim Googelsieren emanzipieren wir uns von den allgegenwärtigen Helfern im Internet. Wir überlassen es nicht allein Algorithmen, die zunehmende Komplexität für uns zu vereinfachen. Mehr als Vereinfachung erreichen die Programme für uns nicht. Nur wir selbst können durch unsere Kreativität die Komplexität für uns nutzbar machen.

Welche Elemente dafür erforderlich sind und wie Sie diese zusammenfügen, erfahren Sie in diesem Teil. Fangen wir mit dem Googelsieren an!

6. Sortieren und gewichten

Die Kernfunktion der Suchmaschine von Google ist, aus dem Ausgangspunkt (unsere Suchwörter) und der Situation (die Menge aller dazu passenden Daten) entsprechende Informationen herauszufiltern und diese nach Relevanz zu gewichten. Aus der ungeheuren Vielfalt miteinander vernetzter und sich ständig ändernder Daten werden die wichtigsten Quellen identifiziert und als Treffer angezeigt. Das ist, rein technisch betrachtet, »Einfach machen vom Feinsten«.

Ständig strebt Google danach, die Ergebnisse für uns zu verbessern. Da ist noch lange kein Ende der Fahnenstange erreicht, um das, was wir meinen, den Kontext unserer Suchbegriffe, mathematisch nachzuvollziehen. Google möchte uns »verstehen«, wenn wir suchen. Selten sind wir eindeutig, wenn wir googeln. Geben Sie »Einfach machen« als Begriff ein. Möchten Sie jemanden finden, der etwas für Sie einfach macht, zum Beispiel den Computer einrichtet? Auf die »Idee«, dass Sie etwas einfacher machen wollen, kommt Google bisher nicht. Dies würde erst eintreten, wenn die Suchmaschine »gelernt« hat, dass viele Menschen Suchergebnisse anklicken, die das persönliche »Einfach machen« zum Beherrschen von Komplexität als Thema haben.

Google kann unsere Gedanken nicht lesen, weswegen wir der Maschine helfen müssen, indem wir konkrete Fragen oder Begriffe eingeben, und das möglichst fehlerfrei. Versuchen Sie es einmal mit »einfacher machen«, ein kleiner, aber feiner Unterschied zu »einfach machen«. Daraufhin kommen Hinweise auf Angebote, die besser zum Thema des Buchs passen.

Sie meinen, dass Sie das, was Google kann, nicht können, weil es viel zu kompliziert ist? Das stimmt, wenn es um das Erfassen und die Auswertung aller online verfügbaren Daten und Informationen geht, zumal wir keinen direkten Zugang dazu haben. Das ist zum »Einfach machen« auch nicht nötig. Wir sind sogar schon weiter als Google. Warum ist das so? Wir wissen, was wir wollen!

Und weil wir wissen, was wir wollen, nämlich »Einfach machen«, sind wir anders als Google in der Lage, Informationen entsprechend ihrer Bedeutung zu sortieren und zu gewichten. Wir können sogar »einen draufsetzen«. Wir sind kreativ und können Informationen je nach Bedarf bündeln und einen plausiblen Zusammenhang herstellen. Und dazu zählt auch der ganz persönliche Umgang mit Komplexität – den macht uns keine Maschine vor. Eher machen wir das der Maschine vor.

Wann haben Sie zum letzten Mal bei der Google-Suche nur einen Treffer angeklickt und nicht weiter gesurft beziehungsweise Informationen miteinander verglichen? Es dürfte lange her sein, oder?

Nehmen wir das Beispiel Hotelsuche. Sie benötigen für den Urlaub eine Unterkunft an einem Ort, den Sie noch nicht kennen. Sie geben seinen Namen und »Hotel« ein. In Windeseile bieten Ihnen Dutzende Portale zahlreiche Unterkünfte an, die Sie buchen oder bewerten können. Gab es früher zum Beispiel vom hiesigen Fremdenverkehrsamt oder im Prospekt des Reiseveranstalters eine Liste zur Auswahl, so erschlägt uns heute eine virtuelle Vielfalt inklusive Dopplungen. Denn die Angebotspalette wird nicht größer mit der steigenden Zahl an Portalen.

Nun kommen Sie ins Spiel. Sie haben bestimmte Erwartungen oder Bedarf. Vielleicht haben Sie die Suche durch Stichworte wie »Stadt«, »Szene«, »Design« oder »Park« bereits verfeinert, um die Treffer einzugrenzen. Das hilft jedoch wenig, da viele Angebote von den Anbietern mit halbwegs passenden Schlagworten verknüpft wurden, um möglichst gut auffindbar zu sein. Inzwischen hat sich eine ganze Industrie um die Optimierung von Websites entwickelt. Zu den Vorschlägen kommen die Bewertungen von Kunden, die die Trefferzahl sowie die Komplexität zusätzlich erhöhen. Wir sind also mehr denn je gefordert, die Informationen zu beurteilen.

In so einem Fall ist es sinnvoll, vor allem die Bewertungen selber zu gewichten und zu sortieren. Zwar können Sie diese nach Datum geordnet anzeigen lassen, aber nicht sämtliche Ergebnisse auf einen Zeitraum, zum Beispiel die letzten zwei Jahre, eingrenzen. Denn was nützt Ihnen das, wenn früher ein Hotel hervorragend bewertet wurde, nun aber abgefallen ist, was im Gesamtergebnis nicht sofort deutlich wird? Oder umgekehrt ist eine Unterkunft nun erheblich besser, hat aber in der Vergangenheit viele negative Bewertungen erhalten.

Wollen Sie sich an Kundenbewertungen orientieren, empfehle ich, sich die besten und die schlechtesten jüngeren Datums anzuschauen, wobei sie wenige, Ihren Erwartungen und Ihrem Bedarf entsprechende Maßstäbe anlegen. Mehr nicht. Wie werden für Sie relevante Aspekte kommentiert? Kunden, die Ihre Kriterien in der Bewertung aufgreifen, dürften vergleichbare Vorstellungen wie Sie gehabt haben. Sonst würden sie ja nicht genau diese Punkte ansprechen. Alle anderen Bewertungen können außen vor bleiben. Denn was nützt Ihnen ein Negativurteil wegen einer Spinne an der Wand, wenn Sie dies nicht stört? Oder eine Lobhudelei des Concierges wegen seiner Tipps, wenn Sie die Stadt auf eigene Faust entdecken möchten? Wenn Ihre Bedarfe und Erwartungen überhaupt nicht angesprochen werden in den Bewertungen, sollten Sie ein weiteres Hotelangebot prüfen. So entsteht schnell eine »Shortlist«, aus der Sie das Hotel wählen können, das Ihren Wünschen entspricht.

Dies ist ein alltägliches Beispiel für »Einfach machen« zum Beherrschen von Komplexität mithilfe von Googeln. Unser Urlaub soll ja mit die schönste Zeit des Jahres sein.

Dieses Vorgehen, selber zu sortieren und zu gewichten, funktioniert aber auch bei wichtigeren Entscheidungen wie der Auswahl eines Arbeitsplatzes. Auch hier stehen uns viele öffentliche Informationen zur Verfügung, um eine eigene Meinung zu bilden und zu stärken. In diesem Fall könnten Sie Ihre Erwartungen an den künftigen Arbeitsplatz schriftlich festhalten, ebenso die Ziele, die Sie erreichen möchten. Sie können auch eine Gewichtung der Aspekte vornehmen, die unbedingt erfüllt sein sollten und welche optional sind. Mit diesem persönlichen »Ranking« verfolgen Sie nun die Berichte in den Medien oder Bewertungen über das Unternehmen im Internet. In Portalen wie Kununu nehmen Sie ebenfalls die besten und schlechtesten Beurteilungen, die Aussagen enthalten zu Ihren Erwartungen und Zielen. Sollte die »Sammlung« zu »dünn« sein, können auch die Stellungnahmen von durchschnittlicher Bewertung in Betracht gezogen werden.

Plakative Aussagen, die Ihnen besonders aufgefallen sind, können Sie dann im persönlichen Kontakt zur Diskussion stellen. Sie meinen, sich vom potenziellen Arbeitgeber das Zustandekommen dieser Bewertungen erklären zu lassen, sei etwas vermessen? Angesichts des zunehmenden und wohl noch Jahre andauernden Mangels an qualifizierten Mitarbeitern nicht nur in Deutschland sind es heutzutage eher die Unternehmen, die für sich werben. Deshalb macht es für beide Seiten Sinn, vor dem Zustandekommen einer Zusammenarbeit mögliche kritische Themen zu klären, um keine falschen Erwartungen zu haben. Und wenn ein Unternehmen sich nicht auf kritische Fragen einlassen möchte? Dann lassen Sie eher die Finger davon, wenn Sie nicht unbedingt dort tätig werden möchten!

Prognosen erstellen und Szenarien entwickeln

Nicht in jedem Fall ist es beim Googelsieren mit der Sortierung und Gewichtung von vorhandenen Informationen getan. Sie können anschließend noch immer zu zahlreich sein, damit wir die richtige Entscheidung treffen. Wir fühlen uns von einem Zuviel an Optionen überfordert. In der Psychologie wird dieses Phänomen »Choice Overload Effect« genannt. Die Qual der Wahl wird immer größer und lässt uns zögern oder gar nichts machen. Das ist, wie Sie wissen, keine Option für den Umgang mit Komplexität und Sie sind schnell frustriert. Um beim Beispiel Hotelsuche zu bleiben: Statt wie geplant etwas Neues zu erleben durch die Wahl eines unbekannten Orts, entscheiden Sie sich lieber für das Vertraute.

Blicken wir wieder auf die Suche im Internet. Beim Googeln werden Daten auch auf deren Informationsgehalt überprüft, indem die Relevanz im Kontext bewertet wird. Ist eine Information auch für andere Quellen bedeutsam, werden die Daten häufig genutzt und wiederverwertet. Beim auf Algorithmen gestützten Googeln ergeben sich stichhaltige Prognosen, ob die Quelle für die jeweilige Suchanfrage eine besondere Bedeutung besitzt. Der Algorithmus »weiß« dies nicht. Er »formuliert« eine Prognose, wie wahrscheinlich die Information für Sie besonders relevant ist. Für Ihren Rhythmus im Googelsieren sind Vorhersagen und Szenarien ebenfalls bedeutsam, um das Beherrschen von Komplexität zu verfeinern – ebenfalls über die Informationen hinaus, die Ihnen zur Verfügung stehen.

Prognosen und Szenarien sind elementar, damit Sie Risiken minimieren können und Kompromisse möglich sind, wie etwa bei der Wahl eines neuen Arbeitsplatzes oder der Entscheidung für eine andere Position im Unternehmen. Die reinen Fakten, beispielsweise das Gehalt und die Arbeitszeiten, sind nicht allein entscheidend. Die Perspektiven für den mittelfristigen Verbleib in der Firma sind wichtiger, wobei es niemals eine Garantie gibt.

Ferner bringt eine Entscheidung selten ausschließlich Vorteile mit sich. Mögliche Nachteile sind zu akzeptieren und wir sollten uns durch sie nicht abhalten lassen. Der sogenannte Choice Overload Effect könnte dazu führen, dass Sie zögern und nicht zukunftsweisend handeln, obgleich immer Dinge passieren können, die uns nicht »in den Kram passen« und lästig sind. Erinnern Sie sich bitte, dass in komplexen Umfeldern und Systemen Ereignisse tendenziell häufig auftreten, die von der Planung abweichen.

Prognosen erstellen und Szenarien entwickeln können Sie ebenfalls anhand bereits vorhandener Informationen. Ausschlaggebendes Kriterium ist diesmal deren Bedeutung für die Zukunft. Eine ganz wichtige Rolle spielen hier Ihre eigenen Erfahrungen sowie Informationen, die sich auf die Vergangenheit beziehen. Diese gilt es, richtig einzuordnen. Denn in komplexen Umfeldern kann das Setzen ausschließlich auf Bewährtes ein großer Fehler sein und die Bewältigung zukünftiger Aufgaben behindern.

Deshalb sollten Sie zum »Einfach machen« alle Informationen, die Sie haben, in drei Körbe sortieren – gedanklich oder auch ganz praktisch:

➤ *Früher:* Dieser Korb enthält alle Daten und Informationen über Ereignisse und Erfahrungen der Vergangenheit, wie zum Beispiel Bewertungen anderer Kunden oder Mitarbeiter.

➤ *Jetzt:* Hier sammeln Sie alle verfügbaren Informationen über den Istzustand beispielsweise eines Unternehmens, bei dem Sie sich bewerben möchten, wie das dortige Angebot zur Weiterbildung.

➤ *Künftig:* In diesen Korb füllen Sie Informationen zur künftigen Entwicklung etwa eines Unternehmens oder einer Branche vor dem Hintergrund möglicher Auswirkungen der Digitalisierung.

Seien Sie gewarnt, sollte sich der Großteil der Informationen im ersten Korb befinden. Träfen Sie auf dieser Grundlage eine Entscheidung, setzten Sie unausgesprochen auf die Annahme, dass für die Zukunft die gleichen Parameter gelten wie für die Vergangenheit. Das ist sehr unwahrscheinlich. Zumindest ein Teil der Informationen sollte sich im Korb »Künftig« befinden. Diese Daten sind naturgemäß eher ungenau im Vergleich zum Korb »Früher« und eher subjektiv. Das gilt zum Beispiel dann, wenn Sie Experten befragen, wie deren Blick auf die weitere Entwicklung einer Branche oder eines Unternehmens ist. Doch sind diese Angaben wichtig, damit Sie zukünftige Entwicklungen nicht »aus heiterem Himmel« treffen.

Der größte Vorteil der Angaben im Korb »Künftig« besteht darin, daraus Zukunftsszenarien entwickeln zu können. Betrachten Sie mögliche Ereignisse als Tatsache, vor allem die, die von Nachteil wären. Überlegen Sie, was daraus für Sie folgen könnte. In vielen Branchen zählen dazu die Auswirkungen der Digitalisierung, sodass die Frage aufkommt, wie lang es eine Abteilung noch gibt oder eine bestimmte Leistung noch gewünscht ist. Kann ein Job zukünftig auch auf elektronischem Weg erledigt werden, müssen Sie alternative Aufgaben, Verantwortlichkeiten und Chancen für sich prüfen. Die Antworten darauf sollten möglichst bildhaft sein, wie zum Beispiel der neue veränderte Tagesablauf. Ihrer Fantasie sollten keine Grenzen gesetzt sein.

Eine allzu lebhafte Vorstellung ist aber von Nachteil. Wir legen uns dadurch schnell auf ein Szenario fest, das mit unserem »Früher« und »Jetzt« in Verbindung steht. Vor dem Hintergrund betrachtet scheint dieses Bild vorteilhaft, was eine geringe Dynamik für Veränderung bedeutet. Das Undenkbare, das Komplexität schaffen kann, können Sie für sich nicht greifen. Dadurch schränken Sie Ihre Chancen unnötig ein, die sich daraus ergeben.

Bleiben wir beim Beispiel Digitalisierung und dem Wechselspiel von Technik, Datenübertragung und unserem Verhalten. Dadurch haben sich Geschäftsmodelle und Tätigkeiten entwickelt, die es vor zehn Jahren noch nicht gab. Zum Beispiel gibt es heute einen Markt von mittlerweile über 20 Milliarden Euro Umsatz im Jahr – und zwar für Apps auf Mobiltelefonen. Dadurch sind allein in den USA fast zwei Millionen neue Arbeitsplätze entstanden, so die Angaben für das Jahr 2015 allein für den App Store, das Betriebssystem von Apple.

Um sich vom »Früher« und »Jetzt« nicht zu sehr beeinflussen zu lassen, müssen Sie kein Visionär sein. Es genügt, ein Thema aus unterschiedlichen Blickwinkeln zu betrachten, um für sich neue Zusammenhänge zu entdecken. In der Wissenschaft wird dieses Vorgehen in sogenannten Querschnittstudien angewandt. Dort werden Informationen aus verschiedenen Erhebungen miteinander kombiniert, um daraus neue Erkenntnisse oder Ansätze für die weitere Forschung zu gewinnen beziehungsweise Wenn-dann-Szenarien abzuleiten.

Das Ergebnis kann faszinieren oder eine abschreckende Wirkung haben. Vor der Jahrtausendwende war die Angst groß, dass Computer und sämtliche darüber gesteuerten Systeme die Umstellung von 1999 auf 2000 nicht rechtzeitig vollziehen und die weltweite Infrastruktur zusammenbrechen würde. Die Zukunftsszenarien, was passiert, wenn die bestehenden Systeme die Umstellung von 99 auf 00 nicht beherrschen, waren so konkret und erschreckend, dass riesige Anstrengungen unternommen wurden, um die komplexen Systeme rechtzeitig umzustellen. Bei der Umstellung traten dann nur wenige kleinere Probleme auf.

In Ihrer aktuellen beruflichen Praxis bietet sich dieses Vorgehen zum Beispiel sehr gut für die Konkretisierung der Karriereperspektiven an. Diese sind von so vielen Variablen abhängig, die interagieren und die Sie nur teilweise durch Ihre eigene Leistung beeinflussen können. Dies sind Ereignisse in Ihrem direkten Umfeld, wie das Verhalten von Kollegen und Ihren Chefs, Entscheidungen der Unternehmensleitung zur weiteren Geschäftsstrategie und Auswirkungen durch Aktivitäten des Wettbewerbs. Dann ändern sich die Anforderungen der Kunden, die für Sie den Bedarf auslösen, Ihre eigenen Kompetenzen weiterzuentwickeln, um überhaupt noch Karrierechancen zu besitzen. Und bei der Betrachtung der Auswirkungen der Digitalisierung kommen Sie zum Ergebnis, dass Ihre Abteilung oder gar der ganze Standort nicht mehr unbedingt gebraucht wird. So werden Sie sofort aufmerksam für andere Optionen und können diese kombinieren. Daraus werden sich Perspektiven ergeben, an die Sie bisher nicht gedacht haben, wie sich in andere Fachbereiche zu orientieren, die mehr Zukunftspotenzial haben. Und es werden sich auch negative Szenarien herausstellen, mit denen Sie nun aber besser umgehen können, falls Sie für sich zunächst nichts ändern.

Aus der Kombination der harten Fakten in den drei Körben »Früher«, »Jetzt« und »Künftig« mit Ihren Szenarien ergibt sich eine handfeste Prognose. Damit können Sie die Ergebnisse aus den vielfältigen Ereignissen und Entwicklungen, die sich aus der Komplexität ergeben, fassbar und für Ihre Entscheidungen und Ihr Handeln nutzbar machen. Sie bekommen so ein Bild und ein Gefühl für mögliche, in jedem Fall für Sie relevante Auswirkungen Ihrer Entscheidungen und was diese letztlich für Sie bedeuten können.

Nun könnten Sie einwenden, dass mit den Prognosen und Szenarien das Sortieren und Gewichten verkompliziert wird: Wie soll ich denn alle denkbaren und auch undenkbaren Szenarien entwickeln und dann auch noch beherrschen? Das geht nicht! Und darum geht es auch nicht.

Sie sollen vielmehr die für Sie in Ihrer Lebenssituation und für Ihre angestrebten Ziele relevanten Szenarien aufbauen und daraus Prognosen ableiten. Damit können Sie Ihre Erwartungen in eine für Sie geeignete Richtung lenken und vor allem die Komplexität um Sie herum als Chance nutzen. Das bedeutet, dass aus den gleichen Informationen, die sich in den drei Körben befinden, für jeden Menschen ganz andere Szenarien ergeben können. Der eine wird nichts verändern, der Nächste wird seine Kompetenzen weiterentwickeln und wieder ein anderer zu ganz neuen Ufern aufbrechen, je nachdem, wie ihre Bedürfnisse und Ziele sind.

Mit der Szenario-Arbeit werden Risiken für die persönliche Zukunft minimiert. Außerdem haben Sie danach eine größere Gewissheit, den passenden Weg einzuschlagen, und können ihn mit Überzeugung verfolgen. Ein Risiko ist jedoch nicht zu beseitigen und soll nicht verschwiegen werden: Nicht jede Information ist für uns verfügbar, manche Informationen werden uns vorenthalten oder einige sind schlicht falsch. Das können wir nicht ändern. Gerade wegen dieser latenten Ungewissheit ist es wichtig, stets selbst Szenarien zu bilden und daraus die für uns beste Option wählen. Sonst beherrscht uns die Komplexität – und nicht umgekehrt, wie beim »Einfach machen« notwendig. Und dazu schafft das nächste Kapitel eine weitere Voraussetzung. Konzentrieren Sie sich auf das, was Sie beeinflussen können. Das sollte im Fokus stehen, woran wir denken und wofür wir arbeiten.

Tipps zu diesem Kapitel

➤ Informationen sichten und gewichten: Beziehen Sie die Angaben ein, die für Sie relevant sind und vom Durchschnitt abweichen.

➤ Risiken reduzieren: Behalten Sie nur die wichtigsten Szenarien im Blick.

➤ Perspektiven entdecken: Nehmen Sie die in möglichen Szenarien enthaltenen Chancen wahr.

7. Mut zur Lücke

Zum Umgang mit Komplexität gehört auch Gleichmut (nicht Gleichgültigkeit!) gegenüber unabänderlichen Ereignissen und Veränderungen. Szenarien zu entwickeln ist etwas anderes, als Veränderungen tatsächlich zu erleben. Erstrebenswert ist, frei zitiert nach dem amerikanischen Theologen Reinhold Niebuhr: Gelassenheit haben, etwas hinzunehmen, was nicht zu ändern ist, den Mut aufzubringen, Dinge zu ändern, die veränderbar sind, und die Weisheit zu besitzen, das eine vom anderen zu trennen.

Die Erkenntnis allein reicht nicht, um die vielfältigen Faktoren, die über uns bestimmen, zu akzeptieren und sogar als Impulsgeber für die eigene Entwicklung zu nutzen. Denn unsere Emotion trennt sich nicht so schnell davon, was uns beeinflusst und beschäftigt, wir aber selbst nicht beeinflussen können. Das Gefühl des Ausgeliefertseins ist schrecklich und hält uns fest. Gedanklich bleiben wir bei dem, was passiert ist, weil es uns verunsichert hat und wir uns ohnmächtig fühlen. Ja, das stimmt, wir sollten uns das ein- und zugestehen wie etwa nach dem 11. September 2001, als nicht nur zwei Türme in New York, sondern auch eine Weltordnung in sich zusammenbrach. Die Verunsicherung hält bis heute an. Die Auswirkungen zu erfassen, geschweige denn in unserem täglichen Handeln zu berücksichtigen, würde uns völlig überfordern.

Komplexität können wir handhaben, indem wir Informationen sortieren und gewichten, Prognosen erstellen und Szenarien entwickeln. Daraus ergeben sich Optionen. Hier gilt es, die für uns und unsere Ziele tragfähigen auszuwählen. Dazu benötigen Sie nicht nur Mut zur Veränderung, sondern auch Mut zur Lücke.

Sich nicht so einen Kopf machen

Wir haben bereits gesehen, dass wir besser im Googelsieren sein können als die Algorithmen beim Googeln. Das ermöglicht letztlich unser Gehirn. Es ist, trotz aller Forschungen, letztlich weiter ein Geheimnis, das immer wieder neue Entdeckungen bereithält. Man müsste es eigentlich in Abwandlung von Geheimnis »Gehirnis« nennen. Denn es wird nie gelingen, alle physischen Mechanismen und psychischen Möglichkeiten aufzudecken. Das Gehirn ist ein Wunder, dass jeden von uns immer wieder neu überraschen kann.

Fest steht in jedem Fall: Wir können nicht an nichts denken oder nicht nichts fühlen beziehungsweise wahrnehmen, denn unser Kopf ist immer auf Empfang. Die Übertragungsleistung unserer Sinne liegt bei 10 MBit. Die evolutionsbedingten Leitungen sind immer aktiv. Davon erfassen wir jedoch nur rund 100 Bit, also acht bis zehn Wörter pro Sekunde. Darüber denken wir aktiv nach. Der Rest sind Bilder, Gerüche, Geräusche et cetera. Es ist daher anstrengend, genau »richtig« an das Richtige zu denken. Denn wir wollen ja wissen, welche von den vielen Information und Impulsen, die wir empfangen, relevant sind.

»Mach dir doch nicht so einen Kopf« empfehlen wir Menschen in Krisensituationen. Sich nicht zu viele oder keine unnötigen Gedanken zu machen, ist jedoch nicht immer einfach. Schnell landet man im »Drehwurm« seiner Gedanken, besonders wenn uns Erfahrungen und Ereignisse emotional belasten. Die Auswirkungen von Komplexität gehören häufig zu dieser Kategorie, da uns deren Entstehung durch die vielfältigen und wechselseitigen Einflüsse unklar ist. Hängen wir durch die Suche nach einer Begründung an einem Geschehen fest, liegt das am alten Denkmuster eines Ursache-Wirkung-Zusammenhangs, von dem wir uns, wie im dritten Kapitel bereits gezeigt, lösen sollten. Der bewusste Verzicht, Unerklärliches irgendwie erklären zu wollen, trägt viel dazu bei, Komplexität zu beherrschen. Und auch die emotionale Bewältigung schlimmer Erfahrungen wird einfacher ohne die Suche nach einer Antwort auf das Warum. Wir können eine Sache schlicht ins uns »sacken lassen«, durchschnaufen und dann wieder den Blick nach vorne richten.

Das vergangene Kapitel hat Ihnen bereits gezeigt, dass Sie besser mit Komplexität umgehen können, wenn Sie beim Sortieren und Gewichten von Informationen quasi Lücken lassen. Und das betrifft auch Ihr Denken. Wir müssen sozusagen die eigene Komplexität zügeln, die durch den Informationsstrom der 10 MBit-Leitung entsteht. Bei der Konzentration auf das Wesentliche können Sie von folgenden Prinzipien profitieren:

➤ *Konzentration auf das Beeinflussbare:* Erinnern Sie sich stets daran, was in Ihrer eigenen Hand liegt oder Sie selber lösen können. Das vergisst man schnell und sollte im Vordergrund stehen: »Das kann ich und das eben nicht.« Ihre Möglichkeiten können zahlreicher sein als gedacht, wenn Sie zum Beispiel durch die erstellten Szenarien erkennen, wo Sie ungeahnte Ansatzpunkte zur Gestaltung haben. Dazu zählen erstens Chancen, die sich unmittelbar in einer Situation ergeben. Zweitens könnte auch ein kleiner oder größerer Umweg nötig sein, wenn zum Beispiel die Aneignung weiterer Fähigkeiten wichtig ist. Umgekehrt können sich beim Blick in die Zukunft Ihre Einflussmöglichkeiten reduzieren. Dann stürzen Sie sich erst recht auf die noch vorhandenen Chancen. Darüber hinaus sind Sie sensibilisiert, welche Lücken, die durch den oben beschriebenen Umgang mit Komplexität entstanden sind, für Sie besonders bedeutsam sind. Der Mut zur Lücke macht Sie so achtsamer für die Einflüsse von Komplexität.

➤ *Greifbare Horizonte anvisieren:* Je länger eine Wegstrecke ist, desto höher ist die Wahrscheinlichkeit, dass Sie durch Komplexität beeinflusst werden. Sich auf Greifbares zu fokussieren bedeutet nicht, vorhandene langfristige Ziele aufzugeben oder infrage zu stellen. Im Gegenteil! Wenn sich Anlässe oder Gelegenheiten bieten, auch ungeahnt und unverhofft, sollten wir diese »tief hängenden Früchte, die plötzlich reif vor uns hängen«, nicht einfach ignorieren, nur um strikt bereits vorhandenen Plänen zu folgen. Im Beruf kann dies nahezu täglich passieren, etwa durch den Anruf eines Kunden oder ein Jobangebot, ein neues Projekt und so weiter. Sie haben dann abzuwägen, ob diese greifbare Gelegenheit den Mut zur Lücke bei vorhandenen Planungen rechtfertigt. Dabei helfen Ihnen zum Beispiel Ihre eigenen und fremden Erwartungen, wie im ersten Teil des Buchs dargestellt. Prüfen Sie, ob Sie den eigenen Vorstellungen noch oder sogar besser gerecht werden können, indem Sie die aktuelle Gelegenheit ergreifen.

➤ *Passende Perspektiven einnehmen:* Sogar in vergleichbaren Situationen können sich ganz unterschiedliche Verläufe ergeben. Beispiel Fußball: Team A gewinnt gegen das Team B mit 5 : 0. Wenn die gleichen Mannschaften nach einigen Tagen wieder gegeneinander antreten, steht es zunächst 0 : 0, das 5 : 0 ist irrelevant, denn das komplexe Zusammenspiel kann ein ganz anderes Ergebnis liefern, wenn sich Team B nicht nur darauf konzentriert, die Fehler der Partie der Vergangenheit zu vermeiden. Besser wäre der Vorsatz, besser zu spielen als die anderen, und nicht nur zu versuchen, weniger Fehler zu machen. Wir gehen der Komplexität quasi »auf den Leim«, wenn wir nur ausgehend von der Vergangenheit in die Zukunft blicken. Die Lücke ist hier, sich von der eigenen Erfahrung nicht einschränken zu lassen und die passende Perspektive für zukünftige Situationen einzunehmen.

Seine Gedanken auf das Wesentliche zu konzentrieren ist eine Stärke, die wir uns aneignen können. Nach der Lektüre des Buchs werden Sie weitere Fähigkeiten entwickelt oder gefestigt haben zum

»Einfach machen«. Nicht vergessen sollten wir zudem unsere vorhandenen Stärken, die ebenfalls einen wertvollen Beitrag zum Meistern von Komplexität liefern können. Niemand von Ihnen wird sich und alles neu erfinden müssen.

Tipps zu diesem Kapitel

➤ Nicht alles wissen: Verzichten Sie darauf, für sich Ursachen zu klären, auch warum Sie so und nicht anders denken.

➤ Gelegenheiten nutzen: Akzeptieren Sie, dass durch neue Chancen andere Optionen wegfallen können.

➤ Zukunft im Blick: Ignorieren Sie Erfahrungen, die Ihre Möglichkeiten zum Handeln unnötig einschränken.

8. Stärken richtig einsetzen

»Ihnen kann ich vertrauen! Sie sind immer zuverlässig und arbeiten gewissenhaft. Was Sie anpacken, klappt. Ich freue mich auf unsere weitere Zusammenarbeit.« Ein größeres Lob kann ein Vorgesetzter in einem Jahresgespräch kaum aussprechen. »Danke für Ihre Anerkennung«, freut sich der Mitarbeiter und denkt beim Verlassen des Büros vielleicht: »Das gibt mir Rückendeckung. Im nächsten Jahr haben wir ja viel vor. Ich werde wieder konsequent am Ball bleiben. Dann schaffe ich, was ich mir vorgenommen habe.«

Wenige Monate später verkündet der Chef: »Der Markt verändert sich schneller, als wir dachten. Die Kunden wandern verstärkt ins Internet ab. Unsere Aktionen wirken nicht wie geplant.« Der Mitarbeiter grübelt: »Ich habe doch alles wie geplant umgesetzt. Was hätte ich denn besser machen können?« Antwort Nummer eins: nichts! Denn isoliert betrachtet machte er seinen Job so gut wie immer, betreute die Kunden eventuell sogar noch engmaschiger, weil sie sich anders verhielten als gedacht. Antwort Nummer zwei: alles! Denn indem er alles wie immer und wie geplant gemacht, am Bewährten festgehalten hat, konnte er nicht auf das veränderte Kundenverhalten angemessen reagieren. Der Zugang zu plötzlich notwendigen Fähigkeiten war versperrt. Irgendwann fiel dem Chef auf, dass der Mitarbeiter mit sich haderte, und wollte wissen, was denn mit ihm los sei.

Die Antwort auf diese Frage ist elementar: Das strikte, unreflektierte Festhalten an Bewährtem, hier der konsequente Einsatz einer persönlichen Stärke, ist ein wesentliches Hindernis zum Beherrschen von Komplexität. In einer neuen Situation kann eine Stärke zur Schwäche werden. Umgekehrt hätte sich ein bisher eher sprunghafter Kollege, der nichts so richtig zu Ende bringt, auf die neuen Bedingungen vielleicht besser einstellen können. Danach hätte er aber Probleme gehabt, trotz diverser Rückschläge in seinem Engagement nicht nachzulassen. Flexibel auf Komplexität zu reagieren hilft wenig, wenn wir danach nicht entsprechend kompetent und konsequent agieren.

Situativ die eigenen Stärken einzusetzen ist eine eigene zum Googelsieren wichtige Fähigkeit. Sie macht uns stärker, als jede Maschine es jemals sein wird. Wir sind kreativ, können uns anpassen, nachdem wir ein Szenario entwickelt haben und uns so darüber klar geworden sind, was für uns persönlich wichtig werden könnte. Das ermöglicht Rückschlüsse auf die Art und Weise, wie wir uns in Zukunft aufstellen sollten – immer in Hinblick darauf, Ziele zu erreichen und unser Leben erfolgreicher zu gestalten.

Unsere Stärken angemessen einsetzen zu können gibt uns enormes Selbstbewusstsein. Stellen Sie sich vor, Sie hätten ein faszinierendes Zielhaus geschaffen und viele attraktive Aufgaben lägen vor Ihnen. Wenn Sie zusätzlich wüssten, wann welche Ihrer Fähigkeiten bedeutsam sind, machten Sie sich erst recht an die Arbeit, auch wenn dies durch den Einfluss von Komplexität anstrengender wird als gedacht. Sich seiner Stärken klar zu sein ist nicht nur eine der wichtigsten Aufgaben für jeden von uns – die Zahl beruflicher und privater Glücksmomente steigt dadurch. Allein der Gleichklang meiner Ziele kann kein Gefühl der Erfüllung geben, wenn ich nicht fähig bin oder mich fähig machen kann, sie zu verfolgen. Ohne Bewusstsein für die vorhandenen und erforderlichen Stärken sowie Schwächen ist der Umgang mit Komplexität schwierig.

Dies ist eine eigene Fähigkeit und muss wie die Errichtung und Instandhaltung unseres Zielhauses ausgebildet werden und fortlaufend zum Einsatz kommen. Die eigenen Stärken zu erkennen und zu entwickeln ist bei Weitem nicht auf die ständige Weiterbildung einer fachlichen Kompetenz begrenzt, die zur Ausübung eines Berufs notwendig ist.

Talent allein taugt wenig

Lassen Sie uns mit den angeborenen Talenten beginnen. Jeder Mensch verfügt über unterschiedliche angeborene Gaben, die erst zur Geltung kommen, wenn sie gebraucht werden. Unser allerwichtigstes Talent, die Sprache, würde ohne sozialen Kontakt niemals ausgeprägt werden können. Eines der elementarsten Talente des Menschen liege brach. Kurz gesagt: Die natürlichen Stärken reichen nicht.

Hätte ich, Michael Groß, nur schwimmen gelernt und mir nicht zusätzlich bestimmte Techniken aneignen können, hätte ich nur etwas besser als andere »im Wasser gelegen«. Es kommt also wie bei Kindern berühmter Künstler, die häufig nicht überdurchschnittlich künstlerisch begabt sind, weniger aufs Talent an, sondern vielmehr aufs Umfeld und die Gelegenheit zur Ausübung. Ansonsten würde es sich nicht ausbilden. Ebenso kann es sein, dass eine unterdurchschnittliche Begabung nie festgestellt wird, weil dazu nicht die Möglichkeit besteht.

Ob im Sport, in der Musik oder Wissenschaft – in vielen Lebensbereichen gibt es begnadete Menschen. Sie müssen sich aber erst Ausdruck verschaffen können, um gefördert zu werden. Ohne einen Anlass liegt jedes Talent brach, weswegen Talente in der Regel verborgen bleiben. Die Ausnahmen werden dann aber meist schnell bekannt. Mozart wäre nie zum Genie gereift, wäre er nicht in eine Musikerfamilie hineingeboren worden. Er konnte zum Instrument greifen und zeigen, wie leicht es ihm fiel, sich die schwierigsten Stücke anzueignen. Aus Sebastian Vettel wäre nie der jüngste Formel-1-Champion geworden, hätten seine Eltern nicht jahrelang unzählige Wochenenden mit ihm auf der Kartbahn verbracht.

Zwar wird durch unterschiedliche Reize ein Talent meist in jungen Jahren entdeckt, es gibt jedoch viele berühmte Ausnahmen.

Die Hochbegabung Albert Einsteins, einem der unbestritten bedeutsamsten Physiker aller Zeiten, kam bekanntermaßen in seiner Jugend nicht zum Ausdruck. Die Hochschule verließ er mit einem Diplom als Fachlehrer für Mathematik und Physik. Seine Bewerbung für Assistentenstellen wurde von allen Universitäten, die er angeschrieben hatte, abgelehnt. Er verdingte sich völlig unauffällig als Hauslehrer und arbeitete an seiner Doktorarbeit. Seine ersten und wissenschaftlich bedeutsamen Aufsätze machten ihn zunächst nur der Fachwelt bekannt. Zu einer weltweiten Berühmtheit wurde der Spätstarter spätestens durch die Verleihung des Nobelpreises.

Wichtig sind die schon angesprochenen Rahmenbedingungen wie zum Beispiel ein Partner auf Augenhöhe zum gegenseitigen Austausch und als Ansporn. Mit einem entsprechenden Umfeld kann ein Talent ausgelebt werden, weswegen Trainings- oder Forschungszentren entstehen. In der Wirtschaft sind es sogenannte Cluster, also wenn viele Unternehmen einer Branche in einer Region ansässig sind, was wiederum weitere Talente anzieht. Die Digitalisierung der Wirtschaft und unseres Lebens würde wesentlich langsamer voranschreiten, gäbe es nicht die Ballung von Technologieunternehmen in Silicon Valley südlich von San Francisco. Zusätzlich belebt Konkurrenz das Geschäft enorm. Ohne Wettbewerb verkümmert jedes Talent. Ohne Herausforderung, die Möglichkeit zur Bewährung, wird die nächste Stufe nicht erreicht.

Talente zeichnen sich darüber hinaus durch einen intuitiv-spielerischer Zugang zu ihrer besonderen Fähigkeit aus. Die weitere Entwicklung erfolgt rasend schnell im Vergleich zu Altersgenossen oder Menschen, die die gleiche fachliche Ausbildung durchlaufen. Und das ist genau der entscheidende Punkt: Für die Ausbildung unserer Talente kommt es darauf an, was unsere Gene erleben, wie sie ausgeprägt werden. Unsere angeborenen Talente brauchen Umweltreize, um aktiviert zu werden. Die sogenannte Epigenetik zeigt, wie die Umwelt auf unsere natürlichen Anlagen wirkt. Die epigenetischen

Mechanismen beeinflussen nicht nur körperliche Fähigkeiten, vielmehr sind sie bei der geistigen Konditionierung wichtig, zum Beispiel bei unserer Aneignung von Wissen.

Häufig wird auch von einem »Unternehmer-Gen« gesprochen, das man hat – oder nicht. Alle Versuche, die Formel zu finden, was einen erfolgreichen Unternehmer auszeichnet, sind gescheitert. Viele Faktoren müssen zusammenkommen, die aufgrund der komplexen Zusammenhänge die einzelne Person nicht beeinflussen kann. Aber der Unternehmer nutzt die passende Gelegenheit: Er oder sie sind häufiger zur richtigen Zeit am richtigen Ort – und das mit der passenden Idee. Das wissen die handelnden Personen mitunter selber auch erst nachträglich. Immer wieder kommt es vor, dass ein erfolgreicher Unternehmer mit seiner zweiten Geschäftsidee scheitert oder hinter dem bereits erzielten Ergebnis zurückbleibt. Der Grund ist einfach: Die Stärken, die beim ersten Mal von Vorteil waren, können in einer neuen Situation mit völlig anderen Anforderungen plötzlich wirkungslos bleiben oder sich als Schwäche entpuppen. Oder ein Unternehmer übergibt die Firma an den Nachwuchs, den selbst die beste Ausbildung und reiche Berufserfahrung nicht zum Nachfolger machen. Dass der Generationenwechsel in Familienunternehmen nicht gelingt, ist die Regel. Unabhängig davon zeigen viele andere Beispiele, dass auch Scheitern erfolgreiche Unternehmer hervorbringt. Es gibt Investoren im Silicon Valley, die nur die Gründer finanziell unterstützen, wenn diese zuvor richtig Schiffbruch erlitten haben: Die machen keinen Fehler ein zweites Mal.

All das zeigt, dass es verschiedener Faktoren bedarf, bis Talent zum Tragen kommt. Es ist nicht alles, sondern nur die »natürliche« Stärke eines Menschen. Durch die Entdeckung einer Gabe allein ist noch nichts gewonnen. Es schadet selbstverständlich nicht, ein Talent zu besitzen. Auch weniger Begabte können beruflich erfolgreich sein, wenn sie ihre Stärken einsetzen, zumal begnadeten Menschen ab einem gewissen Niveau auch nichts in den Schoß fällt. Üben, üben,

üben gehört dann auch für sie zum Alltag. Umgekehrt ist mangelndes Talent keine Entschuldigung dafür, in seinem Bereich nicht die bestmögliche Leistung zu erbringen.

Jedes Talent braucht Wissen und Willen

Ich werde häufig bei Veranstaltungen und in Seminaren gefragt, was wichtiger ist: das Talent, das Wissen oder der Wille. Meine Antwort lautet: »Ohne die Aneignung handwerklicher Fähigkeiten und deren Einsatz passend zu den jeweiligen Anforderungen bleibt das größte Talent ungenutzt.« Erinnern Sie sich an einen der größten Erfinder aller Zeiten, Thomas Alva Edison? Er sagte, Genie sei ein Prozent Inspiration und 99 Prozent Transpiration.

Die Summe unserer Stärken und wie wir sie zur Geltung bringen macht den Unterschied. Nur so können wir aktiv und zu 100 Prozent beeinflussen, ob wir am Ende die Leistung bringen, die wir von uns selbst erwarten. Nichts ist schlimmer, als zu wissen, nicht das Bestmögliche gegeben zu haben. Seine Stärken voll zu entfalten ist hingegen ein sehr intensives positives Gefühl. Und dies wird gesteigert, nachdem ein Ziel erreicht wurde.

»Einfach machen« setzt kein spezifisches Talent voraus. Jeder kann es. Der Wille, sich auf Googelsieren einzulassen, ist dessen Fundament. Doch damit allein ist es nicht getan. Vielmehr ist das nötige Wissen erforderlich, das heißt die fachliche Kompetenz für den Umgang mit Komplexität. Das Erreichen des Titels eines Diplom-Ingenieurs oder der Abschluss an einer Kunsthochschule hängt zum Beispiel von einer völlig unterschiedlichen Methodenkompetenz ab, die entsprechend erworben werden muss. Hier geht es um die Grundlage, das Erkennen der eigenen Stärken, die für die Verfolgung der eigenen Ziele, das Beherrschen von Komplexität notwendig und bereits angelegt sind.

Das Ausleben unserer verschiedenen Stärken sowie der Umgang mit zentralen Schwächen ist eine eigene Fähigkeit – die sogenannte Performanz. Wenn wir eine »Performance« zeigen, setzen wir vorhandene Kompetenzen in eine Leistung um, die geeignet ist, die anvisierten Ziele zu erreichen. Die Bewertung, ob wir – neudeutsch gesagt – richtig gut »performen«, wird von der Wirkung bestimmt, was durch unseren Einfluss passiert und wie wir mit externen Einflüssen umgehen.

Sie haben bereits einige Fähigkeiten kennengelernt, die eine sehr gute »Performance« im Umgang mit Komplexität ermöglichen. Erinnern möchte ich Sie an das Sortieren und Gewichten von Informationen – die Fähigkeit, Wichtiges von Belanglosem, Richtiges von Falschem zu trennen. Eine Schlüsselqualifikation für uns ist daher nicht mehr Fachwissen, sondern vielmehr die Selektion von Informationen für dieses Wissen und der Einsatz im passenden Moment. Wenn wir Komplexität beherrschen und unsere Stärken entfalten, besitzen wir eine hohe Performanz.

Stärken entfalten

Die Kombination von Talent, Wissen und Wille schafft für jeden Menschen eine einzigartige Ausstattung an Fähigkeiten. Jeder muss für sich entscheiden, wann welche Fähigkeiten relevant sind, um eine Performanz zu erreichen, die den eigenen Erwartungen und Zielen gerecht wird, angefangen bei der einfachen Frage, ob ich für die Bewältigung einer Aufgabe gut vorbereitet bin oder nicht – bis hin zur grundsätzlichen Einschätzung der eigenen Fachkompetenz, um den künftigen Anforderungen gerecht zu werden.

Zwei Grundgedanken müssen Sie beachten, wenn Sie »Einfach machen« später konkret und konsequent anwenden möchten:

Nicht vergleichen! Jeder Vergleich verhindert unser Glück. Sobald wir von einer ähnlichen Situation auf die jetzige oder die von einem anderen Menschen auf uns schließen, schränken wir die Entfaltung unserer Stärken unnötig ein. Wir können uns von anderen inspirieren lassen, sollten uns aber auf die eigenen Stärken besinnen, die in dem Moment relevant sind. Der Vergleich mit der Leistung anderer ist zunächst sekundär. Erfolg geht zwar auf die eigene Leistung etwa in einem Wettbewerb zurück, inwieweit individuelle Stärken zum Tragen kommen, sollte jedoch nicht an äußeren Kriterien wie einem Konkurrenzumfeld bemessen werden. Konzentrieren Sie sich auch im Job auf die eigenen Stärken. Denn Gegner können wir nicht beeinflussen. Nur wir selbst können mit unseren Stärken am Ende die Leistung bringen, die wir von uns selbst erwarten – und die uns im Wettbewerb unangreifbar macht. Wollen wir etwas erreichen, sollten wir auf uns selbst setzen, etwas Eigenes kreieren. Denn niemand kann beurteilen, worauf ein Erfolg letztlich zurückzuführen ist – ob auf die Fehler anderer Wettbewerber oder die eigene Leistung. Es geht darum, unser Potenzial voll auszuschöpfen – und das können nur wir selbst einschätzen.

Nicht perfekt sein! Nie werden wir es schaffen, hundertprozentig perfekt zu sein, alles richtig zu machen, auf ganzer Linie erfolgreich zu sein oder das vorhandene Potenzial komplett auszuschöpfen. Das ist auch nicht entscheidend. Wichtig ist, es zu versuchen. Die Gewissheit, alles getan zu haben, nichts unversucht zu lassen, um seine Stärken zu aktivieren und dadurch Ziele zu erreichen, erfüllt. Das Wunderbare an den vielfältigen Weggabelungen sowie Irrungen und Wirrungen, die uns Komplexität beschert, ist, zu jeder Zeit an seinen Fähigkeiten und Fortschritten arbeiten zu können. »Einfach machen« ist niemals beendet.

Nie aufhören, besser werden zu wollen, um zu den Besten gehören zu können.

Das Motto kennen Sie vielleicht. Die Betonung liegt dabei auf »wollen« und »können«. Denn zunächst geht es darum, seine eigenen Stärken zu mobilisieren, egal, was als Ergebnis und Folge dabei herauskommt.

Eine alltägliche, aber komplexe Situation, wie ich sie häufig erlebe, ist die Präsentation bei einem Kunden. Ich weiß nie, wer sich außer mir für ein Projekt beworben hat und welche Themen die Teilnehmer sonst noch im Kopf haben. Jeder Versuch, diese komplexe Situation zu erfassen, wäre zum Scheitern verurteilt. Vielmehr bemühe ich mich immer, mich schnellstens auf Augenhöhe zu begeben und einen gemeinsamen Ausgangspunkt zu schaffen: Alle sollen sich auf das einlassen, was mir wichtig ist und was ich ihnen bieten kann.

Als Erstes werfe ich ein Bild an die Wand und erzähle eine kurze Geschichte, die zu meinem Thema passt. So vertreibe ich alle Gedanken, die sonst noch im Raum sind, und lenke die Aufmerksamkeit auf mich und mein Anliegen. Dass es wirkt, ist daran abzulesen, dass niemand mehr an seinem Mobiltelefon herumfingert. Das ist »Einfach machen« live. Ich reduziere und vereinfache die Komplexität nicht, ich gehe mit ihr kreativ um und beherrsche sie.

Dennoch komme ich manchmal aus einer Präsentation heraus und sage mir: »Hätte besser sein können!« Dennoch erhalte ich oft den Auftrag und nehme mir anschließend innerlich vor, beim nächsten Mal den Kunden noch mehr zu zeigen, was ich leisten kann. Umgekehrt verliere ich eine Ausschreibung und weiß in dem Moment nicht, was ich hätte besser machen können, um erfolgreich zu sein. Beim zweiten Blick auf meine Stärken und die erbrachte Leistung finde ich dann aber stets einen Punkt, wo ich ansetzen kann, um meine Fähigkeiten noch besser ausspielen zu können. Ohne das Streben, besser werden zu wollen, bleibt es dem Zufall überlassen, ob wir im Wettbewerb bestehen oder nicht.

Schwächen beheben

Dieses Kapitel wäre unvollständig, wenn ein Aspekt verschwiegen werden würde. Der Einsatz unserer Stärken kann von den eigenen Schwächen behindert werden. Sie kennen vielleicht den Appell, stets die Stärken zu stärken, um quasi automatisch die Schwächen zu schwächen.

Anhand dessen, was Sie bereits über das Beherrschen von Komplexität wissen, werden Sie ahnen, dass die Vernachlässigung der eigenen Schwächen problematisch ist. Wir bestimmen nicht allein, welche Bedeutung sie haben: Die Auswirkungen komplexer Systeme können sie ungewollt freilegen. Auch Stärken können zu Schwächen werden, wie das Beispiel zu Beginn des Kapitels gezeigt hat.

Vor unseren Schwächen weglaufen bringt also nichts. Sie holen uns ein, wenn es am wenigsten passt: in Präsentationen, wenn wir nicht auf überraschende Einwände eingehen können, die warum auch immer nicht in unser Konzept passen. Oder wenn wir in Gesprächen mit Mitarbeitern oder dem Chef vor lauter Geschäftigkeit den Erfolg für das laufende Jahr im Blick haben und nicht das künftig notwendige, aber fehlende Wissen ins Visier genommen wird.

Die Voraussetzung zur Behebung jeder Schwäche ist, dass wir diese erkennen und als bedeutsam wahrnehmen. Dazu müssen wir nicht erst negative Erfahrungen machen. Es genügt die einfache Frage, zum Beispiel wenn wir ein Szenario erstellt haben, wie wir uns selbst daran hindern könnten, das anvisierte Ziel zu erreichen. Ist dies absehbar und muss aktiv dagegen angegangen werden? Oder genügt es, wachsam zu sein und abzuwarten, ob unser Defizit relevant wird? Aus dieser Überlegung lassen sich sehr konkrete Maßnahmen ableiten.

Die sozialen Netzwerke im Internet werden immer mehr zu einem tragenden Element in meiner Beratung. Ich bin kein Experte und nutze Facebook, Twitter et cetera eher wenig. Damit ich jedoch kompetent agieren kann, habe ich meine diesbezüglichen Kenntnisse bewusst vertieft und die wichtigsten Zusammenhänge und Chancen für das Change und Talent Management in Unternehmen (das ist der wesentliche Gegenstand meiner Beratung) identifiziert. Ich halte mich über die neusten Möglichkeiten auf dem Laufenden, denn sonst könnte ich die Komplexität der Interaktion meiner Kunden nicht bewerten und somit im Wettbewerb nicht bestehen. Mein Nutzerverhalten wäre dann eine große Schwäche.

Ein weiterer Maßstab ist der Anpassungsdruck, dem Sie unterliegen. Um Ihre Ziele zu erreichen, müssen Sie Ihre Schwächen beheben, damit Sie zum Beispiel oben genannte Präsentationen bestehen oder mit technischen Entwicklungen im Markt oder mit Veränderungen im Wettbewerb Schritt halten. Wichtig für Ihre Beurteilung, ob Sie Ihre Schwächen angehen sollten, ist Ihre persönliche Betroffenheit. Stört es Sie nachhaltig, dass eine Kompetenz nicht ausgeprägt ist, oder würden Sie sich gerne anders verhalten? Fühlen Sie gar schmerzhaftes Unbehagen, wenn Sie nachts im Bett liegen und grübeln? Dann sollten Sie die Defizite gezielt angehen. Sollte eine (mögliche) Schwäche kein großes Kopfzerbrechen bereiten, auch nicht angesichts potenzieller Szenarien, wie sich Komplexität auf Sie auswirkt, sollten Sie die Schwäche schwächen – sprich: nicht weiter darüber nachdenken.

Grundsätzlich gilt auch bei der Behebung von Schwächen, sich konkrete Ziele und zügig erreichbare Zwischenschritte vorzunehmen. Das können zum Beispiel konkrete Aufgaben sein, die Sie als Erstes angehen möchten, um festzustellen, diese auch erledigt zu haben. Dadurch wird Ihre Selbstwirksamkeit (»Ich will das«) emotional erfahrbar (»Ich kann das«). Das vertieft Ihre Überzeugung von der Richtigkeit eines Unterfangens, was Sie auch für Rückschläge unempfindlicher macht. Nehmen wir ein ganz alltägliches Beispiel aus dem Leben, bei dem ein komplexes Zusammenspiel von Geist und Körper stattfindet und wo die eigene Betroffenheit die Chance erhöht, dass aus dem Wunsch Wirklichkeit wird: der Vorsatz, mit dem Rauchen aufzuhören. Erst wenn aus der Erkenntnis »Rauchen ist schädlich für die Gesundheit« Überzeugung wurde und der Wille da ist, diese Schwäche auch zu beheben, können konkrete Schritte folgen – etwa indem ein Tag anders gestaltet wird, um weniger zu rauchen, selbst wenn nur eine erste Kippe weggelassen wird. So kann es dann weitergehen.

Schwächen beheben sollte, damit wir es wirklich wollen, »prominent« gemacht werden, indem wir uns in einem unserer Zielräume einer besonderen Aufgabe stellen oder uns im Zielhaus einen neuen Raum einrichten. Die »Prominenz« forciert unsere »Performanz« – hier das Beheben von Schwächen in konkreten Situationen. Beim »Umwandeln« von bisher problematischem Verhalten oder mangelndem Können in eine Stärke ist noch »kein Meister vom Himmel gefallen«. Schwächen auszumerzen ist mühseliger, als die natürlichen Talente zu entfalten. Niemand kann – dramatische, lebensverändernde Ereignisse wie Probleme mit der Gesundheit, in der Partnerschaft oder in der Familie – von null auf hundert durchstarten und dieses Tempo halten, ohne von den Schwächen wieder eingeholt zu werden. Dann gilt es, den nächsten Schritt zu wagen und sich nicht von der eigenen Enttäuschung, nicht sofort eine Schwäche korrigiert zu haben, abhalten zu lassen.

Eigene Schwächen zu beheben, vor allem aber eigene Stärken voll zu entfalten, ist ein sehr intensives Gefühl. Es ist sogar effektiver und nachhaltiger als jede äußere Anerkennung zum Beispiel in Form einer Goldmedaille, die umgehängt wird. Denn auf das Podest zu steigen, zu jubeln und zu winken, die Nationalhymne zu hören – das ist vergänglich, zumal nicht jedes Lob jenseits der eigenen Leistung ehrlich und unverdorben ist. Die innere Zufriedenheit, das persönliche

Potenzial zum »Einfach machen« genutzt und ein Ziel erreicht zu haben, hält in jedem Fall länger an.

Tipps zu diesem Kapitel

➤ Stärken anpassen: Ihr Vertrauen in vorhandene, bewährte Fähigkeiten darf Sie nicht abhalten, sich auf neue Anforderungen einzulassen.

➤ Eigene Kombination finden: Ihr Wille und Wissen aktivieren auch verborgene Talente, um Ihre Fähigkeiten auszubauen.

➤ Schwächen machen stark: Ihr Wille wird beim Beheben lästiger Schwächen geschult, immer wieder aufs Neue Herausforderungen anzugehen.

---

9. Schnell und klar entscheiden

Eine unserer größten Stärken beim »Einfach machen« durch Googlesieren ist schnelles und klares Entscheiden. Die Gefahr, dass wir uns selbst entmündigen, für uns Entscheidungen zu treffen, steigt im digitalen Zeitalter dramatisch an. Der Grund ist die Komplexität, die Vielfalt und Unübersichtlichkeit der Informationen und des Angebots. Deshalb wollen uns alle möglichen Applikationen und Plattformen helfen, die neuen Angebote zu nutzen. Tatsächlich entscheiden sie für uns. Und wir machen mit. Die Internetunternehmen nutzen die Schwäche von uns Menschen, sich zu entscheiden, wenn die Alternativen nicht mehr leicht überschaubar sind.

Netflix ist ein gutes Beipiel: Gemessen an den Nutzerzahlen hat der Video-Streaming-Konzern in den USA bereits mehr Zuschauer als jeder einzelne herkömmliche Fernsehsender. Die Sehgewohnheiten der Nutzer sind Netflix bis ins Detail bekannt. Aus der Auswertung der Daten werden den Kunden »Vorschläge« gemacht, was Sie sehen sollten, quasi wie ein persönliches TV-Programm. Offenbar ist das ein ganz bequemer Service: 80 Prozent aller Streams werden aufgrund dieser Empfehlungen angeschaut. Nur 20 Prozent der Streams basieren auf eigenständigen Entscheidungen der Kunden. Die eigene »Entdeckungsreise« im Programm und damit eigene Entscheidungen, welche Sendung für uns interessant sein könnte, findet nicht mehr statt. Die Algorithmen haben entschieden.

Keine eigenen Entscheidungen treffen zu können, um selbst Komplexität zu beherrschen, wäre insofern eine große Schwäche. Schnell bedeutet nicht, mit dem Algorithmus beim Googeln mithalten zu wollen und in weniger als einer Sekunde zu entscheiden, welche Informationen für eine Entscheidung relevant sind. Das ist nicht schlimm, da beim Googeln keine Entscheidung getroffen wird. Der Computer liefert uns nur eine Auswahl. Klarheit schafft das Programm nur bei einer einfachen Suche wie nach einer bestimmten Telefonnummer. Bei komplexen Themen müssen wir uns selber Klarheit über die Informationen verschaffen und danach entscheiden, welchen Quellen wir vertrauen und weiterfolgen.

Unser Rhythmus beim Googelsieren durch schnelle und klare Entscheidungen leistet viel mehr als die Algorithmen beim Googeln. Durch unsere Entscheidungen aktivieren wir die passenden Fähigkeiten zur richtigen Zeit. Die schlechteste Entscheidung beim »Einfach machen« ist, keine Entscheidung zu fällen. Dann überlassen wir uns ganz den Auswirkungen von Komplexität und hoffen, so, wie wir gerade aufgestellt sind, »durchzukommen«.

Nun füllt die Antwort auf die Frage »Wie treffe ich richtige Entscheidungen?« Hunderte von Büchern. Unzählige Experimente wurden dazu durchgeführt mit teilweise sehr unterschiedlichen Ergebnissen, wie Entscheidungen für sich und andere, in Unternehmen, unter Druck, unter wechselnden Rahmenbedingungen zu fällen sind. Die Vielfalt an Antworten ist keine Überraschung angesichts unzähliger Situationen, in denen wir entscheiden dürfen. Die Palette ist riesig, ob im Beruf zum Beispiel ganz alltägliche Entscheidungen im Rahmen von Projekten oder absehbar lebensverändernde Entscheidungen in Zusammenhang mit einem neuen Job anstehen. Beides kann mal weniger, mal mehr komplex sein.

Experimente machen sich jedoch zumeist »einen schlanken Fuß«, indem zur besseren Vergleichbarkeit eine gleiche Ausgangslage hergestellt wird. Nur so kann bewertet werden, welche Methode beim Entscheiden das optimale Ergebnis erzielt. Optimal bedeutet im Sinne der Teilnehmer, der erreichten Ergebnisse oder zur Untermauerung einer Theorie, die überprüft werden soll. In einer anderen Situation muss das aber nichts heißen. Auffällig ist zudem, dass in den

Versuchen meist von einfachen Ursache-Wirkung-Zusammenhängen ausgegangen wird. Ein gradliniges »Wenn ... , dann ... «-Schema prägt ebenso die Entscheidungen in vielen Unternehmen, zum Beispiel bei Investitionen. Dies geschieht auch mangels von Alternativen, anders Entscheidungen zu treffen.

Kehren wir zurück zum Beispiel Google. Das Unternehmen (das übrigens seit 2015 »Alphabet« heißt) und die gleichnamige Suchmaschine sind nur deshalb entstanden, weil die ersten Investoren entschieden haben, ihr Geld in die Idee und Technik zu investieren, ohne genau zu wissen, wie das Unternehmen einmal Geld verdienen würde. Sie haben das beurteilt, was Sie abschätzen konnten, und nicht noch versucht, alle möglichen Variablen zu betrachten. Vermutlich wären dabei mehr Fragen entstanden, als die Gründer hätten beantworten können. Und wahrscheinlich hätten sich viele Antworten rückblickend auch als falsch herausgestellt. Um das Jahr 2000, als viele wilde Spekulationen zur Zukunft des Internets kursierten, stimmte man darin überein, sich auf die eigenen Stärken zu konzentrieren: Wir wollen das Wissen der Welt allen Menschen verfügbar machen. Nicht mehr und nicht weniger. Die vielen extremer Komplexität geschuldeten Ungewissheiten wurden dadurch allerdings nicht weniger, jedoch beherrschbar durch klare Entscheidungen, wohin man will.

Zum Googelsieren kann es daher auch keine festen Regeln geben, die in jeder Situation geeignet sind, Sie in Ihren Entscheidungen zu unterstützen. Aber es gibt einen Rahmen, um in komplexen Situationen Entscheidungen zu treffen – schnell und klar.

Entscheidungen ins Blaue treffen

Entscheiden in komplexen Systemen bedeutet, tolerant zu sein gegenüber der Ungewissheit, was dies nach sich zieht und ob die beabsichtigte Wirkung eintritt. Das gilt insbesondere für durch VU-CA geprägte komplexe Systeme. In mehrdeutigen und intransparenten Situationen ist es unmöglich, alle denkbaren Faktoren zu berücksichtigen. Vielmehr sind die für die eigene Person maßgeblich handlungsrelevanten Einflüsse und Parameter zu identifizieren. Jede Entscheidung sollte nicht verharren bei der Frage »Was kann alles passieren?«. Der Blick sollte stets in die Richtung gehen: »Das kann ich tun!«

Mit Ihrem bereits erlangten Wissen zu den Möglichkeiten, Komplexität zu beherrschen, sollte es Ihnen nicht schwerfallen, Ungewissheiten und der eigenen Unwissenheit mit Gelassenheit zu begegnen. Sie konzentrieren sich auf das, worauf Sie bauen können: die eigenen Ziele, Ihre Stärken und Schwächen oder auch die Szenarien, die Sie entwickelt haben. Auf dieser Grundlage treffen Sie Entscheidungen, die für Sie am besten geeignet sind, die anstehenden Aufgaben und absehbaren Herausforderungen zu bewältigen. Durch diesen Fokus werden automatisch die möglichen Auswirkungen der Komplexität und eine möglicherweise noch bestehende persönliche Unsicherheit reduziert. Sie handeln, nehmen dadurch Einfluss, woraus sich wiederum Veränderungen der Situation ergeben. Nie werden wir erfahren, was passiert wäre, hätten wir einen anderen Weg eingeschlagen. Selbst wenn eine spätere Entscheidung nicht die erhoffte positive Wirkung nach sich zieht, heißt das nicht, dass eine andere Entscheidung besser gewesen wäre.

Insofern bedeutet Entscheidungen ins Blaue zu treffen nicht, planlos zu sein. Vielmehr sind Sie überzeugt, nach bestem Wissen und Gewissen zu entscheiden und dadurch einen positiven Einfluss auf Ihre persönliche Entwicklung, Ihre Partnerschaft oder Kollegen und das ganze Unternehmen zu nehmen. Danach beginnen Sie die Fahrt ins Blaue: Sie starten bei schönem Wetter und klarer Sicht auf Ihr Handeln zumindest auf absehbare Zeit oder bis zur nächsten Abzweigung. Und sollten, was wahrscheinlich ist, durch den Einfluss von

Komplexität Wolken aufziehen oder sollte gar ein Sturm aufkommen, können Sie sich immer auf die ursprüngliche Entscheidung und das, was Sie dadurch erreichen wollten, rückbesinnen.

Wenn Sie es noch nicht getan haben, so werden Sie noch etliche Entscheidungen treffen, die für Sie eine neue Weichenstellung und zunächst einen Start ins Blaue bedeuten. Nach der Entscheidung für eine Ausbildung werden bestimmte Themen auf- und Tätigkeiten hinzukommen, die Sie sich so nicht vorgestellt haben. Das Gleiche gilt für einen neuen Arbeitsplatz oder einen Karrieresprung, ganz zu schweigen von Ihrer privaten Lebenssituation oder eine Partnerschaft. Hier mag der Himmel sogar rosarot erstrahlen – niemand kann bei einer Entscheidung von besonderer Tragweite für das eigene Leben oder das anderer absehen, was sich wie entwickeln wird. Durch unsere Entscheidungen behalten wir jedoch das Heft beim Handeln in unserer Hand.

Ein Entscheidungsprofil erstellen

Damit wir selbstbewusst ins Blaue entscheiden können, brauchen wir gute Gründe. Wir wägen Pro und Kontra ab. Nicht selten wird dadurch das Blaue, also die mit einer Entscheidung verbundene positive Perspektive, überhaupt erst sichtbar. Durch Nachdenken im Vorfeld einer Entscheidung können Aspekte ins Blickfeld rücken, die uns zuvor nicht bewusst waren – in Abhängigkeit unserer Bedürfnisse und Ziele positive oder negative. Darauf kommt es an. Denn eine Entscheidung wird umso tragfähiger, je klarer wir uns vorher über mögliche Nachteile werden und diese akzeptieren. Dieser Punkt ist gerade bei Entscheidungen unter komplexen Bedingungen ausschlaggebend. Denn nach einer Entscheidung geben uns im weiteren Verlauf die möglichen Wirrungen und Irrungen schon genug zu tun. Dann sollten wir nicht zusätzlich mit den vergangenen absehbaren Nachteilen unserer eigenen Entscheidung hadern.

Hilfreich für das Treffen von Entscheidungen ist die Erstellung eines Profils. Am Anfang steht die Frage »Was habe ich zu entscheiden?«. Sie stocken! »Das ist doch klar, liegt meistens auf der Hand oder wird von mir gefordert«, denken Sie vielleicht gerade. Zumeist stimmt das – bezogen auf eine konkrete Handlung oder Situation ohne langfristige Auswirkungen –, wenn eine Entscheidung nur direkt ins Blaue und nicht weiter gehen soll.

Die Antwort darauf, ob ich überhaupt ein Entscheidungsprofil benötige, erfolgt am besten über ein Szenario, nachdem Sie wie bereits beschrieben Informationen sortiert und gewichtet haben. Betrachten Sie das Szenario, wohin Sie dies führen könnte und ob Sie das möchten. Trifft einer der folgenden fünf Faktoren auf Ihre anstehende Entscheidung zu, macht ein Entscheidungsprofil Sinn:

- ✓ *Kein Ziel!* Die Entscheidung ist nicht eindeutig mit meinen Bedürfnissen und dem Zielhaus verknüpft.

- ✓ *Kein Vorbild!* Bisher habe ich keine vergleichbare Entscheidung getroffen.

- ✓ *Kein Zurück!* Die Entscheidung ist unwiderruflich und die Nutzung weiterer Optionen nicht möglich.

- ✓ *Auf ewig!* Die Entscheidung wird das eigene Leben sowie das anderer erheblich verändern.

- ✓ *Nicht nur positiv!* Die Auswirkungen der Entscheidung können auch negativ sein.

Nachdem wir die Bedeutung einer Entscheidung erfasst haben und wissen, dass wir uns intensiv mit ihr beschäftigen sollten, sind die wichtigsten Argumente dafür und dagegen anhand eines Entscheidungsprofils zu betrachten. Alternativ können auch verschiedene

Entscheidungsmöglichkeiten miteinander verglichen werden, um die beste auszuwählen unter bewusster Inkaufnahme möglicher Nachteile. Erstellen Sie jeweils eine Pro- und eine Kontra-Liste. Legen Sie eine dritte Spalte an, in der Sie die möglichen Folgen beschreiben, die für Sie wichtig sind. Ziel ist nicht, alle Ihre Bedenken aufzuführen, um am Ende keine Entscheidung zu treffen. Vielmehr geht es darum, ein Gefühl für relevante Themen zu entwickeln, die zum Beispiel mit einem Jobwechsel verbunden sind. Umso überzeugter sind Sie dann von einer Entscheidung. Die Liste muss nicht vollständig sein, denn das ist in komplexen Umfeldern ohnehin nicht zu schaffen. Die Punkte in der Checkliste sollten an die Faktoren angelehnt sein, die dazu geführt haben, sich intensiver mit einer Entscheidung zu beschäftigen. Damit bekommen Sie nicht nur einen Überblick über die wichtigsten Parameter. Sie entwickeln auch ein »gutes Gefühl«, sich für das Richtige zu entscheiden.

! Diese Ziele kann ich verfolgen (Pro) und jene könnten in den Hintergrund geraten (Kontra).

! Über diese Fähigkeiten verfüge ich (Pro) und jene fehlen mir beziehungsweise muss ich mir gegebenenfalls aneignen (Kontra).

! Dieses Szenario ist wahrscheinlich und wäre optimal (Pro) und jenes ungünstig, aber auch relativ naheliegend (Kontra).

! Diese Erfahrungen nützen mir (Pro) und jene könnten hinderlich sein (Kontra).

! Diese Einflüsse kann ich nutzen (Pro) und jene könnten mich beeinträchtigen (Kontra).

! Diesen Hindernissen kann ich gut begegnen (Pro) und jene Herausforderungen könnten schwer zu bewältigen sein (Kontra).

! Diese möglichen Auswirkungen sind für mich und andere gut (Pro) und jene wären schlecht (Kontra).

! Diese ersten Schritte kann ich angehen (Pro) und jene Hemmnisse könnten mir sofort das Leben schwer machen (Kontra).

Mit dieser Checkliste machen Sie es sich, soweit möglich, einfach: Das Entscheidungsprofil entsteht in meist weniger als einer Stunde, die Gedanken, die Sie sich im Vorfeld gemacht haben, ausgenommen. Es ist eine Übersicht aller für Sie relevanten Aspekte. Mitunter ergeben sich auch Zusammenhänge zwischen den einzelnen Faktoren, die Sie bisher nicht erkannt haben. Oder Sie schärfen mit dem Profil Ihren Blick für vorhandene Fähigkeiten, die Ihnen helfen, und Kompetenzen, die Sie brauchen werden. Auch können Sie herausfinden, was fehlt, wie zum Beispiel zusätzliche Informationen, um eine Entscheidung zu treffen. Das Entscheidungsprofil verschafft Ihnen einen ersten Eindruck dessen, was jetzt richtig sein und wie die Entscheidung konsequent umgesetzt werden könnte.

Mit dem guten Gefühl, Ihren wichtigen Punkten entscheidend nähergekommen zu sein, nehmen Sie zusätzlich eine Gewichtung der verschiedenen Pro- und Kontra-Punkte vor. Markieren Sie diese, zum Beispiel mit drei Sternen für »elementar« und drei Minuszeichen für »nebensächlich«. Diese können Sie später ausblenden, was wiederum die Entscheidung erleichtert.

Insgesamt bekommt Ihr Entscheidungsprofil dadurch noch mehr Konturen. Übrigens sind Sie damit erneut dem Googeln überlegen. Denn Algorithmen gewichten rein schematisch. Die »Experten«, die diese programmieren, bestimmen, welche Informationen relevant sind. Die Mathematik reagiert aber nicht auf individuelle, veränderte und ständig wechselnde Rahmenbedingungen. Ihr »Scoring« der Entscheidungsparameter ist dagegen stets der jeweiligen Situation, in der Sie sich befinden, angepasst und angemessen.

Damit können Sie jeweils die Richtung einer Entscheidung eingrenzen, zum Beispiel wenn es mehrere Möglichkeiten gibt. Sie können so Prioritäten setzen, etwa wenn eine der Optionen Ihren Fähigkeiten und Zielen besonders entspricht. Sie können auch den Entscheidungsprozess ruhen lassen, wenn Sie durch das Profil merken, noch nicht reif für eine Entscheidung zu sein. Auch nichts zu verändern ist eine Entscheidung.

Das Ergebnis Ihres Entscheidungsprofils ist auch optimal geeignet, Ihre Argumente für und wider eine Entscheidung mit vertrauten Mitmenschen zu teilen. Dies bietet sich besonders dann an, wenn Ihnen die eigene Entscheidung »verdächtig« vorkommt, zum Beispiel weil Sie meinen, einen Aspekt übersehen zu haben. Oder Sie sind unschlüssig und möchten die Perspektive eines Vertrauten in die Überlegungen einbeziehen – ohne ihm die Verantwortung für die eigene Entscheidung zu überlassen.

Nicht von Erfahrungen blenden lassen

Das Entscheidungsprofil wird immer stark von den eigenen Erfahrungen geprägt sein, etwa dem Verhalten und Vorkommnissen der Vergangenheit. Dieses Denkmuster können wir nicht einfach abschalten und so tun, als wäre in unserem Leben vorher nichts passiert. Erfahrungen sind sehr nachhaltig und prägen unsere Meinung, weshalb wir zum Beispiel immer wieder zu Produkten und Marken greifen, die sich bewährt haben. Das Erstaunliche ist, dass wir mit zunehmender Angebotsvielfalt im Zweifelsfall auf Waren oder Leistungen setzen, die wir kennen. Da weiß man, was man hat. Aber wir wissen nicht, ob wir etwas Besseres verpassen. Wir schränken quasi selbst unsere Wahlmöglichkeit ein, je komplexer die Angebotspalette ist, um den Überblick zu behalten. Können wir »Gewohnheitstiere« erfahren, dass zum Beispiel andere Produkte inzwischen besser sind? Nein. Wir tendieren angesichts einer kaum überschaubar großen Anzahl von Optionen – und das ist meist die Regel – dazu, bei dem zu bleiben, was wir kennen. Und so bleibt unsere Erfahrungswelt weiter bestehen. In komplexen Umfeldern, die uns Entscheidungen abfordern, werden unsere eigenen Erfahrungen zum Hindernis.

Erfahrungen sollten uns nicht abhalten, anders als gewohnt zu entscheiden. Dazu müssen wir nicht unsere Erfahrungen ignorieren, sondern nur eine möglicherweise verzerrte Wahrnehmung hinsichtlich der Zukunft korrigieren. Zum Beherrschen von Komplexität sollten wir uns bewusst machen, dass Gutes nicht gut bleiben wird. Die Frage ist nur, wann das der Fall sein wird und was stattdessen gut sein wird. Der Gedanke, vor allem an Bewährtem anknüpfen zu müssen, kann zu einer Selbstzensur führen, sodass neue Gestaltungsmöglichkeiten nicht entstehen. Früher war das gut und hat funktioniert. Heute gilt es, mit gesundem Selbstvertrauen in die Zukunft zu blicken und sich Neuem zu öffnen, was vielleicht besser geeignet ist. Und eigentlich wissen wir ja, dass nichts zu verändern bedeutet, irgendwann die eigene Anpassungsfähigkeit zu verlieren, die wiederum eine wichtige Grundlage ist, um sein Berufsleben erfolgreicher zu gestalten.

Falls Sie bisher sehr »erfahrungsgetrieben« sein sollten, hilft die Entwicklung plausibler Zukunftsszenarien, um vorhandene Erfahrungen als Entscheidungskriterium zu prüfen – je nachdem, welcher Fall eintritt. Drei Varianten genügen: das naheliegendste Szenario mit geringen Schwankungen und Einflüssen durch Komplexität. Ein Szenario, das die bekannten stärksten Einflüsse aufnimmt, wie zum Beispiel eine sprunghafte technische Entwicklung. Und schließlich ein völlig unwahrscheinliches Szenario, etwa das gleichzeitige Eintreten aller negativen Einflüsse auf die eigene Karriere. Die Vorstellung, was alles schieflaufen könnte, schärft Ihr Bewusstsein für mögliche Herausforderungen und sensibilisiert Sie, nicht nur den eigenen Erfahrungen zu vertrauen, sondern auch einmal »querzudenken«.

Im Ergebnis können Sie Ihre ursprünglich angedachte Entscheidung treffen. Sie sind dann aber darauf vorbereitet, wenn die Dinge sich anders entwickeln als gedacht.

Erfahrungen können Sie aber auch für zukunftsfähige Entscheidungen nutzen, indem Sie auf vergleichbare Situationen zurückschauen. Erinnern Sie sich an eine Entscheidung, mit der Sie sich wohlgefühlt haben, obwohl Sie sich nicht sicher waren, wohin der Weg führen wird. Dadurch gewinnen Sie Zutrauen in sich selbst, um erneut quasi »ins kalte Wasser zu springen« und von einigen bisher bewährten Routinen oder Erfahrungen Abschied zu nehmen.

Eine Nacht drüber schlafen

Das Entscheidungsprofil kann sich durchaus weiterentwickeln oder ergänzt werden. Schon nachdem Sie einmal »darüber geschlafen« haben, kann sich die Gewichtung der einzelnen Aspekte verändert haben. Das handschriftliche Entscheidungsprofil ist dazu eine gute Grundlage: Sie sehen sofort schwarz auf weiß, was Sie sich gedacht haben. Falls die Kritzelei zu unübersichtlich wird, erstellen Sie eine neue Version. Das finale Profil, auf dessen Basis letztlich entschieden wird, sollte aufgehoben werden. Am besten nehmen Sie entsprechende Einträge in Ihrem Kalender, Tagebuch oder Ähnlichem vor. Damit wird der Vorsatz, einer Entscheidung zu folgen, erheblich verbindlicher. Zudem gibt das Profil darüber Aufschluss, aufgrund welcher Faktoren Sie eine Entscheidung revidieren möchten oder welche Perspektiven sich geändert haben. Oder Sie haben die Gewissheit, dass Sie aus damaliger Sicht richtig entschieden haben, sollten sich die Dinge anders entwickeln.

Unsere Entscheidung darüber, was wir tun sollten, sollte nicht ewig dauern. Sie können, wenn Sie möchten, monatelang das Entscheidungsprofil schärfen, Argumente hin und her wälzen, das Für und

Wider abwägen. Mit jeder Überlegung kommt allerdings ein neuer Aspekt hoch. Das verspreche ich Ihnen. Eine geklärte Frage wirft eine neue auf. Im Prinzip ändert sich dadurch nichts! Und entschieden wird so ebenfalls nichts! Schnell und klar zu entscheiden ist kein Nachteil, weil die Qualität einer Entscheidung nicht mit der Dauer und dem Umfang der Betrachtung möglicher Auswirkungen steigt. Im Gegenteil, zu langes Nachdenken führt zu Entscheidungsarmut oder zu faulen Kompromissen, weil wir dazu neigen, allen persönlichen Interessen gerecht zu werden. Ein »Hammel mit fünf Beinen« läuft bestimmt nicht besser als der mit vier.

Lange über eine Entscheidung nachzudenken birgt auch die Gefahr, durch das Abwägen aller möglichen Konsequenzen den Blick für die wirklich wichtigen Faktoren zu verlieren. Ursprünglich unbedeutende Parameter werden, je länger wir grübeln, überhöht. Ebenso wie die wichtigsten Eckdaten nach ein bis drei Tagen erfasst sind, haben wir in derselben Zeit die möglichen Auswirkungen von Komplexität auf unsere Entscheidung ermessen. Und erinnern Sie sich bitte daran, dass die Berücksichtigung möglichst vieler Einflussfaktoren das eigene Handeln betreffend die Wahrscheinlichkeit erhöht, dass etwas anders kommt als gedacht. Die folgenden zwei Beispiele sollen Ihnen einen der »Qual der Wahl« angemessenen Umgang bei maßgeblichen und das eigene Leben dauerhaft verändernden Entscheidungen illustrieren.

Die Entscheidung für oder gegen einen Job bei einem mittelständischen Unternehmen oder in einem Konzern bringt jeweils Vor- und Nachteile mit sich. Deren Gewichtung und Eintrittswahrscheinlichkeit werden erheblich von unkalkulierbaren Einflüssen bestimmt. Im klassischen Mittelstand sind Karrierechancen nicht so zahlreich, dafür bietet er in der Regel Freiraum und plötzliche Herausforderungen, auch in Bereichen, die nicht im eigenen Fokus liegen. Unkalkulierbar sind die Launen der Inhaber und ob, je nach Branche, das Angebotsspektrum der Firma zukunftsfähig ist. Im Konzern sind der Karriereverlauf und Entwicklungschancen meist vorgezeichnet, häufig aber in voneinander abgegrenzten Fachgebieten. Unklar ist, wie man im internen Wettbewerb abschneiden wird, ob etwa die Option, im Ausland Erfahrung zu sammeln, genutzt werden kann. Vielleicht wird das Unternehmen auch verkauft oder es fusioniert, woraufhin sich alles ändern kann.

Sie können im Falle beider Beispielvarianten entweder ewig die Variablen bewerten und gewichten. Oder Sie erfassen mit Ihrem Entscheidungsprofil zügig die wichtigsten Eckpunkte, vor allem wie es jeweils um Ihre Flexibilität steht, unerwartete Umstände als Chance zu nutzen.

Privat stellt sich häufig irgendwann die Frage, ob weiter mieten oder kaufen – und zwar die eigene Wohnung. Mieter sind flexibel, aber vom Vermieter abhängig. Die Kosten sind kalkulierbar, aber das Geld für die Miete ist weg. Eigentümer sind wiederum gebunden, eben »immobil«, und können Vermögen anlegen. Es kann aber niemand sagen, wie sich der Standort und der Markt in zehn oder 20 Jahren entwickelt haben wird und ob der bei einem möglichen Verkauf erzielte Preis zumindest derselbe ist wie zuvor beim Erwerb. Erneut können Sie zügig Ihre persönliche Situation beruflich und privat einschätzen, aktuell und mittelfristig, vor allem wie Sie in beiden Optionen mit den wichtigsten Ereignissen, die sich in Ihrem Umfeld ergeben könnten, umgehen würden. Die Zahlen für beide Varianten liegen ohnehin schnell auf dem Tisch und werden sich in einigen Wochen nicht verändert haben. Auch wird sich Ihre erste emotionale Reaktion auf die eine oder andere Variante, die unsere Entscheidungskompetenz trüben kann, verflogen sein.

Spontane Entschlüsse sind generell sehr stark von Emotionen geprägt. Es ist schwer, in einer akuten Situation die wichtigsten Folgen einer Entscheidung zu erkennen und abzuschätzen. Die Gefahr, dass uns ein wichtiger Aspekt durchrutscht, ist groß. Die Emotionen verhindern, dass wir ihn wahrnehmen. Nur wenn es wie bei Notfällen etwa als Arzt im OP nicht anders geht oder wenn wir auf erlernte Routinen und Abläufe zurückgreifen können oder müssen, muss im selben Moment entschieden werden, wenn auch nicht immer richtig.

Eine Nacht darüber zu schlafen (oder auch zwei oder drei) führt am ehesten zu einer Entscheidung, die die Erreichung unserer Ziele unterstützt. Die wichtigsten Parameter haben wir dann im Blick und diese gegeneinander abgewogen wie bei der Frage, ob wir ein neues Jobangebot annehmen oder eine Wohnung kaufen sollen. Die Details lenken vom Ziel eher ab, lassen den Ausgangspunkt und die wichtigsten Gründe für oder gegen eine Entscheidung verschwimmen. Sie erhöhen auch die Zweifel, senken unsere Bereitschaft, zu einer Entscheidung zu kommen.

Ich selber erstelle ein Entscheidungsprofil von Fall zu Fall und immer dann, wenn unbekannte Faktoren eine Rolle spielen könnten und der Einfluss der Komplexität hoch ist. Nachdem mein Traumberuf Pilot aufgrund meiner Körpergröße von über zwei Metern schnell geplatzt war, habe ich mir die Berufswahl vor fast drei Jahrzehnten dadurch erleichtert, indem ich das Für und Wider einzelner infrage kommender Studiengänge und Berufsbilder aufgeschrieben habe. Deswegen bin ich mir bis heute ziemlich sicher, eine zu mir weitestgehend passende Laufbahn eingeschlagen zu haben. Bei jedem Jobwechsel bin ich in mich gegangen, nicht jedoch bei Situationen im beruflichen Alltag wie Verhandlungen mit Kunden. Dort muss ich zwar Entscheidungen treffen, der Einfluss von Komplexität ist hier jedoch vergleichsweise gering.

Letztlich ist auch die für Sie beste Entscheidung keine Garantie dafür, dass das erwartete Ergebnis eintritt. Jeder Entschluss kann sich, nachträglich betrachtet, als falsch erweisen in Bezug auf Ihre Bedürfnisse und Ziele, ob privater oder beruflicher Natur, oder für Ihr

Umfeld. Zudem werden Sie nie erfahren, ob eine andere Wahl die bessere gewesen wäre. Darüber nachzudenken wäre ein Fehler.

Tipps zu diesem Kapitel

➤ Rhythmus finden: Statt nach starren Regeln treffen Sie anhand Ihrer eigenen Bedürfnisse und Perspektiven die besten Entscheidungen.

➤ Entscheidungen treffen: Rücken Sie die wichtigsten Faktoren in den Blick und lassen sich nicht von unwichtigen Aspekten verwirren.

➤ Nicht abwarten: Wenn Sie keine Entscheidungen treffen, steigt das Risiko, dass Komplexität Sie verändert und Ihr Entscheidungsspielraum kleiner wird.

10. Keine Fehler vermeiden

Auch Google macht Fehler. Beim Googeln werden immer wieder Ergebnisse angezeigt, die nicht unserem Bedarf entsprechen oder schlichtweg falsch sind – warum auch immer. Nobody is perfect!

Unser gesunder Menschenverstand legt uns innerlich nahe, dass wir mit zunehmender Wahrscheinlichkeit Fehleinschätzungen unterliegen oder Fehler machen, je größer die Komplexität ist. Wir denken reflexartig nach einer negativen Erfahrung: »Der Fehler passiert mir nicht wieder!« So hemmen Sie sich selbst, erneut eine mutige Entscheidung zu treffen. Der größte Fehler wäre zu versuchen, unbedingt einen Fehler zu vermeiden. Nur wer nichts wagt und tut, bleibt fehlerlos.

Keine Fehler zu machen bedeutet, dass wir Dinge meist belassen, wie sie sind, oder wenig Neues ausprobieren. Indem wir zu viele Faktoren im Blick behalten, machen wir keinen Schritt nach vorn. In diese »Falle« können wir besonders im Umgang mit Komplexität geraten, wobei Fehler wahrscheinlicher sind als in eindeutigen und kontrollierbaren Situationen. Nun gilt generell für uns, im Leben vor nichts zurückzuschrecken, nur weil es schiefgehen könnte. Ein ausgeprägtes Sicherheitsdenken, das Abwägen aller Eventualitäten, bewirkt genau das Gegenteil dessen, was wir erreichen wollen – die erhoffte Chance wird verpasst und das, was wir behalten wollen, entgleitet uns immer mehr.

Selbstverständlich will ich damit nicht sagen, dass wir sehenden Auges Dinge falsch machen, absichtlich oder fahrlässig Fehler produzieren oder provozieren sollen. Auch bedeutet ein offensiver Umgang mit Fehlern nicht, planlos in jedes sich bietende kalte und unbekannte Wasser zu springen. Der Sprung sollte erst erfolgen, nachdem wir uns mithilfe der bereits vorgestellten Instrumente grundsätzlich zutrauen können, das anvisierte Ufer zu erreichen. Ob und wann vorstellbare Probleme und unverhoffte Risiken eintreten, müssen wir nicht unbedingt wissen. Um im Bild zu bleiben: Auf dem Weg zu neuen Ufern lauern Untiefen und Strömungen, die uns jederzeit vom Weg abbringen können. Vielleicht aber auch nicht.

Wer in seinen Planungen vorab alle Risiken berücksichtigen will, die eventuell auftauchen, der bleibt dort, wo er ist. Eine sichere Position zu halten bedeutet in komplexen Systemen, keine Anpassungsfähigkeit zu besitzen. Darauf zu verzichten, wäre ein großer Fehler.

Vielmehr sollten wir Hindernisse und Probleme – verursacht durch eigenes Fehlverhalten – erwarten. Zu Beginn eines Prozesses können wir nicht wissen, welche Fehler wir machen. Jeder Gedanke wirft automatisch die Frage auf, wie Fehler vermieden werden können, was uns wiederum unnötig verunsichert und uns Energie raubt.

Fast ebenso kontraproduktiv für das Selbstmanagement ist der Versuch, aus jedem Fehler Lehren zu ziehen. Im Alltag geht vieles schief, weshalb niemand sofort über die Folgen für die Zukunft nachdenkt. Nehmen wir den Straßenverkehr als einfaches Beispiel für ein komplexes System, in dem wir uns täglich bewegen: Fußgänger und Radfahrer, Autos und Busse, da und dort ein Zug oder ein Schiff, deren Wege sich kreuzen. Kein Autofahrer denkt beim Einsteigen darüber nach, was im Wechselspiel der beteiligten Akteure durch individuelle Fehler alles passieren kann. Denn wir sind im Straßenverkehr relativ »fehlerresistent« trotz eines enorm gestiegenen Verkehrsaufkommens. Die Anzahl an Unfällen mit tödlichen Verletzungen ist dramatisch gesunken. Das heißt nicht, dass wir im Straßenverkehr weniger falsch machen, weil die Zahl der Unfälle insgesamt gestiegen ist. Was ist passiert? Die Technik bügelt sozusagen unsere Fehler aus.

Einem Szenario für den weiteren technischen Fortschritt ist zu entnehmen, dass Versicherungsmathematiker bereits Tarife für selbstfahrende Autos berechnen. Demnach dürften sie im Vergleich zu »Selbstfahrer-Tarifen« weniger kosten. Selbstfahrende Autos machen im Vergleich zum Menschen weniger Fehler, sie können das Verhalten anderer Verkehrsteilnehmer statistisch eher prognostizieren und handeln vorausschauend. Und selbst wenn dem Computer ein Fehler passiert, dann entspricht seine Reaktion eher den Fähigkeiten des Fahrzeugs als denjenigen der meisten Menschen, die ihr eigenes Auto zumeist nicht richtig beherrschen – zumindest in Gefahrensituationen.

Fehler ist nicht gleich Fehler

Die Bedeutung von Fehlern wird also sehr von Ihrer Auswirkung bestimmt – auf die eigene Person und ihr Umfeld. Dabei ist weniger von Bedeutung, warum einer passiert ist. Natürlich ist ein Fehler aufgrund eigener Dummheit ärgerlicher als einer, der auf Unwissenheit zurückzuführen ist. Hier können wir zumindest unterstellen, dass sich der Verursacher angestrengt hat und es beim nächsten Mal besser machen will, so er es denn kann. Fehler dieser Art sind eher zu verzeihen als solche, die mangelnder Bereitschaft, Ignoranz oder Nachlässigkeit geschuldet sind. Im Umgang mit Komplexität fordern wir uns selbst auch auf die Gefahr hin, uns dabei zu überfordern. Der größte Fehler wäre, uns von vornherein zu unterfordern.

In Null-Toleranz-Berufen, wie Ärzte oder Piloten sie in komplexen Systemen, also am Menschen oder in einem Flugzeug, ausüben, gibt es wenige Fehler, die unbedeutend sind – ungeachtet dessen, warum sie passieren. Dazu zählt zum Beispiel, bei einer Operation nicht das erforderliche Besteck sofort parat zu haben oder die Passagiere nicht über das Mikrofon zu begrüßen und über den Flug zu informieren. In beiden Fällen sind die Auswirkungen nicht kritisch, weil die Akteure das Versäumte nachholen können. Die wirklich entscheidenden Tätigkeiten sind klar strukturiert und die festgelegten Abläufe sind alternativlos. Piloten und Ärzte müssen erst eine Entscheidung treffen, wenn etwas anders läuft als geplant – dann aber schnell und möglichst fehlerfrei. Dafür werden sie entsprechend gut geschult und bezahlt, weil es bei ihren Entscheidungen häufig um Leben oder Tod geht.

In der Regel stehen uns bei einer Entscheidung mehrere Optionen zur Wahl, es gibt nicht die eine Lösung oder ein bestimmtes Vorgehen. Selbst bei weitreichenden Entscheidungen in großen Unternehmen, wodurch Arbeitsplätze gerettet oder abgeschafft werden können, besteht immer eine Alternative. Die Überlegung, ob eine getroffene Entscheidung ein Fehler war, eine andere Option besser gewesen wäre, ist müßig, weil der Vergleich fehlt. Die Antwort auf die Frage »Was wäre gewesen, wenn …?« ist immer reine Spekulation. Zudem sind die Optionen zuvor gegeneinander abgewogen worden. Außerdem ist die Entscheidung, egal, ob sie nun fehlerhaft war oder nicht die gewünschten Ergebnisse gebracht hat, bewusst getroffen worden. Die anderen, im Vorfeld als schlecht verworfenen Optionen werden nicht besser, weil die präferierte Variante nicht die erhoffte Wirkung erzielt hat.

Für den meisterhaften Umgang mit Komplexität sollte in Fehlersituationen der Blick auf die Zukunft gerichtet werden – entweder durch Abhaken oder Dazulernen. Die wenigsten Fehler sind von solchem Gewicht, dass wir aus ihnen über den eigentlichen Anlass hinaus eine Lehre ziehen und in anderen Situationen entsprechend handeln sollten. Davon ausgenommen sind Fehler, die zu Beginn eines Prozesses unterlaufen, also bevor wir überhaupt handeln. Dazu zählen Fehler in der Zielsetzung wie eine völlig utopische Vorstellung, die uns auf eine völlig falsche Fährte führt, oder grundsätzliche Fehleinschätzungen beim Googelsieren, etwa das Festhalten an einfachen Ursache-Wirkung-Zusammenhängen. Oder aber Sie setzen zu sehr auf einzelne Stärken, wodurch Sie Ihre Anpassungsfähigkeit einschränken.

Ich möchte Sie nicht unnötig »verrückt« machen (auch wenn ich das jetzt geschafft haben sollte), sondern Ihnen helfen, Fehler voneinander zu unterscheiden. Denn auch wenn in der Praxis durch Googelsieren Ihre Quote bedeutsamer Fehler sinken wird, müssen Sie diese umso mehr wahrnehmen. Falls einer Ihrer Fehler für Sie von Gewicht ist, kann eine systematische Fehleranalyse produktive Schlüsse ermöglichen und verhindern, dass Sie sich im Kreis drehen oder mit dem Schicksal hadern.

Wenn Sie unsicher sind, welche Bedeutung ein Fehler für Ihr Handeln oder eine fehlerhafte Einschätzung für die Zukunft haben kann, helfen Ihnen folgende Fragen weiter:

✓ *Bei einem geplanten Ereignis:* Waren meine Erwartungen zu positiv? War der Fehler rückblickend betrachtet absehbar?

✓ *Bei einem überraschenden oder unvermeidbaren Ereignis*: Hätte ich anders, angemessener reagieren können? Wenn ja, wie?

✓ *Bei einem Fehler innerhalb des Umfelds:* Hätte ich ausweichen, anders reagieren können? Wenn ja, wie?

✓ *Auswirkungen des Fehlers:* Größer als gedacht? Bedeutung für andere Personen? Lange Nachwirkungen?

✓ *Wiederholung des Fehlers:* Wären die Auswirkungen erneut groß für mich und andere?

Die Auswertung ist einfach: Je mehr Fragen Sie für sich mit Ja beantworten, desto bedenkenswerter ist ein Fehler. Selbst ein Ja kann für Sie eine Änderung im Verhalten oder den Aufbau von Kompetenzen nach sich ziehen, zum Beispiel bei erheblichen negativen Auswirkungen auf andere. In diesem Fall sollten Sie, auch ohne große Reflexion, verantwortungsbewusst darüber nachdenken, was Sie künftig ändern können.

Ihre Fehler werden durch diese Bewertung nicht banalisiert, sondern hinsichtlich ihrer Bedeutung eingeordnet. Diese Gewichtung erfolgt teilweise sogar systematisch – in Situationen, in denen Fehler üblich sind, wie in Prüfungen. Sie verschlechtern die Note. Aber erst ab einer bestimmten Quote ist ein Test nicht bestanden und muss erneut absolviert werden. Fehler in der Produktion verschlechtern die Qualität und ziehen Nachbesserungen nach sich. Kein Unternehmen der Welt plant mit 100 Prozent Zuverlässigkeit oder Verfügbarkeit der Produkte. 100 Prozent auch nur theoretisch zu erreichen, wäre ein enormer Aufwand und viel zu teuer. Zum Beispiel in der Lebensmittelherstellung ist es optimal, wenn die Produkte den Qualitätsstandard zu 99,98 Prozent erfüllen. Trotz aller Komplexität gelingt es bis auf sehr, sehr wenige Ausnahmen, die fehlerhafte Ware bei einer Kontrolle aus dem Sortiment zu nehmen. Entscheidend ist auch hier, wie man mit Fehlern umgeht, wenn sie auftreten.

Ergebnisse täuschen uns

Die nüchterne Betrachtung unserer Fehler erschweren wir uns selbst. Wir schauen uns ein Ergebnis an und stellen fest: Alles ist gut oder alles ist schlecht. Oder wir meinen, es ist »so lala« gelaufen und beim nächsten Mal wird's schon besser. Auch Gewinner machen nicht alles richtig. Fehler bleiben Fehler, egal, wie gut oder schlecht jemand abgeschnitten hat. Niederlagen und Enttäuschungen bringen uns zwar zum Nachdenken, sagen aber nichts aus über den Stellenwert eines Fehlers oder ob wir überhaupt einen Fehler gemacht haben. Die Auswirkungen von Komplexität können uns

»aufs Glatteis führen« und uns veranlassen, bei uns nach etwas zu suchen, das gar nicht vorhanden ist.

Eine Leistung kann, nicht nur im Sport, zwar exzellent sein, aber schlicht nicht an die der Wettbewerber heranreichen. Es ist gar nicht so selten, dass jemand besser war, zum Beispiel im direkten Vergleich in Ausbildung und Beruf. Oder unser Vorgehen an sich war der Situation nicht angemessen, weil sich plötzlich die Rahmenbedingungen geändert haben. Dann war unser Handeln nicht »falsch«, sondern nicht ausreichend performant. Statt zu fragen, welche Fehler wir gemacht haben, sollten wir unsere Energie darauf konzentrieren, besser zu werden.

Googelsieren bedeutet generell, immer besser werden zu wollen. Die Betonung liegt auf »wollen«, unabhängig davon, ob wir besser werden. Zum Beherrschen von Komplexität sollten Sie dies verinnerlichen. Enttäuschungen können unsere Leistung schnell überlagern. Umgekehrt sollten wir Erfolgsmomente genießen, uns aber nicht darüber hinwegtäuschen lassen, dass wir nicht alles richtig gemacht haben: Auch wer sein Ziel erreicht hat oder der Beste ist, muss nicht frei von Fehlern sein. Erfolg kann träge machen. Wir denken nicht darüber nach, dass in einer anderen Situation mit einer anderen Konstellation, die uns Komplexität beschert, unser einstmals erfolgreiches Verhalten nicht mehr wirksam greift.

Uns nach einem Erfolg zu motivieren ist schwierig. Nach dem gelungenen Abschluss eines Projekts ist es zum Beispiel genauso wichtig, die erbrachte Leistung zu bewerten und nach Möglichkeiten zur Verbesserung zu suchen. Eine spannende Frage kann für Sie sein: Was war bei meinem Erfolg so einmalig und von der Situation abhängig, dass eine Wiederholung in einer vergleichbaren Lage eher unwahrscheinlich ist? Erinnern Sie sich an den Sport: Bei jedem Wettkampf wird bei null angefangen, unabhängig davon, was am Tag zuvor war.

Wenn wir verlieren, suchen wir automatisch nach Fehlern. Und wer lange genug sucht, wird bestimmt fündig. Verlieren kann man einen Wettbewerb und gegenüber den eigenen Maßstäben, wobei das eine das andere nicht ausschließt. Rückschläge sind zu verkraften, die Enttäuschung muss dann erst mal »sacken«. Nur geschlagen sollte sich keiner geben. Unabhängig davon, ob ein Fehler zum Verlust geführt hat, sollte dieser nicht noch Frust auslösen, zumindest nicht auf Dauer.

Nur wer verloren hat, ist durch und durch motiviert nach dem Motto: Jetzt erst recht!

Das ist etwas zugespitzt, nichts ist schlimmer, als wenn alles glattläuft, keine Hürden zu überwinden sind und keine neuen Herausforderungen auf uns lauern. Manchmal läuft sogar viel falsch. Das kann passieren. Jeder Mensch hat schon Phasen gehabt, in denen beruflich monatelang so ziemlich alles schiefgegangen ist, was man sich vorstellen konnte – und darüber hinaus. Auch leidet in solchen Situationen das Privatleben. Je engagierter wir versuchen, dagegen anzugehen, desto schwieriger wird es abzuschalten. Abschalten nach einer Niederlage ist aber notwendig, vergleichbar mit der Trauerarbeit nach einem Verlust: Eine Nacht darüber schlafen, dann geht es weiter.

Ich bin ganz offen zu Ihnen: Wenn ich erfahre, dass wir einen Kunden verloren haben, muss ich die Absage auch erst mal sacken lassen. Nach schmerzhaften Niederlagen im Sport habe ich mir auch nicht gleich gesagt: »Das ist ja nicht so schlimm.« Denn es wäre falsch. Verloren zu haben ist schlimm. Jeder, der Niederlagen oder Enttäuschungen wie eine lästige Bagatelle wegschiebt, übersieht die Notwendigkeit innezuhalten und einen Augenblick durchzuatmen. Dadurch gewinnen wir Abstand zum Misserfolg, verschaffen uns Distanz, weiten den Blick für das Ergebnis und gewinnen eine klare Sicht auf die Fehler, die vielleicht gemacht wurden. Durchschnaufen ist Ihnen im Umgang mit Überraschungen, die Komplexität uns beschert, und Fehlern, die daraus entstehen, mehr als nur erlaubt.

Niederlagen provozieren nicht nur eine manchmal vergebliche Suche nach Fehlern. Sie sind zudem eine Art Stresstest für unsere Ziele. Die hohe Emotionalität von Enttäuschungen provoziert den Gedanken, ob unsere Reise insgesamt in die richtige Richtung geht. Wenn diese Frage bejaht wird, ist ein Misserfolg leichter zu ertragen. Gerade in diesen Momenten, ob er faktisch berechtigt ist oder wir es nur so empfinden, zeigt sich, wer wirklich von seinen Zielen inspiriert ist und anpackt, auch wenn es schwerfällt. Wer nicht scheitert, dem fällt nichts ein und ihm eröffnen sich auch keine neuen Chancen, auch wenn sie weiteres Fehlermachen nach sich ziehen. So kann Frust auch zu Lust werden.

Unsere Möglichkeiten, aus Frust Lust werden zu lassen, werden durch die vielen Einflüsse von Komplexität in unserem Alltag zahlreicher. »Jawohl«, werden Sie denken, »sogar mehr, als mir mitunter lieb ist!« Denn Komplexität provoziert nicht nur Fehler unsererseits. Sie liefert uns vor allem eins: immer wieder Überraschungen, aus allen Richtungen für neue Richtungen, die wir einschlagen können.

Tipps zu diesem Kapitel

➤ Toleranter werden: Fehler gehören zum Alltag im Umgang mit Komplexität, sollten Ihnen aber umgekehrt nicht egal sein.

➤ Lehren ziehen: Nicht jeder Fehler kann für Sie ein wertvoller Hinweis sein, manchmal hilft nur Abhaken.

➤ Umschalten: Fehler nutzen, um den Blick auf Ihre Gestaltungsmöglichkeiten zu lenken.

11. Überraschen lassen

»Das Leben ist wie eine Schachtel Pralinen – man weiß nie, was man kriegt«, sagt Forrest Gump, der Held im gleichnamigen oscarprämierten Film. Ein liebenswerter Tollpatsch, der durchs Leben stolpert und von einer Überraschung nach der anderen eingeholt wird. Er steht immer wieder auf, schüttelt sich einmal und läuft weiter, immer weiter. Und wo er überall hinkommt, was er erreicht in seiner natürlichen Einfältigkeit, überrascht ihn und alle anderen zutiefst. Fast nichts in seinem Leben kam so wie geplant.

Wer zu viel plant, den überrascht jeder Zufall. Je strukturierter eine Planung und je effizienter ein Prozess ausgelegt ist, desto größer sind die Herausforderungen, wenn ein Ereignis nicht exakt den Vorgaben oder Annahmen entspricht. Dieser Zusammenhang gilt für Organisationen und auch für jede einzelne Person. Sich überraschen zu lassen bedeutet nichts anderes, als flexibel zu bleiben. Somit schließt sich der Kreis zum Googelsieren.

Bei unerwarteten überraschenden Ereignissen wird Ihre Flexibilität auf die Probe gestellt: Können Sie sich auf neue Situationen einstellen, wenn diese Sie emotional belasten, Sie spontan das Gefühl haben, fachlich überfordert zu sein? Die Frage »Schaffe ich das?« sollten wir nicht abwehren, auch nicht ignorieren, sondern uns schlicht sagen: »Alles halb so wild! Weiter geht's!« Lassen Sie Überraschungen an sich heran, um darüber zum Kern dessen zu gelangen, was Sie an Ihre Grenze bringt.

In der vernetzten Wirtschaft und Gesellschaft entsteht, weil immer weniger wirklich exakt planbar ist, eine paradoxe Situation: Wir planen vieles im Detail, was häufig selbst schon ein komplizierter

Ablauf ist. Wir beachten dabei aus der Rückschau die vermeintlich wichtigen Variablen, um die Komplexität zu beherrschen. Und wir erreichen dadurch Scheinsicherheit. Damit sorgen wir für genau das Gegenteil: Die sich ständig verändernden äußeren Bedingungen können uns dann erst recht aus der Bahn werfen. Wirklich sicher ist nur, dass heutzutage etwas völlig anders kommt als gedacht. Es fragt sich nur, wann es so weit ist.

An dieser Stelle scheint Komplexität wirklich kompliziert zu sein. Daher ein Beispiel aus der täglichen Praxis. Ich habe einmal eine Veranstaltung moderiert und dabei erlebt, wie eine Überraschung zum »Einfach machen« und zu neuen Perspektiven geführt hat.

Alles ist vorbereitet. X-mal wurde die Veranstaltung durchgesprochen und geprobt. Ein Plan B und ein Plan C waren erstellt worden, sollten Referenten ausfallen, der Vorstand sich verspäten et cetera. Zwei Rechner wurden installiert, sollte einer ausfallen. Und was passierte dann? Die Birne im Tageslicht-Beamer ging kaputt, wie es nach spätestens 20.000 Stunden Betriebsdauer wohl üblich ist. Daran hatte niemand gedacht. Warum auch? Ist ja noch nie vorgekommen! Und da das Gerät an der Decke hing, hätte ein Techniker über ein Rollgerüst den Defekt beheben müssen. Das war so spontan nicht möglich. Eine alternative Lichtquelle gab es für den riesigen Saal auch nicht. Der Wettbewerb, welcher Referent die komplizierteste Folie präsentieren würde, fiel aus.

Die Überraschung zwang die Vortragenden, sich auf das Wesentliche zu konzentrieren, das, was ihnen jeweils am wichtigsten war. Andere baten mich als Moderator, sie zu interviewen, um die Botschaften platzieren zu können. Insgesamt kam eine wesentlich intensivere Debatte zustande, als wenn das minutiös geplante Programm, das thematisch ungemein komplex war, abgespult worden wäre. Letztlich wurden so zwar weniger Inhalte vermittelt als auf dem ursprünglich vorgesehenen Weg. Aber es herrschte Klarheit über die gemeinsamen Ziele und Aufgaben. Die Teilnehmer waren positiv überrascht und inspiriert von dem neuen Präsentationsformat, ohne jemals den Grund dafür zu erfahren. Das war »Einfach machen« auf die spontane Art und mit nachhaltiger Wirkung, denn die Veranstaltung war ein Erfolg. Die nächsten Tagungen wurden daraufhin immer wieder mit neuen Elementen angereichert. Ohne die ursprüngliche Überraschung als Impulsgeber wäre es dazu nie gekommen.

»So ein Zufall kann immer eintreten«, denken Sie jetzt vielleicht. »Niemand kann ständig auf alles achten.« Das stimmt. Von daher sollten wir gemeinsam Überraschungen näher betrachten als das, was sie sind: ein zufälliges, unvorhergesehenes Ereignis. Und was sind Zufälle? Zufälle sind, mathematisch betrachtet, Ereignisse mit sehr geringer Wahrscheinlichkeit. Je komplexer ein System ist – durch die Vielfalt seiner Elemente, ihrer Sprunghaftigkeit, wechselseitigen Abhängigkeit und sich daraus ergebenden Veränderungen –, desto größer wird die Möglichkeit, dass das Unwahrscheinliche eintritt. Wir erkennen nur Vorgänge, die unseren vorhandenen Denkmustern entsprechen. Überraschen lassen bedeutet, sich auf Ereignisse und Abläufe einzulassen, die wir uns nicht vorstellen können. Im Unbekannten das Neue zu entdecken, das für uns nutzbar ist, ist eine Kernkompetenz von Googelsieren.

Alltäglich ereignen sich heute »Schwarze Schwäne« als Folge völlig undenkbarer Ereignisse, die unser Vorstellungsvermögen übersteigen. Dies muss gar nicht so dramatisch und historischen Ausmaßes sein wie die Terroranschläge vom 11. September 2001 oder die Pleite der Lehman-Bank am 15. September 2008, die die Finanz- und Wirtschaftskrise schubartig verstärkt und das globale Wirtschaftssystem bedroht hat. Als »Schwarzer Schwan« bezeichnet werden kann die plötzliche Schließung der Abteilung, in der wir arbeiten, oder wenn der Standort eines Unternehmens verlagert wird, obwohl es keine Krise gibt. Wir konnten uns im Vorfeld nicht vorstellen, dass dies als neue strategische Maßnahme dazu dienen soll, den zukünftigen Erfolg zu ermöglichen und nicht nur kurzfristige Gewinne dem Unternehmen zu sichern.

Reflexartig schaltet in diesen Überraschungsmomenten unser Gehirn in den Modus »Verlustvermeidung«, wodurch wir eher die (vermeintlich) negativen Folgen eines überraschenden Ereignisses als das (mögliche) positive Potenzial wahrnehmen. Tatsächlich können wir unsere evolutionsbedingt tief verwurzelte Angst vor Verlust nicht einfach wegdrücken. Wir können sie aber nutzen – auf überraschende Art und Weise.

Nicht alles zu einfach machen

Diese Aufforderung überrascht Sie jetzt, oder? Ja, genau, machen Sie es sich nicht zu einfach! Für unsere neue Fähigkeit Googelsieren können unsere technischen »Helferlein« ein Hindernis darstellen. Für alles und jeden gibt es, wenn gewünscht, mithilfe des Smartphones nutzbare Anwendungen, neudeutsch »Apps« für Applikationen.

Nehmen wir ein Thema, das jeden Menschen tangiert: die Gesundheit. Bis zu 90.000 Anwendungen gibt es im Bereich der Medizin, Gesundheit und Fitness. Die Palette der Anwendungen ist riesig – von der Prognose der fruchtbaren Tage im weiblichen Zyklus oder möglichen Depressionen über die Bewertung von Blutzuckerwerten bis hin zu Diagnosen, ob ein Leberfleck auch Krebs sein könnte. Im Gegensatz zu Medikamenten unterliegen Apps keiner Kontrolle. Es gibt auch keine allgemeingültigen Qualitätsstandards. Apps, die zuverlässig medizinisch hochwertige Informationen liefern, sind selten.

Das liest sich etwas erschreckend, ist alleine aber noch nicht das Problem. Brisant wird diese Situation durch unser Verhalten. Millionen von Menschen vertrauen den Angaben, teilweise mit fatalen Folgen.

Das »Self-Tracking« führt zu Selbstdiagnosen und kann im Extrem-
fall Krankheitsängste auslösen oder verstärken. Bevor Sie meinen,
das seien ferne Horrorvisionen – für das Krankheitsbild haben Me-
diziner bereits einen Fachausdruck: »Cyberchondrie« bezeichnet
einen Zustand, bei dem hypochondrische Tendenzen eines Menschen durch Informationen aus dem Internet ausgelöst oder verstärkt werden.

Wir sind dabei zu »ver-appen«. Das ist, wie im Beispiel der Gesund-
heits-Apps gezeigt, bereits ganz akut der Fall und kann langfristig generell zum Problem werden, wenn wir den Umgang mit Komplexität ganz an die Apps abgeben. Ich gebe Ihnen ein einfaches Beispiel,
buchstäblich zu Ihrer Orientierung.

Haben Sie sich schon einmal verlaufen und mussten sich allein zu-
rechtfinden, Schilder entziffern, Ihnen unbekannte Menschen fragen? Und das in einem fremden Land? Vielleicht waren Sie damals
noch ganz jung. Gerade dann ist eine Situation wie diese sehr präsent: die Befreiung aus dem Schlamassel, die plötzliche Bewältigung
einer ziemlich komplexen Lage. Ich kann mich noch sehr gut erinnern, wie ich als kleiner Junge bei einem Volksfest verloren ging und
erst nach Stunden meine Eltern wiedergefunden hatte, die damals
nicht einfach unterwegs angerufen werden konnten. Heute zeigt uns
jedes Ortungssystem sofort an, wo wir sind und wie wir am schnellsten den richtigen Weg und unser Ziel finden. Der »Nebeneffekt«
ist, dass wir und unser Telefon leicht (wieder) gefunden werden
können.

Junge Menschen können sich wahrscheinlich gar nicht vorstellen,
wie es ist, »verloren« zu sein und eine Krise wie diese allein zu meistern. Wir alle werden von Apps automatisch auf den vermeintlich
besten Weg geführt, über den wir am schnellsten zum gewünschten
Ziel kommen. Natürlich ist es kein angenehmes Gefühl, sich zu verlaufen. Aber Situationen, in denen Ängste vor Verlust und Gefahr

ausgelöst werden, schulen uns, mit Überraschungen fertigzuwerden und komplexe Situationen zu beherrschen. Ich schalte bis heute das Navigationssystem nicht bei jeder Gelegenheit an oder greife auf eine entsprechende App zurück. Manchmal entdecke ich überraschend tolle Örtchen oder Viertel, wenn ich mich verfahren habe oder meinen eigenen Weg wähle, um einen Stau zu umgehen. Und in Mitteleuropa gibt es ja keine Gegend, in der wir uns bloß nicht aufhalten sollten, so wir nicht mit hoher Wahrscheinlichkeit überfallen und ausgeraubt werden wollen.

Ich möchte Sie jetzt nicht ermutigen, sich bewusst zu verfahren oder andere »Risiken« einzugehen beziehungsweise Krisen heraufzubeschwören. Googelsieren heißt, technische Hilfsmittel gezielt und nicht gedankenlos einzusetzen, um uns vor allen »Alltagsgefahren« zu schützen. Wir sollten uns nicht selbst »ver-appen« oder »ver-appen« lassen, auch nicht von Google. Einzelne Tage oder Ausflüge ohne derartige Unterstützung können sich manche von uns wahrscheinlich nur schwer vorstellen. Ganz zu schweigen vom Aufbau zwischenmenschlicher Beziehungen, die durch Applikationen angebahnt und auch verhindert werden. Denn Zufallsbekanntschaften werden durch Algorithmen, die festlegen, wer zu wem passt, immer unwahrscheinlicher. In alle Lebensbereiche reichen diese hinein, wenn wir Apps, ohne darüber nachzudenken, einfach laufen lassen. Googelsieren bedeutet also auch, sein Schicksal selbst in die Hand zu nehmen – und dort soll es auch bleiben. Überraschungen lehren uns, diese Haltung zu bewahren.

Gestalter nutzen jede Gelegenheit

Überraschungen verschaffen uns ungeahnte Gelegenheiten, auch wenn sie uns selten gelegen kommen, uns zunächst eher unangenehm sind, mitunter Verlustängste auslösen und unsere Planung auf den Kopf stellen. Überraschungen als Ergebnis der Auswirkungen von Komplexität sind eine Art Bewährungsprobe für uns, wenn wir googelsieren. Dann zeigt sich, ob wir uns als Gestalter des eigenen Schicksals wahrnehmen beziehungsweise dies noch verstärken können.

Überraschende äußere Anlässe können uns darin bestärken, den eigenen Weg zu gestalten. So können zum Beispiel (neue) berufliche Zielvorgaben uns »anschubsen«, ein Zielhaus zu errichten oder es umzubauen, darüber hinaus eigene Ziele zu definieren und auch zu revidieren. Überraschungen können zu einer kritischen Bewertung der eigenen Stärken und Schwächen führen, um die weitere Entwicklung der eigenen Kompetenzen besser zu fokussieren. Dadurch ergeben sich vielleicht auch Konsequenzen für die Bestimmung Ihrer Erfolgsdimensionen und Erwartungen und Sie sagen sich: »Die Tür zu diesem Zielraum als meine nächste Berufsstation kann und sollte ich aufstoßen – und die andere eben nicht.« Und da wir in der (Berufs-)Welt nicht allein sind, können äußere Anlässe den Sinn dafür stärken, welchen Einflüssen durch Komplexität wir unter-, aber nicht erliegen.

Alle Fähigkeiten, die Sie bereits in den Kapiteln zuvor entwickelt haben, führen dazu, sich nicht »dem Schicksal zu ergeben«. Der Gedanke, ohnehin nichts ändern zu können, liegt Ihnen als Gestalter fern. Vielmehr kalkulieren Sie Ereignisse und Faktoren, die Sie nicht beeinflussen können, mit ein. Ob Sie gegenüber einem plötzlich scheinbar übermächtigen Wettbewerber die entscheidende Lücke finden, um bei Kunden eine neue Chance zu haben, oder in Krisensituationen viel schneller als bisher üblich oder möglich schon lange notwendige Änderungen im Unternehmen nicht nur anstoßen, sondern konsequent umsetzen und so einen zuvor nicht für möglich gehaltenen Vorsprung erzielen – darauf kommt es an.

Als Gestalter empfinden Sie gerade Herausforderungen als äußerst sinnstiftend und erfüllend. Indem Sie sie annehmen, steigern Sie

Ihre Leistungsfähigkeit unabhängig vom möglichen Ergebnis. Sie nehmen die Aufgaben in einem permanenten Wandlungsprozess dankend an: Sie sind bereit, egal, was passiert.

Es gibt gewiss nichts Schöneres und Schwierigeres, nichts Faszinierenderes und mitunter Frustrierenderes, als immer wieder einen neuen Schritt zu unternehmen, unter Umständen zur Seite treten zu müssen oder auch manchmal einen Schritt nach hinten zu machen, um wieder den Überblick zu bekommen. Schlimmer wäre, wenn Sie sich im Alltag bei dem Gedanken ertappen: »Ich konnte nicht, weil ...« Beliebt ist auch: »Ich wollte ja, aber ...«

Ihnen dürfte nun klar sein, dass äußere Einflüssen immer auf uns einwirken und wir diese bewältigen müssen. Wir dürfen uns aber nicht von äußeren Einflüssen abhängig machen und uns diesen klaglos unterwerfen. Als Gestalter werden wir bei überraschenden Ereignissen und erwarteten Hindernissen auf die Probe gestellt. Jetzt gilt es erst recht, Handeln mit einer klaren Erwartung zu verbinden, Fähigkeiten gezielt einzusetzen und nicht nur einfach etwas durchzustehen. Dadurch gewinnt es an Bedeutung und wir gehen deshalb eher voran. Wir glauben an uns, ohne uns dies ständig einreden zu müssen oder von außen vorgemacht zu bekommen.

Gestalter sind keine Berufsoptimisten

Gestalter, die googelsieren können, reden sich nicht einfach eine positive Gefühlslage ein nach dem Motto »Das wird schon«. Gestalter sind keine unkritischen, blinden »Berufsoptimisten«, die bei Problemen wegsehen, diese wegdiskutieren oder verdrängen. Sie gestehen sich ihre akuten Probleme ein. Wie andere auch reagieren sie als Erstes mit einem Gefühl von Unsicherheit und Niedergeschlagenheit, wenn aus den Tiefen komplexer Zusammenhänge Negatives hervorgeht, wenn zum Beispiel nicht klar wird, warum ein Kunde abgesagt hat, obwohl eine Leistung tadellos war. Dieser Frust sollte nicht abgewehrt werden durch ein trotziges »Alles halb so wild« oder ein lapidares »Das wird schon wieder«. Negative Emotionen drücken Gestalter nicht weg. Sie nehmen sie wahr, kauen sie durch – ein paar Minuten, Stunden oder auch Tage, je nach Schwere der Situation.

Früher nach verlorenen Rennen im Sport oder heute bei Ausschreibungen, wo ich das Nachsehen hatte, rede ich mir nicht sofort ein, dass es gar nicht so schlimm ist. Nein! Es ist ärgerlich, ein Rennen oder einen Kunden nicht zu gewinnen. Darüber darf man sich ruhig einmal ärgern, auch heftig. Denn gerade dieses Gefühl und dies auszudrücken schaffen eins: es beruhigt und aktiviert zugleich. Das Ganze ist passiert, es ist vorbei, ich kann es nicht ändern. Ja, ich war wirklich gut, andere waren aber besser. Oder sie haben dem Kunden ihr Angebot besser vermittelt. Gestalter können trauern, aber sie trauern verpassten Gelegenheiten nicht ewig nach. Bei negativen Überraschungen gilt insofern beim »Einfach machen« dasselbe wie bei Entscheidungen: eine Nacht drüber schlafen.

Wir können etwas ändern und uns künftig sagen: »Beim nächsten Mal kann ich es wieder versuchen, vielleicht sogar ›noch einen Zahn zulegen‹.« Natürlich kann ich beim nächsten Mal wieder nicht gewinnen. Bedeutsam ist aber die Chance, zu gewinnen, und dafür wieder etwas zu leisten. Gestalter sind also nicht dauerhaft frustriert, verharren nicht in Selbstmitleid und bleiben beim »Ich konnte nicht, weil ...«. Die Regulierung unserer Affekte, sich vor allem aber negativen Gefühlen zu stellen, wird leichter mit der Vorstellung von anspruchsvollen Zielen, die Sie nach wie vor verfolgen können. Die mit unserem Zielhaus verbundenen Aussichten dürfen nicht in den Hintergrund treten, besonders wenn es schlechter läuft als gedacht.

Gestalterhaltung zeigt sich darin, im Zielhaus einen Raum aufzusuchen, der einen Neustart ermöglicht – sofort! Kann vielleicht gleich am nächsten Tag ein erster Fortschritt angegangen werden, indem zum Beispiel nach einer verlorenen Ausschreibung die Unterlagen nochmals gesichtet und verbessert werden, um sie beim nächsten Mal nutzen zu können? Nur wenn Gestaltungswille wirklich nicht mehr weiterhilft, wir ständig mit dem Schicksal hadern oder permanent von vermeintlichen Überraschungen eingeholt werden, sollten wir uns um eine neue Einrichtung für unser Zielhaus kümmern. Denn dann stimmt etwas nicht mit unseren Vorstellungen für einen Lebensabschnitt oder eine Lebensphase. Dann gehen Sie bitte »zurück auf Los«, sprich zum ersten Teil des Buchs.

Gestalter folgen dem Motto »Ein Glas ist immer halb voll, nie halb leer«. Es ist auch nie ganz voll, denn es gibt immer etwas weiterzuentwickeln – zumindest für Gestalter, die eine positive Grundhaltung prägt. Klar schwappt auch bei ihnen Wasser aus dem Glas. Das ist ihnen aber egal. Bedeutung entsteht durch das Nachfüllen von Wasser, nicht durch Lamentieren, dass es weniger geworden ist. Gestalter gehen mit Überraschungen wie die Feststellung, dass im Glas plötzlich weniger Wasser ist, offensiv um. Dadurch sind sogar mehr schmerzhafte Erlebnisse zu ertragen. Für Gestalter ist jedes Problem eine Aufgabe und nicht jede Aufgabe ein Problem.

Blicken Sie an dieser Stelle einmal kurz zurück. Sie müssten dabei Überraschungen und Hindernisse entdecken, die Sie, nachträglich betrachtet, weiter gebracht haben, als Sie zunächst dachten. Dass Sie dies bisher vielleicht nicht so gesehen haben, liegt am »Rote-Ampel-Effekt«, dem wir unterliegen und den wir ändern können. Fahren wir durch die Stadt, regt uns jede Ampel auf, die soeben auf Rot springt. Wir freuen uns aber nicht über die »grüne Welle«, die uns vorher oder nachher ein gutes Durchkommen ermöglicht. Der »grüne Bereich« ist für uns normal, kein Anlass für eine besondere Emotion. Gestalter nehmen das »Normale« intensiver wahr. Und diese Eigenschaft ist gerade beim Googelsieren enorm wichtig, denn in komplexen Systemen und Umfeldern, in denen wir uns bewegen, ist wenig »normal«. Umso schöner ist es, wenn der »Normalfall« einmal eintritt.

Herz und Hand bieten Überraschungen

Die Gestalterhaltung ermöglicht uns sogar, bei zunehmenden Schwierigkeiten unsere Motivation zu steigern. Wenn ein Ziel in die Ferne rückt, heißt es: Jetzt erst recht! Wir entscheiden, uns noch mehr anzustrengen, uns anzuspannen und durchzuhalten. Das ist auch nötig, denn in uns selbst lauern Überraschungen. Unerwartete Gefühle kommen auf, wenn Herz und Hand, unsere Überzeugungen und unser Verhalten nicht zusammenpassen. Und wenn wir uns dann selbst nicht einig sind, fällt es uns naturgemäß schwer, mit dem Tohuwabohu um uns herum zurechtzukommen.

Die sogenannte kognitive Dissonanz kann uns erheblich beeinträchtigen, wenn wir Komplexität beherrschen und unser Leben erfolgreicher gestalten wollen. Beim Googelsieren kann sich dies so darstellen:

➤ Wir glauben nicht mehr, das, was wir beschlossen haben, weiterverfolgen zu können.

➤ Wir haben das Gefühl, nicht so stark zu sein wie gedacht.

➤ Wir verhalten uns konträr zu unseren Vorstellungen.

➤ Wir merken, dass uns etwas mehr anstrengt oder unangenehmer ist als ursprünglich angenommen.

➤ Wir stellen bereits getroffene Entscheidungen infrage, weil das Ergebnis nicht den Erwartungen entspricht.

➤ Wir merken, dass trotz aller Anstrengung das erreichte Ziel nicht unseren Erwartungen entspricht.

Gefühle der Enttäuschung können uns ganz schön überraschen. Alles schien gut und nun umsonst. Gestalter lassen diese Gefühle zu. Sie halten aus, dass das eigene Verhalten und die Einstellung als widersprüchlich empfunden werden. Ohne das Bewusstsein, dass Herz und Hand nicht im Einklang sind, ist es auch nicht möglich, sie in Einklang zu bringen. Es gibt verschiedene Möglichkeiten, eine als unangenehm empfundene kognitive Dissonanz zu lösen:

1. *Das Problem, das dem Gefühl zugrunde liegt, wird gelöst.* Wir passen unser Verhalten den Vorstellungen an. Dies kann zum Beispiel dadurch geschehen, indem wir den Einsatz eigener Fähigkeiten neu justieren. Daraus ergibt sich ein neuer Aktionsplan.

2. *Die Erwartungen, die wir an uns gesetzt haben, werden reduziert.* Wir passen die Vorstellungen an das Mögliche an. Es ist keine Schande, sich überfordert zu haben und dies einzusehen, zum Beispiel zu ambitionierte Entscheidungen getroffen zu haben. Das gilt besonders dann, wenn die Auswirkungen von Komplexität schnell auch anderen unsere Schwächen offenbaren könnten.

3. *Abschwächung der kognitiven Dissonanz.* Wir gleichen unsere Überzeugungen und unser Verhalten nochmals miteinander ab, indem wir dazu Distanz einnehmen – entweder durch weiteres Nachdenken oder durch Ablenken. Durch den Abstand zu den ursprünglichen Gefühlen und Gedanken können wir zum Beispiel erkennen, dass sie nicht angemessen waren, weil sich die Umfeldbedingungen so drastisch geändert haben, dass unsere Zielvorstellungen überholt sind.

Entweder verändern wir so unser Verhalten oder unsere Überzeugungen. In jedem Fall bleiben wir im Gestalter-Modus und greifen nicht auf Scheinlösungen zurück. Spontan können diese beim »Einfach machen« durchaus attraktiv erscheinen. Dazu zählt, unsere

Erregung und sogar Frustration mit anderen Ursachen zu begründen. Bleiben wir beim Beispiel, einen Auftrag nicht bekommen zu haben. Einfach wäre zu denken: »Der Kunde ist zu blöd!« Und schon ist die kognitive Dissonanz verschwunden, allerdings nicht das Problem, leer auszugehen. Oder die Entscheidung wird heruntergespielt: »So schlimm ist es ja gar nicht, dass der Kunde weg ist. Kommt bestimmt wieder ein neuer.« Oder wir weisen die Verantwortung von uns: »Ich konnte ja nicht, wie ich wollte, und musste ganz anders handeln, weil der Kunde das so verlangt hat.« Und schließlich können wir uns informieren und zum Beispiel herausfinden, wer den Auftrag bekommen hat. »Der Kunde wollte sowieso jemand anderen als uns. Da kann man nichts machen!«

Im Einzelfall gibt es eine einfache Erklärung wie bei einer Angebotsanfrage in einer für uns ursprünglich scheinbar komplexen Situation, die wir nutzen wollten, wo aber keine Chance bestand. Als Gestalter geht es uns um Erkenntnis und den bewussten Umgang damit, um über den Einzelfall hinaus besser mit widersprüchlichen Gefühlen und Gedanken umgehen zu können. Zum Beispiel beteiligen wir uns beim nächsten Mal wieder an einer Ausschreibung und haben andere Erwartungen oder wir lassen es ganz bleiben. Das gezielte Auflösen von kognitiven Dissonanzen, die sich immer wieder in uns einstellen können, stärkt uns darin, das eigene Schicksal zu gestalten – im Rahmen der Möglichkeiten, die uns in komplexen Umfeldern bleiben oder die wir schaffen können.

Damit möchte ich Sie an dieser Stelle abschließend ermutigen. Unmöglich ist fast nichts. Und das gilt mehr denn je. Die heutige Komplexität aufgrund der digitalisierten Wirtschaft und die Möglichkeiten digitaler Kommunikation erlauben Dinge, die noch vor wenigen Jahren undenkbar waren – trotz der entsprechenden neuen Herausforderungen wie bei der Nutzung von Apps.

Tipps zu diesem Kapitel

➤ Gestalten statt verwalten: Aus Frust entsteht Lust, sobald wir Überraschungen als Impuls für eine bessere die Zukunft nutzen.

➤ Nicht »ver-appen« lassen: Bleiben Sie Ihr Herr und Ihre Frau, Überraschungen selbst bewältigen zu können.

➤ Mit sich einig werden: Der Einklang von Herz und Hand schafft neue Energien, im Alltag Komplexität zu beherrschen.

Teil 3:
Den Alltag einfacher machen

In den ersten beiden Teilen haben Sie etliche Hinweise zum »Einfach machen« erhalten. Erinnern Sie sich noch an das erste Kapitel mit den Eckpunkten zum Umgang mit Komplexität? Hier zum Einstieg und zu Ihrer Erinnerung die wichtigsten Botschaften:

- ✓ Jeweilige Zusammenhänge erkennen

- ✓ Eigene Erwartungen bilden

- ✓ Überschaubare Zeiträume setzen

- ✓ Planungen flexibel gestalten

- ✓ Erreichte Ergebnisse prüfen

- ✓ Unbefangen Korrekturen einleiten

Auf dieser Grundlage wurde Ihnen in Teil 2 das Googelsieren vorgestellt, im letzten Kapitel ging es um Offenheit gegenüber Überraschungen, auch beim Entdecken unserer eigenen Möglichkeiten. Nun rückt unser Alltag in den Mittelpunkt, der genügend Unvorhergesehenes bietet, das durch Komplexität entsteht.

Der Blick geht nun aufs Detail. Beginnen wir dort, wo der zweite Teil geendet hat. Das Überraschende und Unerwartete, das Komplexität in sich birgt, für sich nutzbar zu machen, hat wunderbare Folgen. Seien Sie achtsam für den Moment, um das Neue bewusst wahrzunehmen.

12. Den Moment ausschöpfen

»Was soll das? Dieses Kapitel könnte man sich doch sparen!« Das denken Sie jetzt vielleicht, wenn Sie das letzte Kapitel im Kopf haben und möglicherweise noch an den Abschluss des ersten Teils denken. Dort wurde gezeigt, wie wir mithilfe unseres Zielhauses täglich Erfolge erzielen können – geplant oder unverhofft. Und wie wir diese Fortschritte, ob klein oder groß, wahrnehmen können. Dann müsste Ihnen längst klar sein, dass wir aufmerksam für den Augenblick sein sollten – theoretisch.

In der Praxis vergessen wir dies schnell. Indem wir Dringendes erledigen, nehmen wir das Wichtige nicht wahr. Häufig ärgern wir uns und seufzen: »Hätte ich doch daran gedacht!« Das fängt bei ganz alltäglichen Begegnungen und Bemerkungen an, etwa wenn der Chef oder ein Kollege von einem neuen Projekt berichtet. Der Hinweis darauf geht an uns vorbei, weil wir ja gerade Dringendes auf dem Tisch haben und wir uns später darum kümmern möchten. Wir schreiben den Hinweis vielleicht noch auf. Aber wer geht denn seine Notizen systematisch durch und hakt alles ab, was durchdacht, erledigt oder nicht mehr relevant ist? Sie nicht? Ich schon! Darum machen wir uns doch Notizen oder auch Sprachmemos oder Kalendereinträge: Damit diese wieder gestrichen werden können, wenn der mögliche oder anvisierte Weg beschritten wurde oder sich als ungangbar erwiesen hat.

Ein großer Vorteil der Komplexität ist, dass sie viele Momente bereithält, die uns weiterbringen können. Geregelte Bahnen und eingleisig zu fahren verschaffen Sicherheit. Glauben wir. Sicher werden wir aber so nie erfahren, welche Chancen wir abseits des vorgegebenen Wegs verpassen. Noch nie haben sich so viele neue Möglichkeiten zur Weiterentwicklung ergeben wie aktuell durch die Digitalisierung und das Internet. Ohne Googelsieren werden die vielfältigen komplexitätsbedingten Impulse schnell zu einer Herausforderung, die einen überwältigen kann. Dabei bewährt sich diese neue Fähigkeit im einzelnen Moment, den Komplexität liefert und den es lohnt auszuschöpfen.

Hierbei geht es nicht so sehr um unverhoffte Nachrichten, die uns Aufmerksamkeit abverlangen, wie das Angebot für einen neuen Job. Da wird wohl jeder zumindest einen kurzen Moment darüber nachdenken. Es geht um die alltäglichen Ereignisse, die uns fordern, was wir so nicht erwartet haben, oder sich unvorhergesehen ergeben. Dazu zählen interessante Neuigkeiten aus den Portalen, von denen Sie ein »Feed« erhalten. Oder Sie sind »Follower« einer Person oder Institution, deren Nachrichten Sie auf eine Idee bringen. Heute ist dadurch nicht nur theoretisch, sondern praktisch jeder über nur sechs Personen mit jedem anderen Menschen auf der Welt bekannt. Das Beziehungsgeflecht ist nahezu lückenlos. Prüfen Sie in Ihren sozialen Netzwerken nur die Anzahl Ihrer Kontakte dritten Grades. Weniger als 100.000 werden dies selten sein. Allein da können sich schon einige Gelegenheiten ergeben, die Sie unverhofft nutzen können.

Achtsam für Neues sein

Neue Impulse ermöglichen uns, vorhandene Fähigkeiten auszubauen, besser zu werden. Sie kennen das Sprichwort »Wer nur das tut, was er kann, bleibt immer der, der er ist«. Die Folge dieser Aussage ist in vielen Berufen spürbar, wenn einstmals außergewöhnliche Kompetenzen plötzlich austauschbar geworden sind. Die positive Wirkung von spontanen neuen Aufgaben für das eigene Voranschreiten wurde bereits häufig überprüft, wie zum Beispiel mit professionellen Musikern an der Harvard -Universität. Eine Gruppe von

Symphonikern wurde gebeten, beim Konzert am nächsten Tag ihr Lieblingsstück zu spielen. Der anderen Gruppe wurde ein vergleichbar schwieriges Stück vorgelegt, das diese noch nie gespielt hatte und schnell einüben musste. Beide sollten am nächsten Tag auftreten. Das Publikum, alles erfahrene Kenner klassischer Musik, wusste von nichts und wunderte sich nur, dass das Orchester während des Konzerts einmal komplett ausgewechselt wurde. Im Anschluss wurden die Zuhörer anonym befragt, welche Besetzung besser gespielt habe. Das Ergebnis war eindeutig: Das Orchester, das das neue Stück schnell hatte einüben müssen, schnitt viel besser ab. Die Konzentration auf das Neue hatte zusätzliche Energien mobilisiert. Vielleicht fällt Ihnen ja ein vergleichbarer Test ein, den Sie mit Arbeitskollegen oder Kommilitonen durchführen können.

In unserem Alltag, ohne konkreten Anlass, liegt es an uns selbst, das Neue, das uns Komplexität bietet, für uns nutzbar zu machen. Dies bewusst wahrzunehmen bedeutet Achtsamkeit. Der Blick auf die konkreten Ereignisse im Hier und Jetzt sensibilisiert uns für damit einhergehende Perspektiven. Sich auf das einzulassen, was um uns herum passiert, ist nicht anstrengend und erfordert kein zusätzliches Nachdenken. Im Gegenteil: Wenn wir aufhören, die Auswirkungen von Komplexität und die vielen unerwarteten, nicht änderbaren Ereignisse negativ zu betrachten, wird enorm viel Platz geschaffen für neue Gedanken. Der Ärger, das Hadern und Herumnörgeln entfallen. Das gilt erst recht, wenn jemand zwanghaft darauf wartet, dass sich irgendwann eine Herausforderung einstellt, die die eigenen Fähigkeiten übersteigt. Ja, das kann passieren. Und je mehr Sie danach suchen, umso schneller tritt dies ein!

Je mehr wir versuchen, an etwas festzuhalten, desto schneller verlieren wir die Kontrolle, weil wir vor lauter Klammern nicht darauf achten, was passiert und für uns in positivem Sinne bedeutsam ist. Bei Arbeitsabläufen, die nicht nach gesetzlichen oder anderen Regelungen festgelegt sind (und das sind die wenigsten), wird dieser

Zusammenhang sehr gut deutlich. Niemand sagt Ihnen, immer hundertprozentig einem Muster zu folgen – außer Sie sich selbst. Es gibt stets unterschiedliche Methoden und Möglichkeiten, einen Auftrag zu Ende zu bringen. Ihre Entscheidung, welcher Weg der richtige ist, hängt vom jeweiligen Zusammenhang ab. Zum Beherrschen von Komplexität sollte Ihnen also nur eins »in Fleisch und Blut übergehen«: Achtsam bleiben und nicht gedankenlos und mechanisch nach Schema F handeln. Der Drang, etwas »einfach so zu machen«, routiniert, wie gewohnt auszuführen, erschwert den Umgang mit Komplexität und das »Einfach machen«, wie es in diesem Buch vorgestellt wird. Im Ergebnis kann Ihre Achtsamkeit für den Moment dazu führen, wie bewährt fortzufahren, weil es der Situation angemessen ist. Das ist nicht ausgeschlossen. Zum Beherrschen von Komplexität dürfen wir uns jedoch nicht von Routinen beherrschen lassen.

Chancen beim Schopfe packen

Achtsamkeit steigert unsere Aufmerksamkeit und fördert eine offene Haltung. Wir sind damit im Aktionsmodus und reagieren nicht nur auf die Ereignisse um uns herum. Wir denken nicht: »Och nö. Was soll das denn schon wieder?« Wir sind aufgeschlossen: »Ach ja. Das ist ja interessant!« So packen wir Dinge an und schieben sie weniger vor uns her. Unsere Kreativität wird aktiviert und wirkt positiv, was ja gerade bei schwierigen und unangenehmen Aufgaben wichtig ist. Wir wissen viel schneller, was nun am besten zu tun ist. Dadurch entstehen auch wesentlich seltener Zweifel daran, nicht richtig entschieden und gehandelt zu haben. »Nebenbei« gehen wir auch unbefangener auf unsere Mitmenschen zu, finden sie so sympathischer und stecken nicht jeden sofort in eine Schublade. Zumindest nerven uns unliebsame Zeitgenossen weniger, wenn wir achtsam sind und den Moment ausschöpfen wollen, statt uns unnötig aufzuregen. Letztlich verändert sich auch unser eigenes Auftreten: Durch die spürbar höhere Aufmerksamkeit wird uns mehr zugetraut und vertraut. Wir sind dann ein wesentlich attraktiverer Gesprächspartner.

Achtsam zu sein und die entsprechende Haltung haben nichts mit überschwänglichem »Hurra-Optimismus« zu tun oder damit, alles toll zu finden, egal, was passiert. Wir verschaffen uns damit die beste Ausgangsposition, um in komplexen Situationen googelsieren zu können. Achtsamkeit für Chancen, die fast jeder Moment bietet, reduziert auch unser Stressempfinden. Häufig entsteht Stress allein dadurch, wie wir Ereignisse wahrnehmen, unabhängig von objektiv vorhandenen Stressfaktoren. Sobald wir uns vorstellen, was alles Schreckliches passieren kann oder wie uns Komplexität mal wieder einen Streich spielt, bauen wir automatisch künstlichen Druck auf. Das ist völlig unnötig. Denn wer den Moment ausschöpft, geht nicht sofort vom Schlimmsten aus. Er erliegt auch nicht der Illusion, alles werde gut. Vielmehr betrachten wir die Chancen, die sich uns in dem Augenblick bieten, zunächst einmal unabhängig von den möglichen oder auch gewünschten Ergebnissen und Folgen für uns.

Das denken andere über mich

Nun nehmen Sie vielleicht an, dass sich alles zum »Einfach machen« fantastisch anhört. Sie fragen sich nur, wie Sie vorgehen sollen. Eine interessante Übung, um die eigene Achtsamkeit zu schulen, ist, sich vorzustellen, dass alle unsere Gedanken für andere Menschen sichtbar sind – als ob alles, was wir vorhaben, uns auf der Stirn geschrieben steht. Wie würden andere darauf reagieren? Würden diese sich abwenden oder bei unserem Vorhaben sofort mitmachen? Überlegen Sie! Bestimmt fangen Sie bei der Vorstellung an, wohlwollender über andere zu denken. Sie geben sich mehr Mühe, mehrdeutige, widersprüchliche oder Ihnen widerstrebende Informationen offen abzuwägen, statt sich ein vorschnelles Urteil zu bilden.

Nahezu täglich sind wir mit aus den Tiefen der Komplexität auf-
tauchenden Ergebnissen oder Ereignissen konfrontiert, die wir
mit Achtsamkeit viel besser beherrschen können als ohne. Sie regen sich weniger auf, wenn ein Projekt nicht so rundläuft oder anders, als Sie es sich vorgestellt haben. Würden Sie innerlich mit einem »Das kann doch nicht wahr sein!« oder »Warum kapieren die
es denn nicht?« reagieren und könnte man es auf Ihrer Stirn ablesen,
wäre Ihnen die Ablehnung anderer gewiss. Ihnen würde eher zuge-
hört werden durch ein »Wie bewerten Sie jetzt die Situation?« oder
»So könnten wir jetzt weitermachen!«. Der Moment wäre so zum
Googelsieren optimal ausgeschöpft.

Ihnen fallen bestimmt einige private oder berufliche Situationen
ein, wo Sie unachtsam waren und dadurch auf unvorhergesehene Ereignisse nicht gut reagiert haben und Ihnen das Agieren schwerfiel.
Schreiben Sie Ihre Reaktion auf und überlegen Sie, wie Sie sich mit
Achtsamkeit verhalten hätten. Stellen Sie sich vor, wie andere auf Sie
reagiert hätten und wie sich alles Weitere hätte entwickeln können.
Gut geeignet sind Situationen, in denen Arbeiten auf Projektbasis
oder in größeren Gruppen durchgeführt wurden, aber auch solche,
wo es um zwischenmenschliche Beziehungen wie in einer Partnerschaft ging. In jedem Fall lohnt es sich, durch die »Alles steht auf
meiner Stirn«-Übung achtsamer in Momente reinzugehen und dadurch besser mit Komplexität umzugehen.

Alles in allem besitzen wir großen Einfluss darauf, Momente auszuschöpfen, statt den Auswirkungen von Komplexität zu erliegen.
Denn dann hindern wir uns selbst daran, Momente auszuschöpfen.
In den letzten Jahren sind wir zu Getriebenen unserer technischen
Möglichkeiten und unbegrenzten Erreichbarkeit geworden. Wir
sollten wieder Treiber werden und uns nicht von der selbst verschul-
deten Komplexität permanent antreiben lassen.

Tipps zu diesem Kapitel

➤ Unbefangen Ereignisse betrachten: die Sicht nicht durch die Brille eigener Erfahrungen einengen lassen.

➤ Achtsamkeit erhöhen: bewusst geregelte Bahnen verlassen.

➤ Eigene Haltung betrachten: mögliche Wirkung auf andere zur Regulation nutzen.

13. Schluss mit dem Stand-by-Modus

Martin ist 34 Jahre alt und Manager. Noch während er im Bett liegt, greift Martin jeden Morgen zuerst nach seinem Smartphone. Darauf hat sich nachts so einiges angehäuft, nicht nur Berufliches. Martin beantwortet sofort ein paar Mails. Beim Frühstück liest er die Mitteilungen von Portalen und Apps, die er nutzt und installiert hat. Auch auf der Fahrt zur Arbeit wirft er im Stau oder an roten Ampeln immer wieder einen Blick auf sein Smartphone. Und so geht es weiter, den ganzen Tag. Ständig lenken ihn E-Mails und andere Nachrichten sämtlicher Onlinekanäle ab, die er ständig nutzt. Sogar in Meetings mit seinen Kollegen kann Martin dem kurzen Blick auf das Display nicht widerstehen. Nach Feierabend kommen er und seine Freundin zu spät zu einer Verabredung, denn: »Ich musste noch kurz ein paar Mails beantworten«, wie Martin erzählt.

Martin könnte auch Martina sein. Und ihr oder sein Verhalten hängt nicht zwangsläufig mit dem Job zusammen und ist auch nicht branchenbedingt. Befragungen in den USA haben gezeigt, dass viele Smartphone-Besitzer bereits morgens im Bett Nachrichten bearbeiten, ein Drittel dies auch beim Autofahren macht und immer mehr ihr Gerät auch nachts am Bett liegen haben. Ich habe auch schon E-Mails erhalten, die um 3:12 oder 4:28 Uhr geschrieben worden sind. Auch im normalen Tagesgeschäft treffe ich immer häufiger auf den »Homo Online-sein-muss«. Diese Spezies verbreitet sich schnell – ich begegne ihr bei Kongressen und Tagungen. Wenige Minuten nach Vortragsbeginn fummelt der »Homo Online-sein-muss« nervös an seinem Gerät herum, auch wenn dort nichts passiert ist – aber es hätte ja etwas Wichtiges passiert sein können. Ich verliere als Redner oder Moderator zwar nicht die Geduld, kann mir aber manchmal eine Bemerkung nicht verkneifen. »Am Ende hängen wir doch ab von Kreaturen, die wir machten«, zitiere ich auf der Bühne Goethes Faust, wenn der erste Teilnehmer hektisch am Gerät fummelnd aus dem Raum eilt. Denn wer weiß, wenn es blinkt oder rüttelt, ob eine Nachricht wichtig oder unwichtig ist?!

Sie können selbst am besten beurteilen, inwieweit Sie Martin und seinem Verhalten entsprechen. Bestimmt haben Sie sich bereits bei Tätigkeiten »erwischt«, die für Sie vor zehn Jahren noch undenkbar waren und nun für Sie oder Ihr Umfeld unangenehme Folgen haben könnten. Wie auch immer, alle Symptome unserer Onlineexistenz zeigen jedenfalls eins: Wir sind im permanenten Stand-by-Modus.

Vor zehn Jahren war die Welt noch eine ganz andere. Am 9. Januar 2007 steckte die Firma Apple dieselbe in die Hosen- oder Handtasche – an diesem Tag wurde das erste iPhone vorgestellt. Eine Revolution, wie wir heute wissen. Schlicht, einfach zu bedienen, ruft es den unwiderstehlichen Drang hervor, es zu nutzen. Alles ist nun mittlerweile möglich: im Internet surfen, Fotos und Videos machen, Videotelefonie, E-Mail und SMS senden und empfangen sowieso. Und dann noch Hunderttausende Apps, die multimedialen Anwendungen zum Herunterladen aus dem Internet. Wie Junkies hängen Millionen Menschen, nicht nur Geschäftsleute, an ihren Geräten. Klingelt oder vibriert es nicht alle zehn Minuten, werden sie nervös, bis sich die Erlösung durch den nächsten Schuss, pardon, Ton, einstellt. Lies mich! Jetzt! Bei Konferenzen oder Präsentationen, im Kindergarten oder im Restaurant – überall lassen Menschen mitunter alles stehen und liegen, um zu schauen, was los ist. Auch am Bahnsteig oder am Flughafen plaudert kaum noch jemand miteinander. Die Leute starren auf ihr Gerät, spielen damit, simsen oder mailen. Keine Zeit zum Verschnaufen oder auch Nachdenken über dies und über das.

Das Problem sind nicht die Digitalisierung und Geräte, deren Entwicklung ständig weitergeht. Das Problem ist unsere Neigung, die

Kontrolle über unser Verhalten abzugeben. Wir werden dadurch unter Druck gesetzt und zugleich darin bestätigt. Denn beschäftigt zu sein, nicht dem Müßiggang zu frönen, beschert uns heute gesellschaftliche Anerkennung. Erreichbarkeit rund um die Uhr ist ein Beweis der eigenen Leistungsfähigkeit – gegenüber sich selbst oder Freunden, dem Chef oder dem Kunden. Das omnipräsente Smartphone beweist, immer und überall etwas zu tun zu haben – was das ist, ist erst einmal egal. Ein Effekt ist aber garantiert: andauerndes Unter-Spannung-Stehen, keine Ruhephasen im Alltag, denn es könnte ja sein, dass ...

Unerreichbarkeit war vor wenigen Jahren noch Standard – und ist heute Luxus. Niemand ist erfolgreich, attraktiv oder schlau, nur weil er ständig sein Gerät in der Hand hält und dadurch unter Strom steht. Bisher gibt es noch wenige Erkenntnisse darüber, was mit uns passiert durch die drastischen Veränderungen der Beziehung von Mensch und Technik. Nur eins steht fest und wird sich nicht ändern: Wir können nicht aus unserer Haut und sind unserem Körper und seinen Bedürfnissen ausgeliefert – der Notwendigkeit von Spannung und Entspannung. Für Ihr besseres Verständnis über diesen wichtigen Aspekt starte ich einen kurzen Exkurs.

Natürliches Doping nutzen

Früher, als wir noch Jäger und Sammler waren, lauerte hinter jedem Busch das Abenteuer. Das Verhalten in akuten Stresssituationen – die Kampf-oder-Flucht-Reaktion – diente nur einem: dem Überleben. Über viele Tausend Jahre passte sich das System Körper den jeweiligen Gegebenheiten immer mehr an. Der Adrenalinschub versorgt uns bis heute mit zusätzlicher Energie. Natürliches Doping, der Turbo springt an. Nehmen wir eine Situation als aufregend wahr, werden seit jeher in einer komplexen Reaktion im Gehirn Stresshormone freigesetzt, etwa Corticosteron oder eben Adrenalin. Sie ermöglichen unserem Organismus, Leistungen zu erbringen, die deutlich über dem normalen Niveau liegen. Blutdruck, Puls und Muskelspannung steigen, die Reaktionszeiten und die Konzentration verbessern sich, die Schmerzempfindlichkeit sinkt.

Druck und Stress helfen, leistungsfähiger als sonst zu sein. In Laborversuchen fanden Mäuse, die zuvor Stress erfahren hatten, den bereits zurückgelegten Weg durch einen Irrgarten deutlich besser wieder als »ungestresste« Kontrolltiere. Auch andere Testergebnisse zeigen, dass Stress die Gedächtnisleistung erhöht, selbst wenn die Erinnerungen nicht mit einer Stresssituation in Verbindung stehen. Stress mobilisiert, wohldosiert, wichtige Körperfunktionen, erhöht unsere Aufmerksamkeit, beugt Gleichgültigkeit vor. Ohne Druck, der die Extraportion Energie freisetzt, kann niemand über sich hinauswachsen. Ohne das Lampenfieber vor dem Bühnenauftritt, der Konferenz oder der Prüfung und ohne die Anspannung vor dem Rennen bei der Olympiade könnte niemand von uns die optimale Leistung bringen.

Aber das ist nicht alles. Spannend wird es auch zu sehen, was im Körper passiert, wenn die Gefahr gebannt oder die Beute erlegt, das Rennen gewonnen, die Prüfung bestanden oder die Präsentation erfolgreich gelaufen ist. Evolutionsbedingt folgt nach der Anspannung die Entspannung. Der Mechanismus dazu ist ganz einfach: Unsere Stresshormone hemmen nämlich, quasi als Nebenwirkung, die eigene Ausschüttung. Wir kommen dadurch automatisch »wieder runter«. So lautet zumindest der Rhythmus, den die Natur uns gegeben hat. Richtig Gas geben und dann wieder bremsen. In der richtigen Konzentration wirken Druck und Stress belebend. Ein Zuviel dagegen stumpft ab.

Sie erahnen das Problem. Heute folgt bei vielen Menschen Anspannung auf Anspannung, wieder und wieder Anspannung. Wir führen das Leben eines Kapitäns, der nie von der Brücke geht. Das

Wechselspiel von Stress- und Erholungsphasen findet immer seltener statt. Der Stresshormonspiegel bleibt hoch. Ereignisse reihen sich nahtlos aneinander, Höhen und Tiefen werden nicht mehr wahrgenommen, das Leben wird zur dumpfen Abfolge von eigentlich wichtigen, so aber emotional bedeutungslosen Geschehnissen. Und genau das passiert, wenn wir ständig online sind: Wir erhalten ein subjektiv unbemerktes, objektiv betrachtet erhöhtes Stresslevel. Jedes Piepsen schreckt uns auf, da niemand weiß, ob der Löwe hinter der Ecke lauert, zum Beispiel ein Kunde, der die Zusammenarbeit aufkündigen möchte. Oder es geht um nichts Wichtiges wie bei einer Nachfrage, wann noch mal das Meeting beginnt.

Wir können das »natürliche Doping« nutzen, indem wir den permanenten Stand-by-Modus beenden. Nur wer abschalten kann, ist fähig, richtig eingeschaltet zu sein, wenn es darauf ankommt. Und das passiert beim Googelsieren häufiger, als Sie bisher vielleicht denken. Unerreichbar und offline zu sein, wird immer mehr zur Herausforderung. Abschalten ist aber eine der Anforderungen zum Beherrschen von Komplexität.

Mit Reizen richtig umgehen

Die digitale Reizüberflutung ist eines der Hauptprobleme unseres heutigen Lebens. Die »Kultur« des nicht nur beruflichen ständigen Erreichbarseins und die permanente Empfangsbereitschaft wirken sich nicht nur, wie gerade gezeigt, auf unser Wohlbefinden nachteilig aus: Wir wenden enorm viel Zeit, Energie und Aufmerksamkeit auf für relativ unwichtige Informationen und Angelegenheiten. Erwiesen ist, dass Milliarden Arbeitsstunden dafür genutzt werden, um ein Drittel aller Nachrichten als überflüssig zu erkennen und zu verarbeiten. In einer internationalen Unternehmensberatung, mit der ich kooperiere, schätzten bei einer Erhebung einige Tausend Mitarbeiter, dass ein Viertel ihrer Zeit für das Managen der Datenströme aufgebracht werden muss. Und von allen Nachrichten, die empfangen werden, seien im Schnitt die Hälfte überflüssig. Allein die Koordination von Terminen verschlingt, da sie heutzutage leichter verlegt werden können, ein immenses Zeitbudget. Und wenn jemand nicht sofort oder innerhalb einer guten Stunde antwortet, erscheint das in vielen Unternehmen bereits als Indiz für mangelnde Einsatzbereitschaft. Effizientes Arbeiten und gegenseitiges Verständnis werden durch die digitale Technik, die das Leben erleichtern soll, verhindert. Die digitale Reizüberflutung beeinträchtigt also unsere Produktivität und Einsatzfähigkeit, ganz zu schweigen von unserer Zufriedenheit. Wir sind Opfer der mit den »digitalen Reizmitteln« Smartphone & Co. selbst geschaffenen Komplexität.

Auffallend häufig werde ich in meiner Beratung gebeten, mir zu überlegen, wie der »E-Mail-Flut« Einhalt geboten werden kann. Ja, sogar von einer neuen »E-Mail-Kultur« wird geschwärmt, die dringend nötig sei. Die Hilflosigkeit ist groß. Konzerne wie Volkswagen haben bereits zu drastischen Mitteln gegriffen und die Weiterleitung von internen Mails außerhalb der üblichen Geschäftszeiten unterbunden. Meine Erfahrung zeigt, dass damit die Menge an E-Mails nicht gesenkt, sondern das Gegenteil erreicht wird. Besonders wenn das Engagement hoch ist, haben Mitarbeiter Angst, offline etwas zu verpassen oder nicht rechtzeitig erledigen zu können. Der Druck steigt, statt zu sinken.

Sich dauerhaft vom digitalen Daten- und Informationsstrom abzukoppeln bedeutet ein »Zu einfach machen« und ist keine Alternative. Die Aussicht, völlig analog sein Berufsleben gestalten zu können, dürfte immer unwahrscheinlicher werden. Modernes Work-Life-Blending, das im ersten Buchteil als hilfreiches Grundprinzip für Googelsieren vorgestellt worden ist, bedeutet, als Einzelner und als Gruppe mit den digitalen Reizen verantwortlich umzugehen.

Häufiger »pullen« statt ständig »pushen«

Es gibt selten einen Grund oder eine Vorschrift, jederzeit E-Mails empfangen und unmittelbar beantworten zu müssen. Wir sind selbst schuld am Teufelskreis, den wir aufbauen: Je schneller wir zu jeder Zeit Nachrichten beantworten, desto mehr erwartet der Absender, dass wir sofort reagieren. Der Gedanke »Warum antwortet der nicht? Ist der krank oder faul?« kommt immer häufiger auf durch den sozialen Druck, der auch in vielen Unternehmen unter dem Mantel der Flexibilität und »freien« Arbeitszeiteinteilung mittlerweile herrscht. Dabei ist ständige Präsenz nachweislich auch wirtschaftlich kontraproduktiv. Es kostet Zeit, sich nach den zahlreichen Störungen durch das sofortige Mitteilen jeder Kleinigkeit wieder auf die Arbeit oder die Aufgabe zu konzentrieren. Die erhoffte Zeitersparnis durch den schnellen Austausch von Informationen tritt also nicht ein.

Der Umgang mit E-Mails zeigt gut, wie das Abschalten des Standby-Modus gelingt und wie wir digitale Werkzeuge so einsetzen können, dass uns genügend Zeit bleibt, um uns um das Eigentliche zu kümmern: das Googelsieren. Ich habe mich entsprechend vor einiger Zeit umgestellt. Die Überlegung dabei war, dass wir doch auch darüber entscheiden, wann wir Briefe öffnen, lesen und beantworten. Warum machen wir das nicht auch bei E-Mails? Ist doch ganz einfach! Ich »pulle« nun meine elektronische Post und lasse mich von ihr nicht ständig »pushen«. Das bedeutet, ich rufe immer dann meine E-Mails ab, wenn ich dafür bereit bin, sie mich nicht stören. Das kann alle fünf Minuten oder auch am Abend sein, etwa wenn ich die Tagung eines Kunden moderiere. Ich habe ein gutes Gefühl dafür entwickelt, wann ich am besten meine E-Mails (50 bis 200 täglich) abrufe. Sie stören mich nicht mehr und verpasst habe ich bisher noch keinen Termin oder einen Auftrag nicht bekommen.

Mit dem kontrollierten Abrufen von Nachrichten hört der bewusste Umgang damit nicht auf. Die Bearbeitung erfolgt ebenfalls nach dem Prinzip des »Einfach machen«: spontane Selektion und Mut zur Lücke. Ich teile die Mails bei jedem Abrufen in drei Kategorien ein.

1. *»Sofort antworten«.* Keine intensive Beschäftigung erforderlich, also beantworte ich die Mail sofort und lösche sie; wie etwa bei der Bitte, Dateien zu übersenden oder Termine zu bestätigen.

2. *»Später dran«.* Hier ist intensives Nachdenken angezeigt, beispielsweise bei neuen Anfragen von Kunden. Hierfür habe ich meistens jeden Tag einen kurzen Zeitraum vorgesehen, um zumindest »ein Lebenszeichen« zu geben und anzukündigen, wann ich eine inhaltlich solide Antwort gebe.

3. *»Löschen«.* Angebote, Newsletter oder ähnliche Informationen, wo ich auf den ersten Blick erkenne, dass ich sie nicht brauche. Es kann sein, dass ich so den einen oder anderen interessanten Hinweis verpasse oder mir etwas durchrutscht. Aber dadurch Zeit zu sparen und weniger Stress zu haben, ist mir diese Lücke wert.

Mehrere Mails auf einmal zu sortieren ist leichter, als wenn jede einzeln automatisch empfangen wird, da Sie ja ständig unvorbereitet überlegen müssen, welcher Kategorie sie zuzuordnen ist. Im Einzelfall ist das vielleicht unerheblich. Aber bei Tausenden von Mails im Monat schon nicht mehr! Und falls Sie es nicht wissen sollten, ein Tipp am Rande: Zusätzlich zu Ihrer Sortierweise bieten nahezu alle E-Mail-Programme praktische Filter an, die Sie so einrichten können, dass Sie die wichtigen Mails besser von den unwichtigen unterscheiden können.

Ein weiterer Vorteil des »Pullens« ist, dass eigentlich nie ein großer Berg an unbearbeiteten Nachrichten entsteht. Und die Mails, die für das Wochenende oder die freie Zeit übrig bleiben, sind es wirklich wert, dass sie mich weiter beschäftigen. Ein willkommener »Nebeneffekt« ist auch, dass ich nicht jede Minute an einer Tastatur nestele oder auf den Bildschirm schiele, um den ersehnten Kick zu bekommen, den mir der Erhalt einer Nachricht beschert. Ich bestimme, wann dies der Fall ist, niemand sonst.

Dadurch bin ich vor einer neuartigen psychischen Störung gewappnet, die vor einigen Jahren in England »entdeckt« wurde – die »Nomophobie«, eine Abkürzung für »**No-Mo**bile-**Pho**ne-Pho**bia**«, wörtlich »Kein-Mobiltelefon-Angst«. Nomophob sind Menschen, die Angst haben, nicht ständig telefonisch erreichbar zu sein. Sie sind »fomo« (»fear of missing out« = die Angst, etwas zu verpassen) und »fobo« (»fear of being offline« – die Angst, offline zu sein). Der Verlust des Geräts führt in dem Fall zu Panikattacken. Fragen Sie mal den Kundenservice eines Mobilfunkunternehmens, wie nomophobe Kunden darauf reagieren. Es gibt inzwischen sogar besondere Verhaltensanweisungen für die Mitarbeiter, wenn hysterische und aufgelöste Nomophobiker anrufen, die ohne ihr Mobiltelefon völlig hilflos sind.

So weit muss es nicht kommen. Betrachten wir das Beispiel E-Mail und den Umgang damit mittels Pullen und einer nach wenigen Regeln strukturierten Bearbeitung. Damit wenden wir »nur« eine der ersten wichtigen Fähigkeiten zum Googelsieren an, die im ersten Kapitel des zweiten Teils Thema war: Sortieren und Gewichten. Wir haben so eine der aktuell gefährlichsten Möglichkeiten zur Ablenkung im Griff. Zugleich erleichtern uns die Geräte wirklich das Leben und kosten uns nicht wertvolle Zeit. Und wir blicken jetzt kurz in Richtung des letzten Kapitels, wenn es darum geht, dass Sie sich Ihre eigenen einfachen Regeln setzen, um den eigenen Rhythmus zum Googelsieren zu finden.

Ein Netz spinnen und spannen

Das Thema Regeln und Rhythmus passt gerade prima: Warum haben Schulstunden eigentlich 45 Minuten oder in der Universität ein Seminar und eine Vorlesung 90 Minuten? Ein »Tatort« im Fernsehen dauert ebenfalls niemals länger. Und viele Spielfilme dauern um die 100 Minuten. »Das hat sich irgendwann so eingependelt und sich als praktisch erwiesen«, denken Sie vielleicht spontan. Wieso? Die Dauer von 60 Minuten wäre doch viel einfacher zu merken, eben eine glatte Stunde oder auch zwei. Bewährt haben sich die Laufzeiten von bis zu und wenig mehr als 90 Minuten, weil unser Gehirn einem 90-minütigen Ruhe-Aktivitäts-Zyklus folgt. In diesem Rhythmus entwickeln sich unsere geistigen Fähigkeiten zum Lernen und Verarbeiten von Informationen am besten. Und natürlich empfinden wir diesen Rhythmus auch als am harmonischsten, so die Erkenntnisse in der sogenannten Chronobiologie, einem relativ neuen Zweig in der Verhaltensforschung.

Daraus können Sie auch für die Zeiten einen Rhythmus entwickeln, in denen Sie zum Beispiel stand-by oder offline sind, also bestimmte Geräte oder Funktionen Ihres Smartphones ausgeschaltet sind beziehungsweise Sie konzentriert online arbeiten. Auch können Sie die verschiedenen Kanäle gestaffelt nutzen, um sich zu entlasten. Durch dieses selbstbewusste Agieren wird in jedem Fall unsere Aufmerksamkeit für den Moment gesteigert. Sonst fließt alles ständig unterschiedslos an uns vorbei.

Zum Spinnen und Spannen des digitalen Netzes und sozialer Netzwerke wird unsere Aufmerksamkeit immer stärker gefordert. E-Mails sind für viele Menschen unter 20 schon wieder »old school«, also ein Medium von gestern. Die Kommunikation über Netzwerke hat ganz praktische Vorteile. Jeder hat auf jede Information Zugriff, kann diese sortieren und gewichten. Sie bleiben nicht in irgendwelchen E-Mail-Boxen stecken. Auch zum Lernen und zur

Verbreitung von Wissen sind Plattformen viel besser geeignet als klassische Mittel und Wege. Häufiger entsteht neues Wissen erst durch den Austausch über soziale Netzwerke.

Plattformen und Programme werden unter diesem Aspekt immer besser – wir müssen sie nur entsprechend selbstbewusst nutzen. Zum Beispiel gibt es Nachrichten-Apps, die Ihnen in gebündelter Form alle Informationen sämtlicher Quellen senden, die zu einem Thema relevant sind. Und es gibt Anwendungen, die Ihnen das Posten in verschiedenen Netzwerken erleichtern. Diese »Meta-Apps« verhindern das »Ver-appen«, vor dem ich am Ende von Teil 2 gewarnt habe. Hier geht es nicht um das künstliche Erleichtern von Aufgaben, die wichtig zum Googelsieren sind. Vielmehr sorgen diese Apps dafür, unsere Gestaltungsmöglichkeiten zu erhalten, und beugen dem permanenten Stand-by-Modus vor.

Die technischen Hilfsmittel können Ihnen Aufgaben nicht grundsätzlich abnehmen. Ihre Netze müssen Sie schon selber spinnen und fortlaufend spannen, um dadurch Komplexität besser zu beherrschen. Ihre Antworten auf die folgenden Fragen haben Einfluss auf Ihre Stand-by-Zeiten:

➤ Welche Ziele verfolgen Sie durch die Nutzung sozialer Netzwerke – beruflich und privat?

➤ Wer sind Ihre Ansprech- und Kommunikationspartner und was sind deren Bedürfnisse?

➤ Welche Kanäle nutzen Sie?

➤ Welche Ressourcen möchten Sie nutzen?

Die Fragen sind nicht ungewöhnlich. Aber wer von Ihnen hat sich wirklich damit beschäftigt? In der Regel »rutschen« wir doch in

Portale und Plattformen hinein, ohne klare Perspektive. Und irgendwann werden sie zusammengenommen zu Zeitfressern und permanenten Störenfrieden. Selbst der größte Spaß kann irgendwann zur Last werden. Dabei ist gerade Kontinuität und das Am-Ball-Bleiben in sozialen Netzwerken elementar, besonders in beruflicher Hinsicht. Sonst können wir die Impulse, die aus komplexen Zusammenhängen sozialer Netzwerke fortlaufend hervorgehen, nicht wahrnehmen und nutzen. Stellen Sie sich vor, Sie wollen bloggen oder posten. Schnell gehen da einige Stunden drauf – jeden Monat, jede Woche oder sogar täglich.

Trotz Ihrer Sensibilität gegenüber ständiger Erreichbarkeit und Reaktionsfähigkeit können Sie immer noch in die Mühlen vielfältiger Aufgaben geraten, die Sie parallel bearbeiten möchten. Wahrscheinlich sind Sie sehr gewissenhaft und wollen alle möglichen Anforderungen rechtzeitig erfüllen. Da stellt sich die Frage, ob Multitasking demgegenüber die richtige Vorgehensweise ist. Das nächste Kapitel wird Ihnen zeigen, dass für anspruchsvolle Aufgaben wie das Beherrschen von Komplexität das heute so populäre Multitasking wenig geeignet ist.

Tipps zu diesem Kapitel

➤ Es mit Reizen nicht überreizen: Achten Sie auf Ihr natürliches Stressverhalten.

➤ Abschalten, um einzuschalten: Nutzen Sie die technischen Hilfsmittel gezielt.

➤ Spinnen und Spannen: die Komplexität sozialer Netzwerke gezielt als neue Impulse einsetzen.

14. Multitasking begrenzen

Während einer Telefonkonferenz rauscht und schnauft es. Irgendein Teilnehmer scheint unterwegs zu sein, hat aber vergessen, auf stumm zu schalten. Plötzlich wird die Diskussion unterbrochen. »Heute im Angebot, fünf Kilo Kartoffeln für 1,99.« Spontan ruft ein anderer Teilnehmer dazwischen: »Toll, wo gibt's die?« Die Entschuldigung half nicht, dass der Verursacher danach häufiger gefragt wurde, was es denn heute günstiger gäbe.

Niemand möchte eigentlich wissen, was während Telefonkonferenzen parallel erledigt wird. Zu den weitverbreiteten Tätigkeiten dürfte gehören, E-Mails zu bearbeiten oder in sozialen Netzwerken durch die Neuigkeiten der Freunde zu scrollen. Sie können selbst entscheiden, welcher Beschäftigung Sie parallel ohne groß nachzudenken nachgehen können. Die Teilnahme an einer Telefonkonferenz dürfte es nicht sein, wenn Sie der Diskussion folgen und sich einbringen möchten. Ebenso wenig das Bearbeiten von E-Mails, insofern Sie sie wie im letzten Kapitel gezeigt richtig sortieren und gewichten, geschweige denn über den Inhalt nachdenken möchten.

Das Beispiel zeigt eindringlich, dass beim Multitasking zwei oder mehr Aufgaben nur dann gut bewältigt werden können, wenn nur eine Nachdenken und die intensive Informationsverarbeitung erfordert und der Rest automatisch, intuitiv erledigt werden kann. Oder alle Tätigkeiten können ohne geistige Anstrengung ausgeführt werden, wie auf der Straße laufen, Schaufenster gucken oder Kaugummi kauen. Bei ganz einfachen alltäglichen Routinen, zum Beispiel Kaffeekochen und Telefonieren, ist Multitasking durchaus möglich. Niemand muss groß darüber nachdenken, wie Kaffee zu kochen ist, während am Telefon verhandelt wird. Bei dieser Tätigkeit muss keine Information aktiv verarbeitet werden. Sobald Nachdenken erforderlich ist, sieht die Sache anders aus. Das gilt, sobald uns die Kaffeemaschine nicht vertraut ist oder wir uns ärgern, wenn der Filter nicht passt. Sofort sind wir von der eigentlichen Aufgabe, der telefonischen Besprechung, abgelenkt. Dabei könnte uns ein wichtiger Hinweis »durchrutschen«. Das passiert auch dann, wenn es um Leben oder Tod geht, und auch Menschen, die für solche Situationen trainiert sind.

Bei einem Notfall im Cockpit eines Flugzeugs, wenn alles schnell gehen muss, gibt es manchmal keine Alternative zum Multitasking. Dabei steigt die Fehlerquote immens. Selbst erfahrene Piloten machen Fehler, die bei einer seriellen Bearbeitung nicht entstehen würden. Auch das beste Training im Simulator schützt sie nicht davor. Beim Nachvollziehen von Flugunfällen und bei der Analyse von Entscheidungen offenbaren sich diese Fehler und ihre Ursache meist schnell. Es werden wesentliche Aspekte einfach übersehen, was sich beim »Nachfliegen« von Unfällen mittels Simulator bald zeigt. Beim Check vor dem Flug wird dagegen von Piloten penibel Schritt für Schritt durchgegangen, um später nichts zu vergessen oder zu übersehen.

Eine komplexe Situation ist selten völlig ausweg- und alternativlos. Es geht heute auch eher selten um Leben oder Tod. Im dritten Kapitel wurden Ihnen bereits die Reaktionsmuster vorgestellt, die uns seit Urzeiten prägen. Diese können wir nicht einfach abstellen. Irgendwann schalten unsere Sinne auf selektive Wahrnehmung um, etwa wenn der Informationsfluss zu groß wird. Diese Reaktionsweise hat sich bis heute erhalten und ist für das Beherrschen von Komplexität sehr bedeutsam. Unter komplexen Umfeldbedingungen strömen ständig mehrdeutige und widersprüchliche Informationen gleichzeitig auf uns ein. Also sollten wir uns nicht noch durch freiwilliges Multitasking zusätzlich Druck machen.

Menschen, die ständig zwischen verschiedenen Informationsströmen hin- und herspringen, sind weniger leistungsfähig. Die Aufmerksamkeit und die Fähigkeit, relevante Informationen zu bewerten, schwinden. Je nach Ihrer Veranlagung und aktuellen Haupttätigkeit kann sogar das Klingeln eines Telefons dazu führen, dass Sie weniger produktiv und konzentriert sind, auch wenn Sie den Anruf gar nicht annehmen. Beim Schreiben dieses Buchs waren zum Beispiel alle Telefone aus dem Zimmer verbannt. Das habe ich auch gemacht, um nicht in die Versuchung zu kommen, einmal schnell nebenbei zu schauen, was derweil passiert ist.

Insofern sollten wir uns vor der Multitasking-Falle schützen, gerade bei wichtigen und komplexen Aufgaben und Situationen, die uns besondere Energie und Aufmerksamkeit abverlangen. Wir besitzen genügend andere Möglichkeiten, uns auf komplexe Situationen vorzubereiten und akute komplexe Aufgaben erfolgreich zu bewältigen, ohne in hektischen Multitasking-Aktionismus zu verfallen.

Nicht von falschen Vorbildern irritieren lassen

Multitasking wird in der Arbeitswelt mitunter als Zeichnen von Belastbarkeit und Flexibilität bewertet. Anerkennung erhält Hansdampf in allen Gassen. Es werden Gedanken geäußert wie: »Wahnsinn, was der alles gleichzeitig erledigen kann.« Auch wird schon mal ein skeptischer Blick auf die andere Seite des Tischs geworfen, wenn der Kollege gegenüber nur dasitzt und nichts anderes macht, als konzentriert nachzudenken. Auf die Frage, womit der jetzt eigentlich beschäftigt ist, könnte eine Antwort sein: »Mit sehr viel! Er löst eine komplexe Aufgabe.«

Tatsächlich sinkt die Effizienz beim Bearbeiten verschiedener Aufgaben im Vergleich zur seriellen Bearbeitung deutlich und nachhaltig – egal ob dies parallel erfolgt oder abwechselnd für jeweils kurze

Zeit. Der Unterschied ist umso stärker, je komplexer die Aufgaben werden. Das Gehirn filtert Informationen automatisch auf eine von uns noch wahrnehmbare Menge. Das wird sich nicht ändern, selbst wenn die Leistung unserer elektronischen Geräte weiter steigt und wir noch mehr Informationen gleichzeitig erhalten. Unser Gehirn schaltet einfach ab, wenn wir es nicht tun. Multitasking hilft also nicht. Im Gegenteil: Es schafft zusätzlich Komplexität!

Mit Multitasking ist für den Einzelnen also nichts gewonnen. In Unternehmen wird die parallele Bearbeitung verschiedener Aufgaben jedoch häufig als Indiz für die Leistungsfähigkeit von Mitarbeitern interpretiert. Selten wird danach gefragt, ob dies überhaupt zielführend ist und ob es überhaupt sein muss. Multitasking wird als effizient angesehen – der simplen Überlegung folgend, dass Aufgaben so schneller erledigt sein würden. Aber ist schneller auch richtig oder gar besser?

Zum Glück ist das Problem in der Theorie schon länger Thema und es gibt Konzepte für die Praxis, damit niemand in einer Organisation in die Multitasking-Falle gerät. Je nach Branche und Berufsbild unterscheiden sich die Arbeitsprofile und Multitasking-Anforderungen. Sogar in einem Team an der gleichen Arbeitsstätte, wie in einem Krankenhaus beim Pflegepersonal und den Ärzten, können die individuellen Herausforderungen sehr unterschiedlich sein. Auslöser dafür sind Zeitdruck und Zeitdauer, Komplexitäts- und Konzentrationsgrade in der jeweiligen Arbeit. In einem Raum und einem Team können sich sehr differenzierte Anforderungsprofile ergeben, mit dem Thema Multitasking erfolgreich umzugehen.

Unterm Strich müsste Multitasking im Job bei jedem Leser dieses Buchs anders aussehen. Aufgrund der individuellen Vielfalt und Vielschichtigkeit werden daher die wichtigsten grundlegenden Aspekte für den Umgang mit »Multitasking-Druck« betrachtet.

Ein wesentlicher Faktor ist die Frage, inwieweit die Kultur eines Unternehmens und die Arbeitsverhältnisse Multitasking fördern oder sogar erforderlich machen. Nicht nur in Unternehmensberatungen oder IT-Unternehmen, also hochwertigen Dienstleistern, wird in Multitasking mitunter die besondere Einsatzbereitschaft eines Mitarbeiters gesehen. Der Einzelne kann diese Sichtweise nicht ändern, auch wenn er sich entschlossen dagegen stemmt. Falls keine Freiräume geschaffen werden und kein Verständnis für seine Haltung aufgebracht wird, dann sollte er sich irgendwann fragen, ob ein Wechsel des Arbeitgebers nicht die bessere Option ist, als im Unternehmen zu bleiben.

Üblich ist, dass allein durch die zunehmende Komplexität in vielen Berufen der Druck zunimmt, mehrere Aufgaben parallel zu erledigen. Zwar kann ein Unternehmen in diesem Fall die Belastung eindämmen, indem organisatorische Strukturen und Prozesse verbessert werden. Zudem stehen Führungskräfte im Alltag in der besonderen Verantwortung, den eigenen Druck nicht ungefiltert an ihre Mitarbeiter weiterzugeben. Meistens dauert die Anpassung der Verhältnisse aber länger als die Möglichkeiten zur Veränderung unseres Verhaltens. Falls Sie spüren oder sogar fest überzeugt sind, in der »Multitasking-Falle« zu stecken, bietet sich das folgende Vorgehen an.

Der erste Schritt ist, einen Schritt zurück zu machen. Das bedeutet, sich über die eigene Situation und die bestehenden Anforderungen Klarheit zu verschaffen. Wer gerade »gewaltig am Rad dreht«, verliert schnell den Überblick über sein eigentliches Arbeitsprofil: die Aufgaben, die Anforderungen an die eigenen Kompetenzen und die Verantwortlichkeiten der Position. Daraus ergibt sich eine individuelle Mischung. Besonders Routineaufgaben wie Reports erstellen oder die Dokumentenablage können im Zusammenhang mit anderen, anspruchsvolleren Tätigkeiten und bei einer generell hohen Arbeitsbelastung schnell als Last empfunden werden. Die Routinen könnten vielleicht anders organisiert werden, um damit Multitasking zu vermeiden.

Manchmal sehen wir den Wald vor lauter Bäumen nicht und müssen aus dem Wald heraustreten, um wieder klarer zu sehen. Am einfachsten ist es, dafür eine Liste mit drei Spalten anzulegen, in die alle Tätigkeiten der letzten Woche notiert werden: erstens die üblichen Routinen, zweitens die für gewöhnlich anfallenden anspruchsvollen Tätigkeiten und drittens außergewöhnliche Aufgaben, zum Beispiel ausgelöst durch die Auswirkungen von Komplexität. In die Liste tragen Sie außerdem ein, wann Sie was erledigt haben, wie viel Zeit Sie dafür benötigt haben, ob diese ausreichend war und wo es inhaltliche oder zeitliche Überschneidungen gab. So können Sie auf einen Blick mögliche Ursachen für Ihr Multitasking erkennen wie das Zusammenfallen von vorgegebenen Arbeitsabläufen und unvorhergesehenen Aufgaben. Und Sie können erste Möglichkeiten zur Optimierung entdecken, etwa Routinearbeiten besser »einzutakten«.

Überraschungen sind dabei nicht ausgeschlossen. Ich habe zum Beispiel festgestellt, dass Routineaufgaben eine sehr gute Gelegenheit zum Durchschnaufen sind. Täglich darf ich dokumentieren, welche Leistungen ich für meine Kunden erbracht habe. Für diese jeweils zehn bis 15 Minuten ist keine bestimmte Uhrzeit vorgesehen, sie sind aber optimal geeignet, um die Ergebnisse eines Tages Revue passieren zu lassen und neue Gedanken zuzulassen. Oder wenn ich anstrengende Tagungen oder Konferenzen mit straffen Tagesabläufen moderiere, baue ich für mich »tolle fünf Minuten« ein. Das mache ich auch zwei- oder dreimal, je nach Bedarf, Lust und Laune: Statt in jeder freien Minute noch mal den Ablauf durchzugehen, gleichzeitig Mails zu bearbeiten und vielleicht noch einen Kunden anzurufen, mache ich etwas völlig anderes. Die einzige Bedingung ist, nur einen Daten- oder Informationskanal zu nutzen. Das kann ein kurzes Snowboardvideo sein, das gepostet wurde und das ich mir anschaue, oder ich blättere in einer Zeitung, die im Tagungsfoyer liegt. Mein Kopf wird »befreit« und frei für die nächsten anspruchs-vollen Aufgaben, bei denen ich Wissen abrufe.

Der zweite Schritt ist, nachdem Sie Ihre Multitasking-Anforderun-gen analysiert haben, bei Bedarf Ihre Arbeitstechniken weiterzuent-wickeln oder neue Arbeitshilfen einzusetzen beziehungsweise ganz neue Bewältigungsstrategien zu etablieren. Vor allem hier im dritten Teil des Buchs finden Sie etliche Anregungen, wie der Druck zum Multitasking reduziert und Multitasking auf die einfachen Tätigkei-ten beschränkt werden kann. Häufig ist das Ergebnis nicht revoluti-onär, wie mein Beispiel zeigt. Zudem kann der Austausch mit Lei-densgenossen Sie inspirieren. Empfindungen und Erfahrungen zu teilen, Ideen und Lösungen zu diskutieren kann sehr befruchten.

Zunächst steht eine Optimierung unseres Verhaltens im Vorder-grund, um das Multitasking zu begrenzen, etwa auf die Zeiten von Routinetätigkeiten. Dann kann Multitasking positiv wirksam wer-den, indem lästige Pflichtaufgaben schneller erledigt werden kön-nen. Eine neue Strategie zu entwickeln, dabei zum Beispiel sein Ziel-haus zu renovieren, sollte erst in Erwägung gezogen werden, wenn eine Verhaltensänderung keine Besserung nach sich zieht, unwirk-sam ist. Dann liegt das eigentliche Problem woanders, zum Beispiel sich grundsätzlich und permanent zu überfordern. Unsere Ziele soll-ten nicht so sein, dass deren Erreichung nur durch paralleles Bear-beiten von Aufgaben erreichbar ist. Multitasking sollte »nur« eine Auswirkung von komplexen Umfeldern und Systemen sein, in de-nen wir agieren.

Drittens müssen wir unsere Fortschritte im Blick haben und je nach Ergebnis an unserem Verhalten arbeiten. Wie funktionieren die frisch etablierten Routinen oder neuen Hilfsmittel? Wie zufrieden bin ich, fühle ich mich besser? Durchaus kann zur Beantwortung erneut ei-ne Übersicht wie im ersten Schritt erstellt werden. Dann sehen Sie, ob Sie Ihren Absichten nähergekommen sind. Und Sie erkennen im direkten Vergleich der Listen, was sich verändert hat und ob dies für Sie positiv ist. Insgesamt ist der Umgang mit dem Druck und Drang zum Multitasking insofern ein schönes Beispiel, um einen eigenen Rhythmus zu finden. Denn genau darum geht es beim Googelsieren. Und dabei hilft auch die Schar tausendfacher technischer Hilfsmittel nicht, die uns allen neuerdings leicht verfügbar bereitstehen.

Helfern nicht auf den Leim gehen

Das Internet bietet uns Möglichkeiten für jede Lebenslage. Hunderttausende Apps sind im Angebot, um uns die Selbstorganisation und den Berufsalltag zu erleichtern. Die Anwendungen können aber nicht »riechen«, worauf es uns ankommt und wo unsere größten Herausforderungen liegen, kurz: Wobei und wie sollen uns Apps eigentlich helfen?

Wir selbst müssen entscheiden, was wir brauchen, zum Beispiel um etwas Bestimmtes umzusetzen. Das Paradoxe ist, dass diese neuen technischen Hilfsmittel kontraproduktiv sind, wenn wir sie »einfach mal so runterladen«, weil sie gut bewertet sind oder wir einen Tipp bekommen haben, dass eine Anwendung »der Hammer sei«, was alles damit erledigt werden könnte. Apps werden erst recht installiert, wenn die Basisversion kostenlos verfügbar ist. »Schadet ja nicht«, denken wir dann. Es schadet aber doch: Wir erhöhen unnötig die Komplexität und sorgen für dauerhaftes Multitasking durch die parallele Nutzung von Apps. Sie denken vielleicht, ich überziehe jetzt. Warum gibt es denn inzwischen Apps zum Sortieren von Apps oder Möglichkeiten zum Zusammenführen unserer »Postings« im Internet? So weit sind wir schon, dass wir Hilfsmittel brauchen, um Hilfsmittel einsetzen zu können. Das alles ist nicht weiter bedenkenswert, soweit wir die Kontrolle darüber nicht abgeben.

Jeder kann für sich herausfinden, bei welchen Aufgaben er oder sie mit welchen Arbeitstechniken am produktivsten ist und umgekehrt, wo sie oder er Unterstützung gut gebrauchen könnte und dankend annehmen würde. Die Voraussetzungen dafür sind die gleichen wie beim Googelsieren, die Sie vor allem im ersten Teil des Buchs kennengelernt haben: Ziele und eine klare eigene Erwartungshaltung gehören genauso dazu wie das Wissen darum, nicht alles über sich selbst erfahren zu können und zu müssen.

In diesem Bewusstsein können Sie dann auch die Anwendungen einsetzen, die Ihnen die Selbstanalyse erleichtern sollen, wie das Verfolgen Ihrer Arbeitszeiten und Tätigkeiten bis hin zur Erfassung Ihrer Körperfunktionen. Die Ergebnisse, die Sie erhalten, sind nicht »in Stein gemeißelt« oder unumstößliche Wahrheiten, denen Sie folgen müssen. Sie dienen Ihnen nur als Hilfsmittel, wenn Sie für sich erkannt haben, diese sinnvoll gebrauchen zu können. Sonst heißt »Einfach machen«, es sein zu lassen!

An dieser Stelle sollen allgemeine Hinweise genügen, wie Anwendungen zur Selbstanalyse eingesetzt werden können, ohne auf einzelne Apps im Detail einzugehen. Dazu entwickelt sich das entsprechende Angebot zu rasant, um Ihnen vertrauensvoll Empfehlungen zu geben. Das gilt vor allem für Geräte im Bereich Gesundheit wie Smartwatches, die unsere Körperfunktionen erfassen, darüber informieren et cetera. Aber auch für unser Denken gibt es spannende Anwendungen, die nicht nur den Umfang und die Art unserer Arbeit verfolgen. Im Onlinezeitalter lassen sich auch Daten auswerten, die darüber Auskunft geben, wie affin Sie für Multitasking sind und wie Ihnen geholfen werden kann, die Informationsströme besser zu managen. Unser Klickverhalten im Internet wird ohnehin über den Browser verfolgt. Anwendungen visualisieren, welchen Pfaden Sie aufmerksam folgen und wie Sie verschiedene Themen bearbeiten. Aus diesem »Surfmuster« ergeben sich Empfehlungen, wie Sie Ihr Startfenster optimal einrichten, um die für Sie relevanten

Informationen auf den ersten Blick zu erhalten. Gleiches gilt für die Nutzung von Apps auf dem Smartphone. Hier könnten Sie einwenden, dass Sie ganz gut sortiert sind und gewichten können. »Tracken« Sie aber wirklich Ihre Nutzung und optimieren Sie mit wachsender Anzahl der Apps deren Anordnung? Keine Sorge, auch dazu liegen den Anbietern bereits Erkenntnisse vor.

Eine Auswirkung der komplexitätsbedingt ständig wechselnden Anforderungen an Sie zum Multitasking könnte sein, dass Ihnen nicht (mehr) so richtig klar ist, wann und wie Sie am besten welche Aufgaben konzentriert erledigen können. Tendenziell schotten wir uns ab, um nachdenken zu können. Machen wir das auch in ausreichendem Maße? Natürlich gibt es auch hierfür eine Anwendung, die gekoppelt an Ihren elektronischen Kalender, ausgehend von Ihrem Surf- und Mitteilungsverhalten Ihren Arbeitsrhythmus identifiziert. Die App weiß aber nicht, was Sie in der Zwischenzeit ohne Smartphone gemacht haben – Sie hingegen schon. Daher notieren Sie sich bitte, wann Sie mit Ihren Arbeitsergebnissen zufrieden waren oder das Gefühl hatten, besonders produktiv zu sein. Aus der Kombination der Informationen aus den Apps und den eigenen Aufzeichnungen ergeben sich dann erneut Muster, die Ihnen Hinweise geben, inwieweit Sie den Herausforderungen im Arbeitsalltag am besten gewachsen sind.

Mit diesem Wissen gewinnen Sie vor allem Freiraum zum Googelsieren, wozu das konzentrierte Nachdenken von Vorteil ist. Erneut ist Google Vorreiter dafür, wie die eigene Arbeit am besten zu organisieren ist. Diesmal gelingt diese Vorbildfunktion nicht aufgrund eines Algorithmus, sondern wegen des Rhythmus der Ingenieure im Unternehmen. Quasi im Selbstversuch wurde die oben genannte Anwendung getestet und weiterentwickelt. Im Ergebnis stellten einige Teilnehmer fest, dass sie offenbar längere Zeitkorridore einplanen sollten, um schwierige Projekte erfolgreich fertigstellen zu können. Im Einzelfall entschieden sich Mitarbeiter, wenn nötig einen halben Tage offline zu sein. Und wie könnte es anders sein: Natürlich gibt es auch eine Anwendung, die daran erinnert, sich an den eigenen Rhythmus zu halten, wenn zum Beispiel im Kalender zu wenig Freiräume für anspruchsvolle Aufgaben gelassen werden.

Aufgaben altmodisch strukturieren

Bei allem Potenzial, das die Anwendungen bieten, sollten wir uns nicht »ver-appen« lassen, also die Hoheit über unseren Umgang mit Komplexität nicht abgeben. Dazu würde es kommen, wenn wir nur danach strebten, einen Eintrag zu erledigen, eine Anwendung abzuarbeiten oder sogar stoisch den Anweisungen einer App zu folgen. »Einfach machen« bedeutet nicht, sich zufrieden zurückzulehnen, wenn alle Häkchen gesetzt und alle Meldungen zur Kenntnis genommen wurden. Anwendungen sollen die Arbeit erleichtern und nicht abnehmen. Vor allem können unser Smartphone, Timer & Co. uns nicht dabei helfen, dass wir uns unserer täglichen Ziele und Leistungen bewusst werden. Neben Routineaufgaben im Job sollte jeder von uns mit allen Sinnen erfassen, was ansteht. Schriftlich, mithilfe von Blatt und Stift, sollten wir festhalten, was wir am jeweiligen Tag vorhaben.

Unser Gehirn ist der beste Organizer, dem wir die Chance geben sollten, sich auszudrücken und dann zu sortieren, ohne große Raster und ohne Einschränkungen. Alle elektronischen Helfer haben nicht diese Haptik und Sinnlichkeit, für uns Aufgaben mit Hand und Herz entwickeln zu lassen. Eigenhändig zu schreiben, zu kritzeln und durchzustreichen ist viel emotionaler als jeder elektronisch erfasste Eintrag, dessen Ändern und Löschen. Diese für uns Menschen so wichtige Erfahrung, die eigene Entwicklung zu erfassen und buchstäblich zu sehen, ermöglicht nur ein Buch oder Papierkalender. In meinem Kalender steht:

➤ Notizen werden durchgestrichen, wenn sie sich erübrigt haben.

➤ Notizen werden eingekreist, wenn weiterhin Handlungsbedarf besteht, ich besser werden und mehr tun muss.

➤ Notizen werden mit Sternchen und Anmerkungen versehen, nachdem ich etwas geschafft habe.

Das ergibt ein buntes Bild, das mir häufig zeigt, das Erwartete übertroffen zu haben. Wir machen uns unsere täglichen Fortschritte und Erfahrungen nicht mehr ausreichend bewusst. Und gerade die sind es doch, die uns den Zielen näherbringen und über Durststrecken hinweghelfen. Wie sagen die Chinesen: »Auch ein Weg von 1.000 Meilen beginnt mit einem ersten Schritt.« Den kann jeder täglich tun. Auch unsere To-do-Listen sollten wir »optisch« anreichern, um die Qualität der einzelnen Ergebnisse zu bewerten. Einfache Zeichen sollten genügen. Ich verwende zum Beispiel Plus- und Minuszeichen. Angefangen bei:

➤ ++, wenn ein Auftrag besser als gedacht erledigt oder ein neuer Kunde gewonnen wurde, über

➤ O, wenn ein Ergebnis noch keine Bewertung zulässt und nochmals herangegangen werden muss, bis zu

➤ – –, wenn ein Ziel selbst verschuldet und aus Nachlässigkeit heraus verfehlt wurde.

Es gibt viele Methoden, sich tägliche Fortschritte bewusst zu machen. Eine ist die Antwort auf die Frage, die zum Eingang zu unserem Zielhaus passt: Was ist mir heute am wichtigsten und unbedingt zu erreichen oder zu erledigen? Die dringenden Dinge prasseln ohnehin auf uns ein. Damit unser Wunsch, täglich kleine Fortschritte zu machen, nicht ein frommer Wunsch bleibt und das für uns

Wichtige nicht hinter dem Dringenden des Alltags ansteht, brauchen wir Luft – in unserem Kopf und im Kalender.

Tipps zu diesem Kapitel

➤ Eigene Aufgaben staffeln: Reduzieren Sie Ihren Druck zum Multitasking.

➤ Anwendungen bewusst auswählen: Nur was Sie brauchen und nutzen, sollten Sie auch herunterladen und einsetzen.

➤ Papier hält länger: Halten Sie Ihre eigenen Fortschritte handschriftlich und gut sichtbar fest.

15. Weniger verplanen

Unser wertvollstes Gut kostet nichts, ist knapp bemessen und verrinnt unerbittlich: die Zeit. Wer 80 Jahre lebt, dem bleiben knapp 30.000 Tage, um aus seiner Existenz etwas zu machen. Rund ein Drittel der Lebenszeit verschlafen wir und ein Sechstel geht drauf für das leibliche Wohl, also Einkaufen, Kochen, Essen, Waschen und Ähnliches. Dazu kommen die Pflichten als Bürger einer modernen Gesellschaft, Schulbesuch und Ausbildung eingeschlossen. Je nach Umfeld und Familie kommen noch weitere Aufgaben dazu, die wir übernehmen möchten oder müssen. Alles in allem ist unser Leben also ziemlich verplant, ob wir wollen oder nicht, die Berufstätigkeit nicht mitgerechnet. Wer von Ihnen mehr als ein Viertel seiner Lebenszeit frei einteilen kann, kann von Glück reden.

Jede Stunde ist wertvoll. Also wäre es doch am besten, jede Minute exakt zu planen, könnten Sie spontan denken. Denn was wertvoll ist, sollte niemand fahrlässig verschenken. Das stimmt. Und deshalb sind Freiräume wichtig, die nicht verplant sind. Wir brauchen freie Zeit, um uns zu finden und immer wieder neu die richtigen Schwerpunkte zu setzen. Nur dann können wir die komplexitätsbedingten Impulse für uns nutzbar machen. Je mehr jeder einzelne Tag und das gesamte Leben »durchgetaktet« sind, desto größer ist das Risiko, etwas zu verpassen, das nur in einer bestimmten Lebenssituation erreichbar ist. Wir brauchen etwas frei verfügbare Zeit, um die Geschenke der Komplexität aufgreifen zu können, wann immer der eingeschlagene Weg sie bereithält. Durch Googelsieren verplanen wir weniger Zeit, um nichts Wichtiges in unserem Leben zu versäumen.

Die Digitalisierung zwingt uns, mehr Zeit als nötig zu verschwenden, und setzt uns immer stärker unter Zeitdruck. Das vorherige Kapitel hat gezeigt, wie wir unseren allgegenwärtigen elektronischen Helfern nicht die Kontrolle über unser Verhalten überlassen und Zeitfresser in den Griff bekommen. Dennoch bleibt der Zeitdruck, der zum Beispiel durch die Bewältigung der Nachrichtenflut entsteht. Mit schätzungsweise zehnmal mehr Kommunikationsverbindungen als vor 20 Jahren müssen wir im Schnitt beruflich umgehen, wobei diese Angabe variiert. Denn es ist ein Unterschied, ob Sie Handwerker sind oder in einem Internetunternehmen arbeiten. Im privaten Umfeld ist der Anstieg der Mittel zur Kommunikation noch stärker, da damals in der Regel nur das Telefon und der Brief als Medium zur Verfügung standen. Jugendliche bewältigen heute teilweise an einem Tag mehr Nachrichten als früher innerhalb eines ganzen Monats oder Jahrs. Wenn Sie nur daran denken, wie oft Sie zueinander in Kontakt treten müssen, um einen Termin zu vereinbaren! Ich wurde schmunzelnd von meiner Tochter gefragt, warum ich nur einmal kurz von zu Hause telefoniere, um für das nächste Wochenende eine Verabredung zu treffen, wenn man dazu eine ganze Woche lang 20 Nachrichten senden kann.

Wenn wir bereits bei Alltäglichem die Komplexität künstlich erhöhen, wie sollen wir dann für das Beherrschen von Komplexität wie zum Beispiel durch die beruflich bedingte Nutzung neuer Technologien noch ausreichend Zeit haben? Das zeitfressende Bearbeiten von Dringendem verdrängt zu häufig das zeitaufwendige Beherrschen des Wichtigen. Das gilt immer mehr – wenn wir nicht gegensteuern und uns aktiv Freiräume schaffen. Darum geht es nun: Wie können wir planvoll weniger Zeit verplanen?

Mehr Zeit für nichts

Wir verhalten uns, wie Psychologen sagen, immer häufiger »dys-funktional«. Wir agieren in Bezug auf die Ziele, die wir verfolgen, nicht zweckmäßig. Darin entwickeln einige Mitmenschen großes Geschick, zum Beispiel durch Multitasking, das mehr Zeit kostet, als dadurch gewonnen wird. Ich habe Kunden schon stolz berichtet, wie viele E-Mails sie in Besprechungen bearbeitet haben (das ist kein Witz!). Beiläufig folgte von deren Seite dann der Hinweis: »Aber wir müssen uns noch mal treffen. Das Meeting brachte nicht das, was wir wollten.« Ein weiterer Termin musste abgestimmt werden und viele Kollegen mussten mehr Zeit einplanen, als sie ursprünglich vorgesehen hatten. Eine weitere Unsitte ist es, wenn aus Konferenzen herausgerannt wird, weil etwas Dringendes »anbrennt« und danach alle wieder auf einen gemeinsamen Stand gebracht werden müssen – was wieder entsprechend Zeit kostet. Die Beispiele lassen sich beliebig fortsetzen. Unterm Strich bestätigen viele Untersuchungen die alltägliche Erfahrung, dass je nach Branche, Größe und Struktur eines Unternehmens mindestens 20 Prozent der Arbeitszeit vergeudet werden, sprich: Die Zeit hätte eingespart werden können, ohne ein schlechteres Ergebnis zu erzielen.

Zum Thema Zeitmanagement gibt es eine Vielzahl an Ratgebern, die teilweise gute Hinweise enthalten, wie wir angesichts der Digitalisierung unser Zeitbudget besser beziehungsweise optimal ausschöpfen können. Sie alle haben einen gemeinsamen entscheidenden Schwachpunkt: Immer geht es darum, innerhalb der gleichen Zeit mehr erledigen zu können. Dem Googelsieren dient diese Optimierung zum Zeitgewinn jedoch zunächst gar nicht. Zumindest nicht im Fall von im Voraus Geplantem, das dringend erledigt werden müsste. Es geht um Zeit für das Wichtige, das Unbekannte und Ungewisse, das uns Komplexität beschert, und das ist nicht planbar. Dieser persönliche Freiraum an Zeit ist umso wichtiger, je stärker Sie im Berufsalltag auf Effizienz getrimmt werden und die Produktivität ein wichtiger Maßstab ist, wie zum Beispiel bei vielen Dienstleistungen rund um den Kundenservice. Je wertvoller und engmaschiger Ihre Zeit strukturiert ist, desto wichtiger werden Freiräume, die ohnehin schon rar gesät sind. Einige Unternehmen haben das bereits erkannt und überlassen den Mitarbeitern in der Arbeitszeit frei planbare Zeitkontingente, um Projekte und Themen voranzutreiben, die sie zur Erreichung der Unternehmensziele für wichtig erachten oder wo sie ihre Kompetenzen besonders gut einbringen können.

Auch in unserer persönlichen Planung sollte eingesparte Zeit nicht sofort wieder verplant werden. Wir sollten immer »noch etwas Luft haben« und nur in Ausnahmefällen an unser körperliches und geistiges Limit gehen, wie es zum Beispiel in zeitlich klar abgegrenzten Projekten oder bei der Vorbereitung auf Prüfungen der Fall ist. Dann können wir für einige Wochen alle Energie dafür mobilisieren und auch das Risiko eingehen, rechts und links des Wegs etwas zu verpassen. Dies sollte jedoch die Ausnahme bleiben und nicht zur Regel werden. Wenn wir ständig auf dem höchsten Leistungsniveau agieren, permanent verschiedene Bereiche koordinieren und emotional eine Grenze erreichen, erhöht jede kleine zusätzliche Aufgabe die Komplexität überproportional und unser ganzes Streben und Schaffen werden plötzlich zur Herausforderung. Das berühmte Fass kommt dann schnell zum Überlaufen, wenn wir ohne Unterlass 100 Prozent Leistung bringen.

So schaffen Sie für sich mehr Zeit zum freien Planen – auf der persönlichen Ebene, zusammen mit anderen und im Unternehmen:

➤ *Zeitkonten einführen:* Wenn Zeit Geld ist, können Sie für bestimmte Tätigkeiten ein Budget ansetzen, das irgendwann aufgebraucht ist. Legen Sie für sich oder ein Team für bekannte »Zeitfresser« ein Jahresbudget fest. Dagegen buchen Sie die tatsächlichen Aufwendungen an Zeit, die Sie zur Erledigung aufwenden. Ziel sollte sein, zehn Prozent weniger Zeit zu benötigen als geplant. Beginnen

Sie mit der »Buchführung« des aktuellen Zeitverbrauchs zum Beispiel für Ihre Meetings in einem Monat und prognostizieren Sie daraus den zeitlichen Aufwand aufs Jahr gerechnet. Wichtig ist, das Budget visuell darzustellen, etwa durch eine Säule oder einen Kuchen, der immer kleiner wird. Wenn Sie sehen, dass es zeitlich langsam eng wird, werden Sie sich genau überlegen, ob ein Meeting notwendig ist oder ob es nicht kürzer sein kann.

➤ *Zeit verkürzen:* Die Einrichtung von Zeitkonten ermöglicht Rituale. Auch für einzelne »Zeitfresser« können ritualisierte Abläufe eingeführt werden, wie etwa für die Bearbeitung von E-Mails. Ebenso hilfreich ist es, sich strikt an bestimmte Tageszeiten zu halten, in denen berufliche E-Mails erledigt werden. Das fördert Ihre Konzentration und schafft Freiräume. Diese »Slots« können über den Tag verteilt sein, wie beispielsweise drei Mahlzeiten auch drei E-Mail-Zeiten einzuführen. Ihrer Kreativität sind keine Grenzen gesetzt. Machen Sie es von Ihrer Tätigkeit oder Ihrem Bedarf abhängig. Nur eins ist wichtig: Die Zeiträume dürfen nicht überschritten werden. Besteht die Gefahr, überlegen Sie sich genau, ob Sie wirklich noch eine weitere E-Mail schreiben müssen oder diese nicht kürzer sein kann.

➤ *Komfort reduzieren:* Luxus führt zu Verschwendung. Wenn Sie ein Treffen im Stehen abhalten, zum Beispiel ein sogenanntes Shop-Floor-Meeting in der Produktion, dann kommen Sie wesentlich schneller auf den Punkt. Eine gemütliche Atmosphäre verlängert im Alltag Diskussionen unnötig. Unliebsame Tätigkeiten sollten auch unliebsam sein nach dem Motto »Bloß schnell raus und weg hier«. Je einfacher Sie E-Mails beantworten können, zum Beispiel mit der Sprachfunktion des Mobiltelefons, desto mehr Nachrichten versenden Sie – weil es ja so unkompliziert ist. Ist es aber auch notwendig, das E-Mail-Pingpong fortzusetzen? Zum »Einfach machen« im Umgang mit Komplexität ist diese Vereinfachung nicht geeignet, weil wir unsere gewonnenen Kapazitäten dabei verschwenden. Sinnloses sollte erschwert werden, um Sinnvolles einfacher erledigen zu können. Stellen Sie sich vor, Sie müssten alle E-Mails per Hand schreiben und per Post versenden. Sie würden sich zweimal überlegen, ob Sie zur Feder greifen. Dann lieber zum Telefon, um kurz etwas zu klären.

➤ *Zeit »freiplanen«:* Luft im Kalender zu lassen ist leicht geschrieben und gesagt, in der Praxis zu Ihrem Leidwesen aber häufig eine große Herausforderung. Überlisten Sie sich und andere, indem Sie Freiräume fest einplanen, statt alles zu verplanen. Weichen Sie nur in Ausnahmefällen davon ab. Dazu zählen zum Beispiel feste Zeiten für den Sport, ob vor oder nach der Arbeit, oder für den wöchentlichen Kino- oder Theaterbesuch an einem bestimmten Tag. Auch wenn Sie dann letztlich zu Hause bleiben, ist die entsprechende Zeit »freigeplant«. Wenn Ihr Kalender von anderen »vollgeknallt« wird, reservieren Sie sich jede Woche unter einem anderen Projekttitel Zeit zum »Freiplanen«. Wichtig ist, das wenn ein anderer Termin dazwischenkommt, der nicht verschoben werden kann, der Freiraum an anderer Stelle eingeplant wird. Sonst ist irgendwann keine Luft mehr zur »Freiplanung«.

➤ *Zeitziele setzen:* X-fach postuliert und doch nicht immer realisierbar sind zum Beispiel klare Tagesordnungen, nicht nur auf einzelne Meetings, vielmehr auf die eigene Arbeit als Ganzes bezogen. Weniger ist mehr: Nehmen Sie sich eine Sache vor, die Ihnen an einem Tag wichtig ist zu erreichen. Mehr nicht. Das kann etwas Großes oder Kleines sein. Das spielt keine Rolle. Gerade vermeintlich Nebensächliches wie einen Gedanken zum Abschluss zu führen oder eine gewisse Anzahl potenzieller Kunden anzusprechen kann die Voraussetzung schaffen, etwas zukünftig Großes aufzubauen. Kleine alltägliche Verbesserungen, um Zeit zum Googelsieren zu gewinnen, kann Ihr Großes und Ganzes positiv beeinflussen.

Für alle Punkte gilt, was beim ersten Punkt »Zeitkonten einführen« bereits genannt wurde: Wir sollten uns unsere Zeit vor Augen führen, das, was wir machen, und welchen Effekt unser Umgang mit Zeit erzielt. Die neuen digitalen Helfer sind hier zweckdienlich, uns dabei zu unterstützen, die eigenen Ziele zu erreichen. Bleiben wir beim Beispiel E-Mail: Sie können sich vornehmen, zehn Prozent weniger Mails zu versenden. Sie können dies tagesaktuell verfolgen und eine Übersicht erstellen, ob Sie Fortschritte machen. Besonders wenn Sie beruflich viele E-Mails unverlangt erhalten, können Sie sich überlegen, wann Sie antworten oder es einfach einmal sein lassen. Sie können beschließen, alle Mails, die Sie in cc erhalten, nicht zu beantworten. Noch ein Beispiel: Sie können sich vornehmen, 80 Prozent Ihrer »Freiplanung« zu erreichen, und sich über eine Alarmfunktion darüber informieren lassen, wenn Sie dem Ziel näherkommen. Wenn dies nicht eintritt, müssen Sie besser aufpassen, dass Ihrer »Freiplanung« nichts dazwischenkommt.

Sie sehen: Es gibt je nach Bedarf und Zeitdruck, den Sie empfinden, sehr viele Möglichkeiten, sich Zeiträume zu schaffen, die weniger verplant sind. Idealerweise entsteht ein Automatismus und fließender Rhythmus in unserer Zeitplanung, den wir nicht mehr kontrollieren müssen. Für den Anfang bietet sich, wie beim Reduzieren des Gewichts, regelmäßiges Überprüfen an, um die Fortschritte zu erkennen und bewusst wahrzunehmen. Damit entwickeln wir ein Gefühl dafür, wie wir am besten weniger Zeit verplanen, ohne uns dauernd daran erinnern zu müssen.

»Freiplanung« flexibel gestalten

Eigene Rituale und Kontrollmechanismen sind für Sie mehr oder weniger wichtig, die permanente Zeitverschwendung und den ständigen Zeitdruck zu beenden oder zumindest deutlich zu reduzieren. Die Übergänge sollten fließend sein, weniger Verplanen sollte mit weniger Planen einhergehen. Komplexität bedingt eine immer geringere Planbarkeit, was sich innerhalb eines einzelnen Tages bemerkbar machen kann. Ebenso wenig lässt sich Googelsieren zeitlich fest einplanen. Es findet meist laufend und manchmal schubartig statt, je nach Bedarf und Situation.

»Freiplanung« ermöglicht ein harmonisches Work-Life-Blending. Wichtige Faktoren dabei sind Ihr persönlicher Arbeitsstil und Ihre Lebensweise, die Sie sich angewöhnt haben, weil Sie sich gut damit fühlen. Ich bin morgens besonders produktiv und erledige sehr viel in kurzer Zeit oder bearbeite sehr komplexe Themen konzentriert. Kollegen von mir kommen vor neun Uhr morgens überhaupt nicht »in Tritt« und bekommen keinen ordentlichen Gedanken gefasst. Dagegen sind sie am Abend voll da, wenn ich froh bin, meine Ruhe zu haben, zumindest von allen Nachrichtenkanälen und Informationsflüssen.

Abhängig von Ihren produktiven Zeiten und vorgegebenen Terminen ergibt sich ein tagesaktueller Wechsel von Spannung und Entspannung. Auch um unser »natürliches Doping« in Form von Adrenalinschüben nutzen zu können, sollte eine flexible »Freiplanung« möglich sein, die Ihnen zur Gewohnheit werden sollte. Darin eingeschlossen sind:

✓ *Schöpferische Pausen,* die ein kurzes »Runterkommen« ermöglichen: Zwei- oder dreimal zehn bis 15 Minuten sollten Sie im Alltag fest einplanen, um im Ausnahmefall den Kopf frei und die Zeit zu haben, neue Anforderungen zu bewerten und Planungen entsprechend anzupassen. Eine Ausnahmesituation und unerwartete Komplexität gleichzeitig beherrschen geht nicht ohne den nötigen Raum zum »Freiplanen«.

✓ *Puffer lassen,* die nicht benötigt werden: Um Zeitdruck und völliger Verplanung vorzubeugen, hilft zum Beispiel, Termine nicht

»Spitz auf Knopf« zu planen. Die Nutzung der eigenen Ressourcen sollte so weit wie irgend möglich Puffer einschließen. Dazu zählt, die Vorbereitungen für eine Prüfung oder Präsentation bereits einige Tage zuvor abzuschließen. So entsteht Freiraum, sodass wir keine Panik bekommen, wenn im weiteren Verlauf Unerwartetes oder Aufgaben dazwischenkommen, die nicht verschoben werden können. Denn genau in dieser Zeit passen Störungen wie diese uns gar nicht »in den Kram«.

✓ *Nicht hinterherlaufen,* was wir noch erledigen müssen. Die Spirale unerledigter Arbeiten, die wir eingeplant, aber nicht geschafft haben, setzt uns künstlich unter Druck. Neben Vorgaben, die wir ohnehin beruflich oder privat erfüllen müssen, entstehen so unnötig Stresssituationen. Besser wäre ein Zeitkorridor für Tätigkeiten, die möglichst vor dem vorgegebenen oder einem selbst gesetzten Termin abgeschlossen sind.

✓ *Weniger aufschieben,* das sofort erledigt werden kann: Ein weiterer Ansatz ist, kleine und kurzfristige Arbeiten, die keine intellektuelle Höchstleistung erfordern und emotional unbedeutend sind, ohne Verzögerung sofort und vollständig zu erledigen – und nicht aufzuschieben. Gerade ungeliebte Tätigkeiten werden dadurch erst unnötig relevant. Sie verfolgen uns, sie nicht zu erledigen wird zur Bürde, die wir uns gar nicht auferlegen müssen. Durch das sofortige Angehen lästiger Alltagsgeschäfte schaffen wir Raum für die wirklich komplexen Aufgaben, neue überraschende Anforderungen und verfangen uns nicht im Dickicht des »Kleinkrams«. Indem Sie in Ihrem eigenen Rhythmus Nullachtfünfzehn-Nachrichten und -Anliegen sofort erledigen, sollte sich zum Beispiel kein erdrückender Berg an E-Mails aufbauen.

Ich mache mir stets einen groben Wochenplan, der drei bis vier wichtige Arbeiten enthält, die ich auf Reisen oder zwischen Kundenterminen gut erledigen kann. Um diese beruflichen oder privaten

Eckpunkte ranken sich dann andere, ständig wechselnde neue Themen. Dazu gehörte zum Beispiel über mehrere Monate das Schreiben dieses Buchs. Dafür gab es keinen festen Zeitkorridor, der »freigeschaufelt« werden musste. Gemäß meines Arbeitsstils, Ideen und Argumente überall und jederzeit zu notieren, und meiner Fähigkeit, beim Schreiben mich zu fokussieren und alles um mich herum auszublenden, wusste ich, wie viel Zeit ich benötigen würde. Eine entsprechende Anzahl halber Tage setzte ich an, die ich fortlaufend in meinen Wochenablauf einbaute, um bis zur vereinbarten Manuskriptabgabe fertig zu sein. Wann genau ich am Schreibtisch sitzen würde, wusste ich zu keinem Zeitpunkt. Das ergab sich fast immer tagesaktuell.

Insgesamt bin ich darauf vorbereitet, konzentriert die wichtigen Arbeiten zu erledigen und währenddessen die dringenden, plötzlich auftretenden Aufgaben zu berücksichtigen – und nicht umkehrt, sodass wichtige Aufgaben laufend von dringenden Themen überlagert werden. Selten kommt es zu Situationen, in denen wirklich alles auf einmal auf dem Tisch liegt. Verschiedene Arbeiten und Aufgaben zu koordinieren und zu strukturieren, um Komplexität zu beherrschen, kann Ihnen übrigens kein Chef abnehmen. Wie soll jemand anders Ihre Informationsflut einschätzen und die Arbeitsprozesse für Sie planen können? Insofern ist es eine Unsitte vieler Unternehmen, dass jeder Mitarbeiter bei anderen Termine eintragen kann, ohne eine Rückbestätigung einzuholen. Aber das ist so, weil es angeblich »effizient« ist. Umso wichtiger ist die eigene »Freiplanung«, um jeglichem »Terminterror« mit einem Lächeln begegnen zu können.

Entscheiden und der Mut zur Lücke

Die beste Vorbeugung hilft nicht immer. Wegen der vielen Einflussfaktoren, denen wir unterliegen, können wir nicht verhindern, dass mehr zu erledigen ist, als wir fähig und bereit sind zu schaffen. Trotz optimaler Vorbereitung entstehen immer noch Situationen, in denen wir uns der Komplexität aller Aufgaben nicht gewachsen fühlen – selbst wenn uns alle Instrumente, die Sie in diesem Kapitel kennengelernt haben, zur Verfügung stehen. Dann hilft ein Blick zurück auf andere Aspekte beim Googelsieren. Dazu zählt vor allem selbstbewusstes Entscheiden mit Mut zur Lücke, um Prioritäten zu setzen.

Googelsieren bedeutet einerseits, sich zu fordern und tendenziell eher zu überfordern. Andererseits beinhaltet die Fähigkeit auch, bewusst zu entscheiden, was nicht geht. Die Parameter dafür, eine akute Überforderung zu vermeiden und Zeit zum »Freiplanen« zu gewinnen, sind folgende: erstens uns vorrangig auf Tätigkeiten konzentrieren, in denen wir kompetent und erfahren sind. Zweitens gute Skalierbarkeit oder absehbare Reduzierbarkeit einer Tätigkeit im weiteren Verlauf, um den Zeitaufwand flexibel dem tatsächlichen Bedarf anzupassen.

Heutzutage wird es in vielen Unternehmen nicht mehr als Schwäche angesehen, sich konstruktiv mit den eigenen Grenzen zu beschäftigen. Vorgesetzten oder Lehrern sollten wir deutlich machen, dass wir die eine oder andere Aufgabe nicht übernehmen können. Zugleich sollten der Grund dafür konkret benannt und Alternativen aufgezeigt werden. Wer von Ihnen auf Widerstand stößt, wenn er offen eine mögliche zeitliche Überforderung anspricht, kann verdeutlichen, dass Vorbeugen besser ist, als im Nachgang Fehler und Probleme aufzuarbeiten, die absehbar gewesen sind. Sie können sich und andere an den bei allen Menschen eingebauten Selbstschutz erinnern, dass wir nicht aus unserer Haut können: Die Evolution hat uns mit der selektiven Wahrnehmung ausgestattet. Strömt eine hohe Zahl an Kommunikations- und Handlungsimpulsen auf uns ein, fokussieren wir unbewusst die für uns oder unsere Gruppe wichtigsten und lösbaren Aufgaben, sei es früher die Flucht vor Raubtieren oder heute die Fokussierung auf das Bekannte und Bewährte, was wir sicher beherrschen. Diese Reaktion erfolgt automatisch und schränkt unsere Aufmerksamkeit ein, wenn wir ein Zuviel an Impulsen erhalten. Zwangsläufig werden dadurch die Möglichkeiten zum Beherrschen von Komplexität reduziert. Wir werden starr und halten uns an das, was wir bereits kennen. Das geschieht reflexartig, sobald das Pensum zu hoch und die Komplexität unüberschaubar werden. Googelsieren bedeutet insofern auch, der selektiven Wahrnehmung, die durch Überforderung entsteht, vorzubeugen.

Weniger verplanen bedeutet mehr Zeit für sich zum »Freiplanen«. Durch diese zeitliche Freiheit haben wir mehr Zeit für andere und anderes und können uns für »Einfach machen« inspirieren lassen. Ideen, die uns weiterbringen und Erfolg bescheren, entstehen häufig in unserem Umfeld.

Tipps zu diesem Kapitel

➤ Eigene Zeiteinteilung: Legen Sie vor allem für Ihre lästigen Zeitfresser klar begrenzte Zeitbudgets fest.

➤ Routinen etablieren: Kombinieren Sie nach Ihrem Bedarf die Instrumente zum Zeitmanagement für mehr Zeit zum freien Planen.

➤ »Freiplanen« fließend gestalten: Bleiben Sie offen für weitere Änderungen in Ihren Abläufen.

16. Sich inspirieren lassen

»Wann werden die Namen aller Sterne entdeckt sein?« Sie stutzen: »Was soll das heißen? Die Frage ist doch absurd!« Inhaltlich liegen Sie richtig, weil die Frage nicht beantwortet werden kann. Es werden keine Namen, sondern nur die Sterne selbst entdeckt, und davon gewiss nicht alle im Kosmos vorhandenen. Fürs »Einfach machen« ist die Frage jedoch interessant, gerade weil sie absurd erscheint. Beim Googelsieren zur Beherrschung von Komplexität ergeben sich durch Ihre Antworten überraschende neue Fragen, die sich Ihnen bisher nicht gestellt haben. Gehen Sie bitte einmal in sich und betrachten Sie die Auswirkungen der komplexitätsbedingten Vielfalt und Mehrdeutigkeit. Haben Sie sich nicht schon gefragt: »Was soll das?« Oder: »Wie konnte das denn jetzt passieren?« Oder Sie haben ein Ereignis betrachtet und sich gesagt: »Das macht ja keinen Sinn für mich!«

Im Rhythmus beim Googelsieren kann Inspiration von außen das eigene Voranschreiten sehr befruchten, Ereignisse und Ergebnisse eingeschlossen, die Komplexität zusätzlich erhöhen. Die meisten Kapitel in diesem Buch beschäftigen sich genau mit dieser Ausgangslage, mit Dingen, die in der Regel ungeplant eintreten. Meist bewegen wir uns aber mehr oder weniger innerhalb unserer Denkmuster und sollten versuchen, uns davon frei zu machen. Inspiration von außen ist dazu ein sehr probates Mittel.

»Planen« lässt sich Inspiration durch einen anderen Blickwinkel auf Ereignisse und Themen, die Sie beschäftigen. Von anderen Menschen inspiriert zu werden, kann Fragestellungen aufwerfen und Antworten liefern, die Ihnen nicht eingefallen wären, Sie aber weiterbringen können. Dies kann zu erstaunlichen, unverhofften

Ergebnissen führen, ausgelöst durch die sogenannte Rekombination unterschiedlicher Fähigkeiten und Perspektiven verschiedener Menschen.

Rekombination schafft immer Neues

Ohne die Rekombination von Eigenschaften und Fähigkeiten würden Sie dieses Buch nicht lesen können. Evolution ist die ständige und spontane Rekombination von Fähigkeiten. Das beste Beispiel ist die Fortpflanzung des Menschen beziehungsweise deren Ergebnis. Die sexuelle Reproduktion zweier unterschiedlicher Genpools schafft in der Summe eine ungeheure Vielfalt, steigert die Anpassungsfähigkeit jeder Entwicklung. Die Alternative der asexuellen Fortpflanzung wäre viel einfacher und schneller, nur nicht so erfolgreich, um sich auf wechselnde und komplexe Veränderungen in der Umwelt erfolgreich anzupassen.

Die geistige Rekombination schafft für uns Inspiration zur »Fortpflanzung« unserer Fähigkeit zum Googelsieren. Beim »Einfach machen« sind wir nicht auf eine bestimmte Kombination von Kompetenzen angewiesen. Im Gegenteil, der Austausch mit anderen ist elementar, um Fragen zu stellen, auf die der Einzelne nicht kommt. Damit ist immer auch das Risiko verbunden, darauf keine Antwort zu bekommen oder sinnlose Fragen zu stellen. Doch nur so entstehen neue Ansätze, um Komplexität zu beherrschen oder nutzbar zu machen.

Ein spektakuläres Beispiel sind Joe Gebbia, Brian Chesky und Nathan Blecharczyk, die im August 2008 ihr Unternehmen gegründet haben. Nach fünf Jahren waren sie bereits Marktführer – weltweit. Das Unternehmen vermittelt heute in über 34.000 Städten und über 190 Ländern Unterkünfte – ohne selbst eine einzige zu besitzen oder anzubieten. Sie ahnen, um welches Unternehmen es sich

handelt? Ursprünglich hieß das Unternehmen »Airbedandbreak-
fast« und wurde erst später umbenannt in die Verkürzung Airbnb.
Zunächst richtete sich das Angebot an Kongressteilnehmer in großen US-amerikanischen Städten. Die Gründer hatten aus der eigenen Not, in San Francisco bei Tagungen keine günstige Übernach-
tungsmöglichkeit zu finden, eine Tugend gemacht. Das Konzept war
zu Beginn, bei jemandem einen Schlafplatz (»Air« steht für Luft-
matratze) zu bekommen, Verpflegung inklusive, was an kaliforni-
schen Universitäten schon länger Tradition war. Heute werden auf
der Plattform Wohnungen bis hin zu Schlössern untervermietet, woran sicher keiner der Gründer anfangs gedacht hat.

Mit dem ursprünglichen Profil wäre das Angebot wahrscheinlich schnell versiegt und das Unternehmen in der Versenkung verschwunden. Wohl kaum hätte sich mit der Ursprungsidee ein
Netzwerk bilden können, das explosionsartig wächst. Es kam anders –
durch folgende Rekombination: Einer der ersten Investoren riet
den Gründern, das Geschäftsmodell zu ändern, bevor es ins Laufen
kam. Das Angebot sollte auf alle Nutzer und Anbieter ausgeweitet
werden und diese sollten die Vorteile weitererzählen – was auch ge-
schah. Der Rest ist den meisten Lesern bekannt: Über Airbnb werden nicht nur Unterkünfte aller Art, über 1.000 Schlösser inklusive,
angeboten, sondern die Plattform hat inzwischen mehr Kunden als
die größten Hotelketten weltweit. Erst die Rekombination, die Ergänzung des eigenen Blickwinkels mit dem anderer, und die Vergrö-
ßerung des Angebots, es komplexer zu machen und zu beherrschen,
schuf die Grundlage für den späteren Erfolg – und das gilt übrigens
für die meisten erfolgreichen Start-ups. Niemand »bastelt« da alleine vor sich hin und startet mit dem durch, was in der Entstehungs-
phase geplant war.

»Einen Moment mal«, werden Sie jetzt denken. »Ich will vielleicht
gar kein Internet-Milliardär werden. Mich plagen ganz alltägliche
Probleme.« Das mag sein. Die Möglichkeit zur Rekombination und

sich bei der Bewältigung von Herausforderungen inspirieren zu lassen sind hier aber ebenso gegeben.

Guter Rat ist nicht teuer

Rat geben ist das eine, Rat annehmen das andere. Und richtig Rat suchen zum Googelsieren ist etwas Besonderes. Wir suchen allzu häufig nach Bestätigung für unser eigenes Denken und umgeben uns mit Menschen, die »auf unserer Wellenlänge liegen«. Das ist an sich nicht verwerflich und macht auch Spaß, wenn es zum Beispiel um die gemeinsame Freizeitbeschäftigung und Hobbys geht. Die Rekombination von Fähigkeiten und sich beim Googelsieren inspirieren zu lassen ist allerdings schwierig, wenn wir unseren Denkmustern folgen und keine Veränderungen zulassen. Dazu haben Sie bereits einiges erfahren, was für uns hinderlich ist, zum Beispiel in Bezug auf das Festhalten an klaren Ursache-Wirkung-Zusammenhängen. Guter Rat ist möglich, sobald wir völlig andere Blickwinkel zulassen und uns darüber hinaus infrage stellen lassen. Das fällt uns umso schwerer, je engagierter wir einen Weg und insbesondere den für uns vermeintlich »richtigen« verfolgen, um unsere Ziele zu erreichen. Wie Sie inzwischen wissen, kann Komplexität zu jeder Zeit die »Richtigkeit« einer Sache erheblich beeinflussen und daraus ein »Falsch« machen.

Nehmen Sie als Beispiel das Buch, das Sie gerade in der Hand halten. Wenn ich Ihnen das erste Konzept dafür zeigen würde, das an den Verlag ging, würden Sie einiges, was Sie bisher gelesen und für sich entdeckt haben, so nicht wiederfinden. Im Verlag wurde die Idee an sich erkannt, aber dass die Puzzleteile sich noch nicht zu einem Ganzen fügen und weitere Themen dazugehören könnten, wurde ebenso gesehen. Nun war es an mir, mich von Menschen, die ich teilweise persönlich noch nie getroffen hatte, inspirieren zu lassen, ihre Anregungen in ein erweitertes Konzept aufzunehmen und zu verdichten.

Darin war der Kern von *Einfach machen* klar herausgearbeitet. Damit nicht genug. Während des Schreibens und durch Gespräche mit Experten über einzelne Teilbereiche ergaben sich zusätzliche Aspekte, andere verloren etwas an Bedeutung und es kristallierte sich die Kraft heraus, die Googelsieren auszeichnet. Das war nur möglich durch die Suche nach Inspiration – nicht einmal, vielmehr zu jeder Zeit, wenn sich die Gelegenheit dazu ergab.

Selbst von Menschen, die nicht kompetent sind, um Ihre Themen fachlich zu beurteilen, können Sie guten Rat bekommen – durch unbefangenes und unverstelltes Fragen. Stellen Sie sich vor, Sie sind IT-Spezialist und eine neue von Wettbewerbern eingeführte Technologie gefährdet ihr etabliertes System, das erfolgreiche Programm oder die funktionierende Lösung. Das Ergebnis von vielen Jahren Arbeit könnte plötzlich wertlos werden. Ob das so sein wird, kann auch der beste Branchenkenner nicht vorhersagen. Guter Rat ist nicht teuer, wenn Sie mit Komplexität »richtig« umgehen. Schildern Sie einem Bekannten, der für Sie ein offenes Ohr hat, möglichst neutral den Sachverhalt und potenzielle Auswirkungen der Veränderungen, ohne technische Details zu nennen. Dann nehmen Sie bewusst den Blickwinkel Ihres Bekannten ein, indem Sie ihn um seine Einschätzung bitten. Wie heißt es kurz und knapp? Es gibt keine dummen Fragen, nur dumme Antworten. Das bedeutet, offen zu bleiben und aus einfachen Hinweisen die eigene Perspektive zu erweitern.

Verzichten sollten Sie auf die Klärung, warum etwas ist, wie es ist, und nicht anders. Unabhängig von fachlichen Fragen hinsichtlich Ihres Berufs behindert eine inhaltliche Ursachenforschung die Inspiration beim Googelsieren. Wir würden sonst automatisch versuchen, diese Ursachen zu beheben oder anschließend um jeden Preis zu vermeiden. Wir würden uns damit unnötig einschränken, zukunftsfähige Perspektiven zu entwickeln. Sie können die Antworten auf folgende W-Fragen inspirieren, die Sie anderen stellen:

✓ Was bewegt dich im ersten Moment?

✓ Worin erkennst du in meiner Betrachtung Lücken?

✓ Was ist für dich das Besondere an der Situation?

✓ Was schätzt du daran als gut oder schlecht, attraktiv oder abschreckend et cetera ein?

✓ Was sollte ich deiner Meinung nach tun?

Das nimmt nicht viel Zeit in Anspruch, weder die Vorbereitung noch die Durchführung. Es sind sehr menschliche und spontane Gedanken, die Sie so ermitteln. Damit keine falschen Hoffnungen in Ihnen geweckt werden: Die meisten Antworten werden Ihnen nicht weiterhelfen. Die wenigen, die Ihnen Inspiration bringen, werden Sie aber sonst nicht entdecken.

Fremde Ideen aufgreifen

Neben der direkten Suche nach Anregungen können andere Menschen auch indirekt inspirieren – durch ihre Einstellungen, ihr Verhalten und Wissen. Das macht Sie offener. Sonst hätten Sie auch nicht bis hierhin gelesen. Dieses Buch gibt Ihnen viele »Zutaten« zum »Einfach machen« an die Hand, aus denen Sie die für Sie passenden wählen können.

Am Ende der Lektüre haben Sie aber noch lange nicht das Ende der möglichen Inspiration zum Googelsieren durch andere Menschen erreicht. Im Gegenteil, Sie sind jetzt sensibilisiert, genau zu beobachten, wie andere Menschen mit Komplexität umgehen. Zum Beispiel schauen Sie wesentlich aufmerksamer darauf, wie andere die x-fach vorhandenen Kommunikationskanäle nutzen – privat und beruflich. Im Laufe der nächsten Monate und Jahre werden bestimmt weitere Ideen entstehen, wie Sie die Tipps in diesem Buch umsetzen. Soweit dieses Thema für Ihr Googelsieren bedeutsam ist, Ihnen »Vorbilder« in die Quere kommen, sollten Sie eine Idee prüfen. Vorbildlich heißt nicht, immer eins zu eins die gleiche Methode anzuwenden oder Zutat zu verwenden. Nachahmen kann, muss aber nicht sinnvoll sein. Es liegt an Ihnen, ob es Ihrem Bedarf und Ihrer Situation entspricht.

Zum Aufgreifen fremder Ideen stellen Sie sich selbst folgende Fragen, um deren Relevanz für Sie zu ermitteln und um zu vermeiden, dass sie in Vergessenheit geraten:

✓ Was genau ist die Inspiration oder die Idee, die ich aufgreifen möchte?

✓ Wie bedeutsam ist die Idee für mich? Handelt es sich um einen spontanen Einfall, besteht akuter Bedarf, ein grundsätzlicher Engpass oder fehlt mir eine Fähigkeit?

✓ Was konkret bewegt mich an der Idee? Geht es um die damit verbundene Einstellung, das Verhalten oder Wissen, das mich weiterbringen kann?

✓ Fühlt sich die Idee gut an für mich?

✓ Was könnte ich mit der Idee ausprobieren, anders oder besser machen, sofort oder auch langfristig?

Auch diesmal brauchen Sie nicht viel Zeit, weder zur Vorbereitung noch zur Durchführung. Es sind wieder sehr menschliche und spontane Gedanken, die Sie damit für sich ein bisschen strukturieren. Ob Sie sie nur im Kopf haben oder schriftlich formulieren, das ist egal. Es liegt ganz bei Ihnen, an der Situation und hängt ab von der

Bedeutung der Idee. Am Ende können Sie denken: »Hey, das probiere ich auch mal aus.« Wie vielleicht beim Beispiel E-Mail, wo Sie die Push-Funktion ausschalten. Dafür ist kein großes Nachdenken erforderlich. Etwas genauer zu betrachten und auszuprobieren ist dagegen ratsam, wenn es sich um anspruchsvolle Tätigkeiten handelt. Dazu zählt zum Beispiel, wenn Sie sehen, wie jemand anders spielend komplexe Projekte führt und Sie sich nach einer Sitzung fragen, ob Sie das genauso können, was Sie tun müssten und wie die ersten Schritte aussehen könnten.

Ebenso wird Sie nicht alles inspirieren oder Ihnen weiterhelfen. Es könnte sogar sein, dass Ihnen das Vorgehen anderer Menschen eigene Grenzen bewusst macht und Sie eine größere Lockerheit im Umgang mit Komplexität gewinnen. Die Ideen, die Sie als Inspiration aufgreifen und nutzen, würden Sie ohne die Offenheit, sich auf andere Blickwinkel einzulassen, nicht entdecken. Dafür sind die »Nebenwirkungen« hinzunehmen, wenn mögliche »Vorbilder« sich nicht als das erweisen.

Es liegt in der Natur von Inspiration, dass sie stets ungeahnte Auswirkungen hat. Wir kommen auf Gedanken, die wir sonst nicht gehabt hätten. Anhand persönlicher Beispiele möchte ich Ihnen demonstrieren, was Inspiration durch »Vorbilder« sein kann, manchmal auch mit dem Ergebnis, dass man es selbst nicht oder anders machen sollte. Das erste Beispiel zeigt ganz alltägliches Googelsieren und dreht sich um eine der schönsten Zeiten des Jahres – den Urlaub.

Ich war ganz beeindruckt von einem Bekannten, der minutiös diverse Reiseplattformen im Internet nutzte – um sich zu informieren, um zu vergleichen, zu buchen und zu bewerten. Mehr zum Spaß sagte ich: »Du hast ja bereits alles digital gesehen. Da musst du ja gar nicht mehr hinfahren!« Er fand das gar nicht so lustig, da er ja etliche Stunden, wenn nicht Tage mit Planen verbracht hatte, um garantiert das Bestmögliche aus seinem Urlaub zu machen. Mich schreckte genau diese »Zeitfresserei« ab, wenn ich mir vorstellte, es genauso zu machen – ohne eigenes »Einfach machen«.

Das war meine Inspiration. Nun wusste ich, wie ich es nicht machen möchte und dass für mich Urlaubsplanung im Internetzeitalter am besten funktioniert, wenn ich gezielt zwei oder drei Plattformen für denselben Zweck wie Informieren und Buchen nutze, vielleicht noch zwei, drei weitere, wenn es um eine bestimmte Destination geht. Das ist es, nicht mehr. Diese Art des Googelsierens ist – zumindest für mich – elementar: Normales Googeln erdrückt die Komplexität, wenn man nicht ganz genau weiß, wohin und was man will. Geben Sie einmal die drei Worte »Mallorca Hotel Strand« ein: Bei mir wurden zehn Millionen Treffer angezeigt. Bei der Urlaubsplanung zu googelsieren hat noch einen weiteren unerwarteten positiven Effekt für mich gehabt: Ich plane heute noch weniger im Voraus als in der analogen Zeit. Ich lasse mich viel mehr darauf ein, was passiert. Zur Not kann sich jeder fast überall vor Ort informieren, was er noch machen kann oder vergessen hat zu buchen.

Das zweite Beispiel bezieht sich auf meinen Beruf und die sprunghaften, in den Tiefen der Komplexität begründeten Veränderungen. Plötzlich wurden von Wettbewerbern Methoden für das Change und Talent Management in Unternehmen propagiert, die zur Bewältigung der neuen Herausforderungen durch die Digitalisierung dienen sollten. Und tatsächlich hatten diese schnell Erfolg damit. Auf einem Kongress erfuhr ich bei einem Vortrag die Details und lernte, dass es sich um die Kopie bereits vorhandener »Rezepte« handelte – die Methoden hatte ich auch drauf, sie waren für die Bewältigung der neuen Umfeldbedingungen adaptiert worden und vielleicht daher erfolgreich. Also abhaken? Dies inspirierte mich, den Mut zu fassen und einen Schritt weiter zu gehen. Statt ebenfalls Bekanntes neu zu arrangieren, regte mich der Erfolg an, zügig ein eigenes neues Konzept zu entwickeln und einzusetzen, das meinen Kunden weiterhilft: Ich nenne es »Digital Leadership«, also die Entwicklung der »richtigen« Einstellungen und wichtigsten Fähigkeiten für Führungskräfte im digitalen Zeitalter.

Nachdem ich persönlich inspiriert war, erfolgte das Googelsieren der anspruchsvollen und unübersichtlichen Ausgangslage im anvisierten Themengebiet nicht allein durch mich. Mein Team wurde aktiv, auch außerhalb meines Unternehmens. Eine Universität ermittelte für uns den Bedarf und die Handlungsmöglichkeiten für Führungskräfte im digitalen Zeitalter. Weitere Spezialisten aus diesem Themenbereich wurden konsultiert, um ein wirklich gutes Konzept zu erstellen, das die Bewältigung dieser großen Herausforderung für Unternehmen einfacher macht. Das bedeutet: Auch während des Googelsierens kann unser Umfeld wertvolle Beiträge leisten. Deshalb wird als Drittes in diesem Kapitel darauf eingegangen, wie wir uns von dem Team inspirieren lassen können, mit dem wir arbeiten oder leben.

Das Team macht's

Wissen Sie, was der Begriff »Team« wirklich bedeutet? Es ist eine Abkürzung und steht für: **T**oll, **e**in **a**nderer **m**acht's! »Da kann ich mich ja demnächst zurücklehnen«, denken Sie vielleicht spontan. Stopp! Denken Sie sich ein Augenzwinkern dazu. Denn damit meine ich die Erfahrung, dass Teamarbeit nicht immer problemlos ist und nicht immer zum Vorteil all seiner Mitglieder verläuft. Auch schwingt darin mit, dass es nicht immer leicht ist, im Team schnell und klar zu entscheiden. Ebenso treten Konflikte auf und nicht alle Kräfte wirken in die gleiche Richtung. Aus diesem Grund ist die Führung von Teams Gegenstand vieler anderer Bücher. Die Betrachtung dieser Aspekte, wie Teams zu führen sind, würde Sie hier nicht weiterbringen.

Hilfreich zum Googelsieren ist Ihre Fähigkeit zur Interaktion, damit wir möglichst viele Inspirationen von außen erhalten können. Eigene mangelnde Kompetenz zur Teamarbeit kann für uns die Komplexität erheblich und erfolgsmindernd erhöhen – ob bei der Abstimmung mit Kollegen oder der Organisation von Projekten und ganz zu schweigen innerhalb von privaten Teams wie der Familie. Wahrscheinlich wirkt sich der positive Umgang des Einzelnen mit dem Team entsprechend positiv darauf aus, weil die anderen Mitglieder dieses Verhalten als positiv erleben. Team müsste insofern mit drei M geschrieben werden, wenn die oben genannte Definition des Begriffs stimmen soll: **T**oll, **e**inige **a**ndere **m**achen **m**ehr **m**öglich!

Die erste Voraussetzung zur Gestaltung einer fruchtbaren Interaktion ist schlicht und einfach das Bewusstsein für die Verschiedenartigkeit der Beteiligten in einer Beziehung und Gruppe. Unterschiede können zum Beherrschen von Komplexität vorteilhaft sein. Denn die Kombination verschiedener Kompetenzen schafft eine Vielfalt, die wiederum die Einnahme neuer Perspektiven ermöglichen kann, um sich erfolgreich neuen komplexen Aufgaben zu widmen. Es ist daher bereits viel für uns selbst gewonnen, wenn wir offen sind für die unterschiedlichen Bedürfnisse und Ansichten, die auf den Erfahrungen und Zielen anderer, ihrem Wissen und ihren Vorgehensweisen basieren.

Denken Sie an das Motto »Sie haben nie eine zweite Chance für den ersten Eindruck«. Streichen Sie dazu voreilige Festlegungen aus Ihrem Repertoire an Reaktionen wie »Das stimmt nicht!« oder »Das siehst du falsch!«. Inspiration entsteht durch Interesse. Auch nach einem spontan negativen ersten Eindruck kann das Bild sich positiv wenden durch folgende Gedanken oder Aussagen: »Das würde ich gerne besser verstehen.« Oder: »Siehst du eine weitere Möglichkeit?« Es ist immer gut, mit eigenen Worten die Meinung eines anderen Teammitglieds zu paraphrasieren, ohne zu bewerten, zum Beispiel so: »Ich möchte sicher sein, dich richtig verstanden zu haben. Ich fasse daher kurz zusammen …« Damit schaffen Sie eine gute Ausgangsbasis für die weitere Teamarbeit und zugleich die eigene erste Einschätzung, ob die Hinweise zum Googelsieren hilfreich sind.

Im Anschluss können Sie, soweit bis dahin noch nicht erfolgt, in die Details einsteigen, die abhängig vom Thema innerhalb des Teams inspirieren könnten. Hier gibt es aufgrund der unendlichen Vielfalt Ihrer möglichen Anliegen keinen festen Fragenkatalog. Ein guter Einstieg gelingt meist mit den W-Fragen: Was? Wie? Wo? Auch ist ein mehrstufiges Vorgehen möglich, wie ich es im obigen Beispiel der Entwicklung eines neuen Beratungsangebots gezeigt habe. Spätestens dann wird die Inspiration im Team das Niveau eines gelegentlichen Gefallens, den man sich gegenseitig gönnt, übersteigen. Deshalb sollte Ihr Anliegen sein, dass auch die anderen Teammitglieder vom Mitmachen etwas haben. Teamarbeit ist keine Einbahnstraße, sondern ein Geben und Nehmen. Sonst wird sie als Quelle der Inspiration schnell versiegen.

Sie können Teams, in denen Sie aktiv sind oder es werden, auch etwas geben, um zu inspirieren. Im Zusammenhang mit dem »Einfach machen« haben Sie im ersten Kapitel erfahren, dass wir uns zum Beherrschen von Komplexität von etablierten Denkmustern lösen sollten. Diese beeinflussen auch Teams, nicht nur die in Unternehmen. Die einzelnen Mitglieder sind jeweils funktional und fachlich fixiert: Das Denken erfolgt analog zur Art der Ausbildung, der Arbeitsweise und der Funktion beziehungsweise wie diese es vermeintlich erfordert oder erlaubt. Zudem nehmen wir Gegenstände und Produkte nur im Hinblick auf ihre aktuelle Bedeutung und Funktion wahr. Daraus folgt: Innovatives Denken ist im Rahmen bestehender Denkmuster schwer möglich, um neue Herausforderungen aufgrund unkalkulierbarer Einflüsse von Komplexität als Chance nutzen zu können.

»Lasst uns dazu ein Brainstorming machen!« Diese Aufforderung haben Sie bestimmt auch schon gehört oder ausgesprochen. »Storming« bedeutet, Gedanken durcheinanderzuwirbeln und neue Gedanken aufzuwirbeln. Damit ist es aber nicht getan: Wirbeln allein verursacht nur ein wüstes, unsortiertes Durcheinander. Bei der Rekombination von Kompetenzen handelt es sich eher um »Brainswarming«, also ein gezieltes Ausschwärmen aus vorhandenen Denkmustern. Nicht alle sollen alles neu betrachten, vielmehr übernimmt jeder Einzelne ausgewählte Aufgaben oder Dinge und geht diese anders an als vorher. Notsituationen zeigen sehr anschaulich, wie Teams auf diese Weise zu sehr eindrucksvollen Ergebnissen kommen können, die niemand vorher erahnt hätte.

»Houston, wir haben ein Problem gehabt«, meldete Jim Lovell am 13. April 1970. Der Kommandant von Apollo 13 war auf dem Weg zum Mond und rund 300.000 Kilometer entfernt von der Erde. Durch einen Kurzschluss war ein Sauerstofftank im Servicemodul explodiert, der zweite Tank dadurch beschädigt und leer. Die Sauerstoff-, Strom- und Wasserversorgung des Mutterschiffs Odyssey war unter diesen Umständen nicht mehr lange möglich. Und das »Rettungsboot«, die Mondlandefähre Aquarius, hatte nicht genügend Vorräte für die drei Crewmitglieder, um die Reise zurück zur Erde zu überstehen. Durch das Abschalten nahezu aller Systeme und nach einigen Umbauten wurden die Probleme gelöst – außer einem: das Kohlendioxid der Atemluft konnte nicht gefiltert werden. Die Astronauten wären erstickt, wenn die Techniker der Bodencrew nicht durch »Brainswarming« ihre Fähigkeiten rekombiniert hätten.

Das Team holte sich aus den Simulatoren alle Gegenstände, die die Astronauten an Bord zur Verfügung hatten, legten sie auf einen Tisch und schwärmten aus, um eine Frage zu beantworten: Was kann für welche andere Funktion eingesetzt werden, um das überlastete Luftreinigungssystem umzubauen? Dafür blieb ihnen nur wenige Stunden Zeit. Das Ergebnis war ein Adapter, zusammengesetzt aus dem, was sich im Raumschiff befand, wie Tüten, Klebeband, Flugpläne und eine Socke. Das Bodenzentrum in Houston erstellte noch eine Anleitung, die an die Crew gefunkt wurde. Die drei Astronauten bauten die völlig neue Konstruktion erfolgreich nach. Der Adapter funktionierte und die Crew kehrte gesund auf die Erde zurück. Befragt nach ihren Erfahrungen, verriet Kommandant Lovell, ärgerlich sei vor allem gewesen, dass sie dem Mond nur einmal begegnet wären – als sie ihn umrundeten, um Schwung zu holen für den Weg zurück Richtung Erde.

Die Energie, die in Teams steckt, kann auch ohne Lebensgefahr aktiviert werden. Dazu gibt es neuartige Methoden in der Teamarbeit wie »Design Thinking« für kreative Prozesse oder »Scrum« in der Softwareentwicklung, die auch in anderen Umfeldern eingesetzt werden. Alle Ansätze bauen jeweils auf einigen wichtigen Grundlagen auf, damit gegenseitige Inspiration gelingt und auch ein Ergebnis erreicht wird, das nutzbar ist. Dazu sind keine besonderen Kenntnisse notwendig. Vielmehr müssen »nur« die folgenden wesentlichen Aspekte für erfolgreiche Teamarbeit erfüllt sein:

✓ *Teamziele sind feststellbar:* Niemand macht sich ohne Perspektive auf den Weg zum Ziel. Es sollte nachvollziehbar sein, ob und wie das Ziel erreicht wurde, auch um sich im Erfolgsfall anschließend zu belohnen. Unabhängig von möglichen materiellen Gratifikationen sollte dies stets eine emotionale Komponente haben. Mitunter reicht ein aufrichtiges »Danke« oder ein Blumenstrauß.

✓ *Teammitglieder brauchen motivierende Aufgaben:* Nullachtfünfzehn-Jobs ermüden schnell. Je anregender und auch herausfordernder eine Aufgabe ist, desto eher kommt für Sie auch etwas an Inspiration zurück, weil sich die einzelnen Mitglieder zur Lösung der Aufgaben austauschen möchten.

✓ *Teamarbeit ist sinnvoll:* Bei einem Ziel, für dessen Erreichung kein Team erforderlich ist, versiegt das Engagement in der Gruppe schnell. Die Aufgabe sollte also vielseitig sein, dass die einzelnen Mitglieder einen eigenen Beitrag liefern können und nicht nur als Protokollant dabei sind. Dann bekommen Sie auch im Gegenzug eine Rückmeldung.

✓ *Einzelne Teambeiträge sind erkennbar:* Jedes Mitglied kann seinen Teil an der Gesamtleistung und dessen Bedeutung für den Erfolg identifizieren. Auch vermeintliche »Zulieferdienste« wie Recherchen und Analysen können wertvoll sein und entsprechend anerkannt werden, ohne bei jeder Kleinigkeit, die gelingt, in Euphorie zu verfallen.

Trotz Beachtung dieser Punkte ist nicht garantiert, dass ein Team optimal funktioniert. Die Erfüllung fachlicher Aspekte erfordert häufig den Einsatz spezifischer Methoden und Instrumente, damit im Team die anvisierten inhaltlichen Fortschritte erzielt werden, wie zum Beispiel in der Entwicklung von Software und anderen Produkten oder auch in der täglichen Projektarbeit. Doch allein durch die Berücksichtigung der vier Punkte ist viel erreicht, um sich gegenseitig zu inspirieren.

Die Anregungen im Team machen, unterm Strich betrachtet, Ihnen eins deutlich: Die Offenheit dafür, sich inspirieren zu lassen, erfordert eine gewisse Distanz zu sich selbst, sprich Unverkrampftheit gegenüber der eigenen Haltung, das heißt, auch mal »fünf gerade sein zu lassen«. Inspiration kann diese Lockerheit herstellen, umgekehrt ist Inspiration ohne diese nicht möglich. Deshalb ist diesem Thema das nächste Kapitel gewidmet. Ihr Rhythmus zum Googelsieren darf nicht verkrampft oder zwanghaft sein, indem Sie sich dauerhaft zu Routinen zwingen und kompromisslos Regeln unterwerfen.

Tipps zu diesem Kapitel

➤ Rekombination: Lassen Sie zu, dass auch Gegensätze einander befruchten können.

➤ Fragenkombination: Kommen Sie schnell zum Kern Ihres Anliegens.

➤ Teamkombination: Wechseln Sie Teams und Aufgaben innerhalb eines Teams, soweit fachlich möglich.

17. Locker bleiben

»In der Ruhe liegt die Kraft.« Wie oft haben Sie das schon gehört? Ich selber kann es für mich nicht sagen. Ich weiß nur, dass es zu oft war. Und ich weiß auch, dass der Spruch zu oft missverstanden wird. Ruhe bewahren heißt nicht abwarten. Und locker bleiben heißt nicht abwarten, bis sich Probleme von selbst lösen. Manchmal tritt dies ein. Aber wenn das so ist, stellt sich die Frage, ob da überhaupt ein Problem war oder ob wir dies nur so empfunden haben. Locker bleiben bedeutet, soweit möglich stets eine gewisse Distanz einzunehmen gegenüber Ereignissen, uns selbst sowie Ergebnissen, die wir erzielen.

Nun wissen Sie und ich, dass locker bleiben leicht niedergeschrieben ist. Im Alltag ist der Zustand aber schwer zu erhalten, besonders wenn wir uns für etwas interessieren und es engagiert verfolgen, uns begeistern und dadurch auch enttäuscht werden können. Bei dem, was mir Spaß macht und wo ich meine Erfüllung finde, will ich verdammt noch mal nicht locker bleiben! Genau deshalb lautet die Überschrift dieses Kapitels auch nicht »Immer locker bleiben«. In einzelnen Situationen, wenn es um Sieg oder Niederlage, Gewinn oder Verlust, Freude oder Frust geht, sind wir zu Recht voll und ganz bei der Sache. Zur positiven Anspannung mit dem entsprechenden »Adrenalin-Doping« gehört trotz allem Engagement auch ein Quäntchen Entspanntheit. Einzige Ausnahmen sind lebensbedrohliche oder andere Notsituationen, wo es gilt zu retten, was zu retten ist.

Zwei Beispiele werden Ihnen verdeutlichen, wie dieses Zusammenspiel funktioniert. Erstens die Situation »Finale bei Olympia«. Es geht alle vier Jahre um alles oder nichts. Um das Hier und Jetzt, nicht um gestern oder morgen. Das Ergebnis vieler Tausend Stunden

Training steht bald fest. Wie will man da locker bleiben, wenn Adrenalinspiegel und Puls so kurz vor dem Start hochschnellen? Indem man sich bewusst macht, dass alle bei null beginnen! Es ist egal, was vorher war oder erreicht wurde. Fatal wäre, sich vorzustellen, was nach dem Sieg passiert. In diesem Moment bedeutet Lockerheit, sich ausschließlich auf das Beherrschen der Situation, auf das Ereignis zu konzentrieren und nicht auf das mögliche Ergebnis zu blicken.

Das gilt auch für das zweite Beispiel. Es ist etwas alltäglicher als das Erste, aber häufig ebenso entscheidend für die eigene Person – die berufliche Bewährungsprobe, ob Vorstellungsgespräch, eine Präsentation bei einem Kunden oder ein neues Projekt, ist letztlich egal. Wie bei der Olympiateilnahme können die Auswirkungen weitreichend sein, wenn das anvisierte Ziel nicht erreicht wird. Ebenso wenig wie es einen Vize-Olympiasieger gibt, gibt es einen Vize-Auftragnehmer. Der Zweitplatzierte ist in dieser Situation der erste Verlierer. Bei einer Präsentation beispielsweise ist nicht klar, wer welche Konzepte anbietet, wie Wettbewerber agieren und was die Auftraggeber interessiert. Die Situation ist komplex. Locker bleiben bedeutet dann erneut, sich über die Einflussfaktoren und mögliche Folgen keine Gedanken zu machen, sondern sich auf die Stärken zu konzentrieren, die jetzt wichtig sind, um die Situation zu gestalten und den Kunden für sich zu gewinnen. Genau wie im Finale bei Olympia ist dies nicht gleichbedeutend mit ruhig sein und abwarten, was passiert. Noch sind alle engagiert bei der Sache und motiviert, das Ziel zu erreichen.

Ein Sportwettkampf oder eine Präsentation ist – relativ betrachtet – wenig komplex: ein überschaubarer Wettbewerb nach klaren Regeln mit einer begrenzten Teilnehmerzahl. Im Alltag schafft Komplexität häufig viel unübersichtlichere und unsichere Ausgangslagen, in denen locker bleiben viel schwerer ist als in Wettbewerbssituationen. Bei allem Engagement, trotz Stressresistenz und ständiger Kompetenzerweiterung werden Sie irgendwann Momente erleben, die nicht beherrschbar erscheinen oder es definitiv nicht sind. Dann neigen wir noch eher dazu, uns auf etwas zu fokussieren und nicht flexibel zu bleiben. Allein wegen der tief in uns verankerten Aversion gegen Verlust halten wir an dem fest, was sicher scheint. Schnell fallen wir in alte Denkmuster zurück, die Sie im ersten Kapitel kennengelernt haben. Kurz die wichtigsten Stichworte zur Erinnerung: Fokussierung auf eine Ursache, Reduzierung auf eine sicher erreichbare Zielsetzung, Einschränkung auf bewährte Kompetenzen oder isoliertes Reparieren der auffälligsten Missstände.

Erinnern Sie sich an die neuen Denkstrategien, die Sie seit der Vorstellung im ersten Kapitel für sich weiterentwickelt haben. Dazu zählt die flexible Planung und unbefangenes Einleiten von Korrekturen. Das gilt besonders für die Fälle, wenn richtige Entscheidungen der Vergangenheit durch die Auswirkungen von Komplexität nicht die gewünschte Wirkung entfalten oder sich sogar als falsch erweisen. Für den Erhalt von Flexibilität und zur Korrektur von Entscheidungen ist es wichtig, locker zu bleiben. Das heißt, emotionale Distanz zu wahren, um sich in seinen Möglichkeiten nicht einzuengen, sich also alle Handlungsoptionen offenzuhalten. Es gibt aber Situationen und Gefühlslagen, in denen die Bewahrung dieser Haltung herausgefordert wird.

Aus dem Schlimmsten das Beste machen

Unverhofft kommt oft im Umgang mit Komplexität, etwa berufliche und private Schicksalsschläge und Rückschläge, egal ob sich diese in unserem direkten oder entfernten Umfeld abspielen oder im globalen Kontext angesiedelt sind. Nicht nur die Folgen der Terroranschläge vom 11. September 2001 haben unseren Alltag verändert etwa durch die Maßnahmen zur Sicherheit und Überwachung, denen wir heute unterliegen: »Big brother is watching us.« Egal, was passiert: Sie sind sich bewusst, dass es wenig bringt, nach Ursachen zu suchen. Denn jedes Ereignis, das aus komplexen Zusammenhängen heraus entsteht, ist einmalig. Es bringt nichts, es zukünftig verhindern zu wollen, da die kleinste Veränderung der Einflussfaktoren einen ganz andern Verlauf nach sich ziehen kann. Ebenso sind Sie bereits dafür sensibilisiert, dass es viel sinnvoller und erfüllender ist, sich auf das aktuelle Ereignis und das Gestalten der Zukunft zu konzentrieren.

Zur Lockerheit im Umgang mit Komplexität gehört, zunächst innezuhalten und durchzuschnaufen. Je nach Ereignis und Grad der Erschütterung kann dies Minuten oder Stunden, Tage oder Wochen dauern, gern auch mit fremder seelischer Unterstützung, ob durch Freunde und Familie oder die von Profis. Es gilt, das Ereignis »sacken zu lassen«. Punkt.

Es ist nicht schlimm zu fallen oder sich erst mal setzen zu müssen, solange wir danach wieder aufstehen. Jeder von uns wird einmal zum Stehaufmännchen oder Stehauffrauchen. In der Psychologie wird die entsprechende Fähigkeit als Resilienz beschrieben. Krisen zu bewältigen und als Anlass für die eigene Entwicklung zu nutzen, fängt damit an, diese Gelegenheit beim Schopf zu packen. Das Gute ist, dass wir uns großer und kleiner Krisen, bezogen auf eher alltägliche Situationen, gleichermaßen annehmen können. Wenige Fragen genügen, um Hinweise darauf zu erhalten, wie eine (überraschend) komplexe und emotional belastende Herausforderung angegangen werden könnte und welche Perspektiven sich ergeben:

1. Wie kann ich meine Erwartungen und Ziele anpassen?

2. Was sind die größten Probleme oder die größten Gefahren, die unbedingt angepackt oder vermieden werden sollten?

3. Welche akuten Folgen sollten künftig unbedingt vermieden werden?

4. Welche persönlichen Fähigkeiten und Erfahrungen sind für die Lösung des Problems besonders geeignet?

5. Was kann als Erstes angegangen werden und vielleicht sogar schnelle Erfolge nach sich ziehen?

Die Antworten bieten Ihnen Halt, um vorhandene oder nur gefühlte außergewöhnliche Belastungen und Ereignisse annehmen zu können. Sie haben damit einen Ansatzpunkt, wie es weitergehen könnte. Damit ist keine Garantie verbunden, die komplexe Aufgabe wie eine Krise auch wirklich zu bewältigen. Sie haben jedoch Ihr Bewusstsein geschärft, um wieder in den Aktionsmodus zu wechseln, und haben dafür für den Moment die beste Möglichkeit ermittelt. Ein erneutes Justieren ist im weiteren Verlauf nicht ausgeschlossen, eher sogar wahrscheinlich. Währenddessen wird die Komplexität tendenziell weniger herausfordernd erscheinen, da wir immer mehr Aspekte bearbeitet haben werden. Vor einer komplexen Aufgabe zu kapitulieren ist gewiss die letzte Option. Zumindest haben wir dann das Gefühl, nichts unversucht gelassen zu haben.

Entspannung sorgt für guten Stress

Nicht nur außergewöhnliche, belastende Situationen erschweren uns das Lockerbleiben. Der generelle, tägliche Druck fordert uns ebenfalls heraus, Momente der Entspannung zu finden, um der permanenten Anspannung zu entfliehen. Im Kapitel »Schluss mit dem Stand-by-Modus« haben Sie bereits gesehen, wie wir Druck beherrschen können, indem wir uns nicht ständig von den vielen digitalen Helfern unter Strom setzen lassen. Auch hier geht es darum, den alltäglichen, von uns selbst kontrollierbaren Druckzustand zu senken.

Stress ist immer ein produktiver Reiz, solange wir seine Intensität und die Dauer beherrschen! Die Gefahr, die Kontrolle über Druck und Stress zu verlieren, wird durch die Komplexität der modernen Arbeitswelt immer größer. Die Grenze zum Kontrollverlust, dass Menschen krank werden, auf Hilfe angewiesen sind (und dies nicht wahrhaben wollen), ist fließend. Das haben etliche Untersuchungen zum Thema Burn-out ergeben. Anhaltende Belastungen führen dazu, dass notwendige Erholungsprozesse nicht abgeschlossen werden und die Leistung zunächst unmerklich dann immer stärker abfällt. Darauf wird mit noch mehr Einsatz reagiert, der immer weniger bringt und die Zahl der Pausen weiter reduziert – ein Teufelskreis. Jeder weitere kleine Stressauslöser befeuert dann das Ausbrennen. Selbst der freudig ersehnte Urlaub bringt nicht mehr die erwartete Erholung und nach wenigen Tagen »back to business« steigt das Stressgefühl wieder. Die Patienten sind jedoch ihrer Wahrnehmung nach meist plötzlich in eine unkontrollierbare Situation gerutscht, in der das »Fass übergelaufen ist«. Tatsächlich ist Burn-out in den meisten Fällen absehbar und vor allem vermeidbar.

Ständiger Stress kann sogar Spuren im Erbgut von Nervenzellen hinterlassen. Die Epigenetik zeigt, dass diese wieder verblassen. Die Stressinformationen können mit neuen Informationen überschrieben werden. Selbst in der extremen Variante von Überlastung, dem Burn-out, ist immer eine Heilung möglich. Dazu muss es aber meist gar nicht kommen, vor allem wenn der alltägliche Druck beherrscht wird. Diese Verantwortung kann uns niemand abnehmen. Denn jeder Mensch besitzt ein unterschiedliches Druck- und Stressempfinden und -verhalten – vor allem aufgrund der individuellen beruflichen und privaten Lebenssituation.

Druck gehört im Leben dazu. Davor weglaufen oder sich wegducken wollen die wenigsten von uns. Denn es liegt in unserer Natur, Druck standzuhalten. Persönlicher Fortschritt ist nicht ohne Stress möglich. Er ist von der Natur vorgesehen und kein Phänomen unserer Zivilisation. Biologisch ist der Mensch durch die Evolution bestens auf Belastung und sogar zeitweilige Überlastung eingestellt.

Wir nehmen Erregung und Spannung wahr, begeben uns sogar auf die Suche danach. Und unsere Natur drängt einen gesunden Körper, wie bereits beschrieben, nach einer Belastung zur Entspannung: Unsere Stresshormone hemmen als Nebenwirkung die eigene Ausschüttung. So lautet zumindest der Rhythmus, den die Evolution uns gegeben hat. Richtig Gas geben und dann wieder bremsen. In der richtigen Konzentration wirken Druck und Stress belebend.

Die Unkontrollierbarkeit komplexitätsbedingter Einflüsse führt dazu, dass heute bei vielen Menschen Anspannung auf Anspannung folgt, und das dauerhaft. Der Spiegel der Stresshormone bleibt hoch. In der Wahrnehmung reiht sich ein Ereignis nahtlos an das andere, Höhen und Tiefen werden nicht mehr als solche empfunden, das Leben wird zur dumpfen Abfolge von eigentlich wichtigen, nun aber emotional bedeutungslosen Geschehnissen. Manche »Motivationspäpste« schlagen deshalb vor, Druck generell positiv zu sehen nach dem Motto, dass Druck in der Natur ja auch Diamanten hervorbringt. Wer Druck also nicht aushält, wird auch nicht als Diamant scheinen. Das gilt vielleicht für einfache Kohlenstoffansammlungen, aber nicht für die Mehrzahl der Menschen als komplexe Organismen.

Damit Druck und Stress sich positiv auswirken und wir locker bleiben können, brauchen wir bewusste Erholungsphasen. Wir dürfen nicht die Kontrolle über deren Taktung abgeben, zum Beispiel indem jeder jederzeit unseren Terminkalender vollpacken kann. Wenn sich dies in einem Unternehmen nicht vermeiden lässt, hilft nur, persönlich notwendige Erholungsphasen prophylaktisch einzutragen, und sei es in Form vorgeschobener Telefonkonferenzen oder Außerhaustermine, die kurzfristig wieder gestrichen werden können.

Zum Lockerbleiben benötigen Sie im Alltag nicht stunden- oder tagelange Erholungsphasen. Das Motto lautet: Ausreichend und regelmäßig müssen sie sein. Erwiesen ist, dass kurze Pausen, sogar nur wenige Minuten Müßiggang, die regelmäßig eingelegt werden, die positiv wirksamen geistigen und körperlichen Energien stärken und sogar mobilisieren. Kurze Augenblicke genügen, um sich auf das Wesentliche, das, was ansteht, zu konzentrieren. Gut sichtbar werden diese Phasen bei Sportlern, die vor einem Wettkampf die anstehenden Aufgaben »Revue passieren lassen«. Wir sehen im Fernsehen, wie Ski- oder Bobfahrer den Kurs durchgehen, behutsam mit ihrem Körper wiegen und so körperlich und geistig »runterkommen«, bevor die Anspannung folgt.

Das Wissen über unsere Natur genügt nicht. Entspannung wird immer mehr zu einer Kunst. »Entschleunigung« ist ein Modewort, mit dem ein falscher Ansatz propagiert wird. Beim »Einfach machen« geht es nicht darum, alles insgesamt etwas langsamer zu machen. Es geht darum, die richtige Mischung zu finden – angefangen beim Sich-selber-Druck-Machen über Loslassen bis zum Innehalten. Uns fehlen das rechte Maß für Entspannung, die richtige Druckstärke und dann wieder Entlastung.

Der Rhythmus, um fürs Lockerbleiben auf Abstand zu gehen und Ressourcen wieder aufzufüllen, ist individuell zu bestimmen, auch in Ergänzung zu den »organisierten« beruflichen Pausen. Das liegt an den unterschiedlichen emotionalen und kognitiven Belastungen, denen jeder von Ihnen ausgesetzt ist, angefangen bei der Bewältigung der zunehmenden Informationsflut und der Beurteilung, was davon bedeutsam für uns ist. Der persönliche »Beanspruchungs-Erholungs-Zyklus« schärft wiederum unsere Selbstwahrnehmung und macht uns achtsamer für die bei der Beherrschung einer komplexen Situation wesentlichen Aspekte. Vermeintliche Kleinigkeiten können bei diesem Wechselspiel große Effekte erzielen. Ich gebe Ihnen Einblick in meine Rituale, die für mich zur Erholung und zum Durchschnaufen geeignet sind.

Mindestens eine Viertelstunde vor einem Meeting oder einer Präsentation, einem Vortrag oder einem Seminar schalte ich das Telefon aus oder auf Flugmodus. Einen Anrufer müsste ich jetzt ohnehin abwimmeln. Mails irritieren nur. Wichtige Fragen könnte ich nicht mehr klären. Und sie würden mich von dem ablenken, was wichtig ist: zum Beispiel die Dramaturgie der Präsentation durchspielen, welche Aspekte ich wie hervorheben möchte, oder überlegen, welche Fragen der Kunde aufwerfen könnte, die mich stressen würden, wo ich aber möglichst entspannt bleiben sollte.

Auch beim Schreiben dieses Buchs bin ich, ohne feste Regel, zwischendurch immer wieder aufgestanden, habe meine Gedanken sortiert, bin die letzten Seiten durchgegangen und habe mich dann wieder an den Schreibtisch gesetzt, um zügig weiterzutippen. Manchmal machte ich auch ganz andere Sachen zwischendurch, telefonierte mit Kunden oder schrieb E-Mails. Der bewusste Wechsel zwischen Tätigkeiten ist auch eine Form der Erholung. Ablenkung ist sehr nützlich, wenn sich jemand gedanklich in einer Sackgasse befindet und »den Kopf freibekommen« möchte. Das ist beim Schreiben des Buchs mehr als einmal passiert.

Probieren Sie einfach mal aus, gezielt im Alltag unterschiedliche Minipausen einzubauen, um sich, gerade in oder vor Stresssituationen, zu sammeln oder wieder auf Spur zu bringen. Alternativ helfen auch kleine Entspannungsübungen. Zur Unterbrechung können Sie aufstehen, sich strecken und auf dem Balkon oder vor der Tür durchschnaufen. Sie können auch »professionell« vorgehen und die progressive Muskelrelaxation einüben, um locker zu bleiben. Das ist eine etwas anspruchsvolle Technik, bei dem durch die bewusste An- und Entspannung bestimmter Muskelgruppen ein Zustand tiefer Entspannung des ganzen Körpers erreicht werden soll. Dabei werden nacheinander die einzelnen Muskelpartien in einer festen Reihenfolge zunächst angespannt. Nachdem die Muskelspannung kurz gehalten wurde, wird anschließend die Spannung wieder gelöst. Das können Sie überall machen, Sie brauchen keine besondere Ausrüstung und ins Schwitzen kommen Sie auch nicht.

Ihre Rituale können sehr unterschiedliche Lebensbereiche verbinden, wie Familie, Freizeit und Beruf, und müssen mit dem, womit Sie konkret beschäftigt sind, nichts zu tun haben, um Sie davon abzulenken und zur Entspannung beizutragen. Bewährt haben sich bei vielen Menschen Methoden, die die aktive Beschäftigung mit etwas anderem einschließen. Das heißt nicht unbedingt Sport wie zum Beispiel Joggen oder Fitness zu einer bestimmten Zeit. Und wenn Sie eine Pause verpassen, gibt es dafür die klare Regel, diese zügig nachzuholen. Denn fehlende Erholungsphasen sind verloren: Viele kleine Erholungspausen, die im Berufsalltag fehlen, können nicht durch eine zusätzliche Woche Urlaub kompensiert werden.

Auch Musik zu hören oder selber zu machen kann einen großen Effekt beim Stressabbau haben. Ich selbst genieße es, nach einer überraschenden Stresssituation, wie zum Beispiel einem unverhofft problematischen Kundengespräch, einfach ins Auto zu steigen und zwei Titel einer meiner Lieblings-CDs zu hören. Danach sind die Stresshormone wieder auf Normalniveau und der Kopf ist frei. Das Schlimmste wäre für mich, direkt im Anschluss an einen stressigen Moment mit einem anderen Kunden oder Mitarbeiter zu telefonieren, ohne diesen verarbeitet zu haben. Es ist absehbar, dass meine negative Stimmung darauf ausstrahlen und mein Gegenüber meinen Frust abbekommen würde. Genauso genieße ich es, während der 20-minütigen Fahrt vom Büro nach Hause »runterzukommen«. Mitunter kommt ein Stau wie gerufen, um noch ein paar Minuten mehr Zeit zu haben. Sie sehen, hilfreiche Gewohnheiten können sehr unterschiedlich sein. Doch jeder sollte welche haben.

Sie werden sich vielleicht fragen, was das alles sein soll, womit Sie am Ende locker bleiben. Tatsächlich werden unzählige, viel kompliziertere Methoden zur Stressbewältigung propagiert als die von mir vorgestellten. Viele versuchen uns einzureden, dass wir nicht in der Lage sind, selbst für einen gesunden Wechsel von Druck und Erholung zu sorgen. Werfen wir einen Blick auf die Konzepte. Grundsätzlich wird zwischen problembezogenen und emotionsbezogenen Strategien unterschieden. Für den Einsatz einer Methode ist entscheidend, wie sich Stress beim Einzelnen äußert und wie er ihn empfindet. Reagiert er auf kognitiver, emotionaler, körperlicher Ebene oder in vegetativ-hormoneller oder in sozialer Hinsicht? Gestresste Menschen können ja ziemlich unleidlich sein und unter diesen Umständen zu ungeselligen Zeitgenossen werden.

Jeder sollte für sich zusätzliche Techniken zur Stressbewältigung entdecken, wenn das ausgewogene Verhältnis von Spannung und Entspannung dafür nicht ausreicht. Die Erholung sollte zur Art der Belastung passen. Zwar gibt es für jede Form der Beanspruchung Vorschläge dafür, was jeweils sinnvoll sein könnte – bei Stress die Reizüberflutung eindämmen oder einen ruhigen Ort aufsuchen, bei Ermüdung leichte Routinearbeiten ausführen, bei Übersättigung zu attraktiven Tätigkeiten übergehen. Was zu Ihnen und Ihrer Situation passt, können nur Sie bestimmen. Bei mir würde zum Beispiel Yoga eher den Stress verstärken, da mich völlige Entspannung unter Strom setzt – vielleicht weil ich ein gutes Verhältnis von Druck und Erholung hergestellt habe und dieses kontinuierlich pflege. Auf mich wirkt eher eine Stunde auf dem Fahrrad entspannend, in der ich bergauf fahre. Danach ist mein Kopf gut »durchgepustet«. Durch körperliche Betätigung wie Sport kann Stress schneller körperlich abgebaut werden. Wem das nicht liegt, dem steht eine breite Auswahl anderer Techniken und Möglichkeiten zur Verfügung: Qigong, autogenes Training, Biofeedback, Neurofeedback oder auch die »Mindmachine«, ein audiovisuelles Stimulationsgerät, das mithilfe von gepulstem Licht und Ton entspannenden Einfluss auf die Gehirnströme nehmen soll. Und die neuartigen 3-D-Brillen werden durch perfekte audiovisuelle Simulationen gewiss bald noch ganz andere Möglichkeiten zur Entspannung bieten.

Druck- und Stresssituationen können sämtliche genannten Methoden allein nicht kompensieren und sind kein Ersatz für den falschen Umgang damit. Zum Lockerbleiben müssen wir uns grundsätzlich etwas Zeit nehmen. Wer von Ihnen meint, mal eine Stunde erübrigen zu können, der kann sich trösten: Nur zehn Minuten Bewegung in grüner Umgebung, ein kurzes Ausbrechen aus dem Alltag, kann die Laune und das Gefühl für die eigene aktuelle Leistungsfähigkeit bemerkenswert schnell verbessern, wenn man sich diese Momente regelmäßig gönnt, wo und wie auch immer.

Im Ergebnis hat Lockerbleiben einen weiteren wichtigen Effekt: Wir können uns so besser »festbeißen«, das heißt unsere Energie vollständig mobilisieren, wenn eine Situation dies erforderlich macht. Dann lassen wir nicht locker, um Komplexität zu beherrschen, und es gelingt uns, Grenzen zu überwinden, denn das ist letztlich das Ziel.

Tipps zu diesem Kapitel

➤ Achtsam für den Augenblick sein: Denken Sie an das, was Sie machen, und nicht an das, was daraus folgen könnte – oder auch nicht.

➤ Stress produktiv nutzen: Setzen Sie sich nur dann unter Druck, wenn es wichtig ist. Dann aber richtig.

➤ Bewährungsproben annehmen: Unternehmen Sie erste kleine Schritte, um aus einer verfahrenen Situation herauszufinden.

18. Eigene Grenzen überwinden

»Keine Ahnung, wie andere das machen. Aber ich bin damit überfordert«, teilt uns unsere innere Stimme irgendwann mit. »Sorry, aber das schaffe ich nicht.« Es ist keine Schande, sich dies einzugestehen. Wir würden es uns unnötig schwer machen, dieses Gefühl wegzudrücken und uns Mut zuzusprechen. Unser Unwohlsein würde sich bei nächster Gelegenheit wieder einstellen, wenn wir uns sagen: »Das wird schon wieder« oder »Stell dich nicht so an.« Dauerhaft hilft nur, diesen Zustand zu bewerten und gegebenenfalls Änderungen vorzunehmen, um ihm bei erneuter zu hoher Anforderung vorzubeugen. Im Job kann man nur hoffen, ein Umfeld zu haben, das diese Aufrichtigkeit zu schätzen weiß, bevor ein Problem auftritt oder ein größerer Fehler passiert.

Die Auslöser für diese Selbsteinschätzung können sehr unterschiedlich sein. Dies liegt in der Natur der Komplexität, die wir beherrschen möchten, aber eben nicht immer können. Art und Umfang unserer Tätigkeit können zu einer Belastung führen, die erdrücken kann. Ihnen kann das notwendige Fachwissen fehlen. Auch das Zusammenfallen widriger Umstände privat und beruflich kann, besonders wenn diese Situation für Sie neu ist, das Gefühl der Überforderung hervorrufen oder steigern.

Dahinter verbirgt sich meist die sogenannte kognitive Dissonanz, die im letzten Kapitel von Teil 2 detailliert betrachtet wurde. Kurz zur Erinnerung: Beim Googelsieren können wir zum Beispiel feststellen, dass wir nicht mehr daran glauben, das, was wir beschlossen haben zu erreichen, auch verfolgen zu können. Oder wir merken, nicht so stark zu sein wie gedacht. Um eine kognitive Dissonanz aufzuheben, können wir zum einen das Problem, das dem Gefühl zugrunde liegt, lösen. Wir können alternativ die Erwartungen, die wir an uns selbst haben, runterschrauben, oder die Unterschiede zwischen Herz und Hand abschwächen, indem wir unsere Überzeugungen und unser Verhalten nochmals miteinander abgleichen. Auch kann erneutes Nachdenken oder auch Ablenkung Distanz schaffen zu den ursprünglichen Gefühlen und Gedanken. Sie haben verschiedene Möglichkeiten, mit den eigenen Grenzen umzugehen. Zum »Einfach machen« können Sie Ihren Gestaltungsspielraum erweitern, indem Sie sich aktiv mit den eigenen Grenzen auseinandersetzen.

»Geht nicht« gibt's nicht?

Ich unterstelle Ihnen, dass Sie Ihre persönlichen Grenzen im Beherrschen von Komplexität möglichst weit verschieben wollen. Sonst wären Sie in diesem Buch nicht bis hier vorgedrungen. Vielleicht sind Sie sogar bereit, für sich keine Grenzen im Googelsieren anzuerkennen und denken: »Nach dem, was ich bisher gelesen habe, wüsste ich nicht, welche Herausforderung im Umgang mit Komplexität mich noch erschüttern kann.« Diese hohe Eigenmotivation und dieses ausgeprägte Selbstbewusstsein sind gut. Eine Haltung nach dem Motto »›Geht nicht‹ gibt's nicht« ist sicher nicht verkehrt, um offen zu sein gegenüber allem, was auf Sie zukommt. Zu dieser Offenheit gehört auch, das Erfahren persönlicher Grenzen zuzulassen, denn: »Geht nicht« gibt's doch.

Dass bei allem Optimismus der Respekt vor eigenen Grenzen wichtig ist, ist in unserer Abstammung begründet. Wir haben eine Aversion vor Verlust und wollen Unsicherheiten vermeiden. Kein Mensch geht jedes Risiko ein. Wer das tut, der lebt, je nachdem, was er macht, bestimmt nicht lange oder zumindest sehr gefährlich. Aber so weit brauchen Sie gar nicht denken. Es ist nicht jedermanns Sache, sich unbefangen jeder neuen Anforderung zu stellen. Zwar gehört zum Googelsieren immer auch ein kleines Risiko dazu, das wir allein dadurch eingehen, indem wir gewohnte Bahnen verlassen. Ab und zu Bedenken zu haben ist jedoch sehr menschlich. In diesem Kapitel geht es also darum, wie Sie mit Ihrem Selbstschutz umgehen und Grenzen überwinden.

Grundsätzlich ist, wie im ersten Teil des Buchs dargestellt, eine mögliche Überforderung zunächst positiv. Anspruchsvolle Ziele, die schwer erreichbar sind, motivieren uns viel besser als Ziele, deren Realisierung von vornherein absehbar ist. Zwangsläufig fällt das Engagement geringer aus und wir bleiben unter unseren Möglichkeiten. Unerwartetes und Außergewöhnliches zu leisten und zu erreichen macht sehr zufrieden. Der Reiz, sich dafür einzusetzen, ist hoch. Sich mit einem angestrebten Ergebnis zu überraschen, ist jede Anstrengung wert, unabhängig von materieller Belohnung.

Es ist eine Kunst, Anforderungen rechtzeitig etwas zurückzuschrauben, bevor die Überforderung zu groß wird – ob als Führungskraft die von Mitarbeitern oder die eigenen. Mögliche Frühindikatoren für eine Überforderung sind von der Tätigkeit abhängig. Meist handelt es sich um zunächst kleine Veränderungen. Im Studium oder in der Ausbildung können dies untypische Fehler in Prüfungen, Übungsarbeiten oder Tests sein. Außerhalb von Null-Toleranz-Berufen (wie Arzt, Pilot et cetera) weist neben einer erhöhten Fehlerquote auch plötzlich mangelnde Zuverlässigkeit von Lieferungen oder Ergebnissen auf Überforderung hin. Ebenso können bisher nicht gekannte Probleme in den Abläufen (die ständiges Nachfragen und Nacharbeiten oder die mehrfache Vorlage von Unterlagen nach sich ziehen) stutzig machen.

Im Umgang mit Komplexität können die Anforderungen zu hoch sein ungeachtet aller Fähigkeiten, die Sie sich zum Beispiel mit der Lektüre dieses Buchs angeeignet haben. Das äußert sich darin, wenn Sie bei Aufgaben nicht wissen, wo Sie ansetzen sollten, danach nur schleppend vorankommen und auch das Ergebnis nicht Ihren

Vorstellungen entspricht. Nachträgliche Veränderungen der Ausgangslage oder solche, die während der Bearbeitung einer Aufgabe entstehen, können dazu führen, dass Ihre Grenzen erreicht oder sogar überschritten werden. Außergewöhnliche Umstände (wie ein neuer chaotischer Kunde oder Kollege, eine Umstrukturierung der Abteilung oder des Unternehmens, private Probleme et cetera) könnten wiederum der Auslöser sein für uns selbst bis dahin unbekannte Fehler. Dabei ist vielleicht die Aufgabe an sich nicht außergewöhnlich oder neu. Veränderte Rahmenbedingungen können Fähigkeiten abverlangen, die wir so nicht besitzen oder die wir nicht aktivieren können – zumindest auf den ersten Blick.

Optimal wäre es natürlich für uns, aus der Not eine Tugend zu machen, also eigene Potenziale zu entfalten, die bisher nicht aktiviert werden konnten. Dies gilt vor allem für Berufsfelder, die einem permanenten Wandel unterzogen sind, wo das, was heute richtig ist, morgen falsch sein kann. Ob in der Medizin, in der IT oder im Bereich Kommunikation: »Best Practice« veraltet relativ schnell – auch auf der individuellen Ebene. Dadurch erhöhen sich die Anforderungen in einer Branche automatisch, um als einzelne Person Schritt zu halten. Die Aufgaben haben sich sukzessive verändert und sie sind anspruchsvoller geworden, was in vielen Bereichen durch technische Innovationen und die Digitalisierung ausgelöst wird.

Optionen vor Augen halten

Sie sind jetzt dafür sensibilisiert, wie das Gefühl von Überforderung entsteht. Sie wissen nun auch, wie Sie damit umgehen können, um nicht an Ihre Grenzen zu stoßen. Machen wir eine kleine Übung. Denken Sie an die Situation, als Sie sich zuletzt überfordert gefühlt haben. Wählen Sie eine Situation aus, in der es vor allem außergewöhnliche Umstände waren, die Sie »aus der Bahn geworfen« haben. Mit diesem konkreten Szenario vor Augen können Sie sich nun bewusst machen, wie Sie damals die kognitive Dissonanz gelöst haben und welche anderen Optionen Ihnen jetzt, mit ausreichend Distanz zum Ereignis und dem Wissen aus diesem Buch, spontan einfallen. Schreiben Sie alle Varianten stichpunktartig auf und prüfen Sie, inwieweit sie Ihr Handeln damals positiv beeinflusst hätten.

Diese Betrachtung ermöglicht Ihnen zu beurteilen, ob die Anforderungen tatsächlich zu hoch gewesen sind. Idealerweise haben Sie nun die Option ausmachen können, die Ihnen das damals ausweglose Gefühl der Überforderung annehmbarer gemacht und bei dessen Bewältigung geholfen hätte.

Dieses Verfahren können Sie auch in Zukunft anwenden. Ich gebe Ihnen gern wieder Beispiele, wie ich mich in solchen Situationen verhalte. Fall eins: Mitten in einem laufenden Projekt – bei einem Kunden sollte ein neues IT-System eingeführt werden – ordnete eine Regulierungsbehörde eine Sonderprüfung zum Risikomanagement an und forderte entsprechende Berichte an. Leicht war es, den Kunden zu beruhigen, denn es wäre müßig gewesen, über die Ursache für die Anordnung zu spekulieren. Es ist, wie es ist. Zunächst wurde, damit sich die Anspannung legte, die Behörde überzeugt, die Frist zur Prüfung einen Monat zu verlängern. Mit dem neuen IT-System konnten dann aber die Berichte nicht generiert werden. Diese Situation war neu – für den Kunden in technischer Hinsicht und für mich als Berater beim Change Management. Zunächst herrschte Ratlosigkeit. In der laufenden Implementierung des neuen IT-Systems wurde alles, was außerhalb des für die Behörde erforderlichen Reportings lag, verschoben. Die Aufmerksamkeit wurde darauf gelenkt, alle Fähigkeiten dafür mobilisiert. Auch außerhalb der IT wurden Kundenprojekte umdisponiert, die noch nicht so relevant waren – die Behörde war ja auch ein Kunde, dessen Auftrag, bestimmte Angaben zu machen, erledigt werden musste. Letztlich lief nicht alles perfekt, aber gut genug und anders als gedacht. Der Termin wurde gehalten und die Prüfung bestanden. Einigen unangenehmen und ungewohnten Verzögerungen, die auch ich zu akzeptieren hatte, standen ungeahnte Vorteile gegenüber, zum Beispiel im System wichtige Fehler entdeckt und behoben zu haben, die sonst nicht bemerkt worden wären.

Das zweite Beispiel bezieht sich ebenfalls auf meinen Job. Wir haben eine Methode entwickelt, um die Kultur eines Unternehmens zu bewerten. Damit kann dem jeweiligen Management verdeutlicht werden, was zu tun ist in dem Stil: Wenn ihr von A nach B möchtet, zum Beispiel mithilfe einer neuen Strategie, können die und die Konflikte entstehen, weshalb folgende Handlungsfelder einbezogen werden müssen, damit das Ziel erreicht wird. Die Methode hat sich in Unternehmen von unterschiedlichster Größe und Struktur bewährt. Dann kam es nach einer Analysephase in einem Unternehmen zu einem Wechsel im Management: Das Unternehmen hatte ein anderes Unternehmen gekauft, um die anvisierte neue Strategie noch besser umsetzen zu können.

So eine plötzliche grundlegende Veränderung hatte ich kurz nach einer Analyse noch nie erlebt, ich musste meine eigene Grenze erkennen. Plausibel wäre gewesen, wegen der veränderten Situation unsere Arbeit noch mal von vorne zu beginnen. Dafür war aber keine Zeit, es musste schnell gehen und die Komplexität war deutlich gestiegen. Ich sollte eine aussagekräftige Bewertung erstellen und eine Empfehlung abgeben. Die etablierte Methode war dafür nicht geeignet. Die Grenze war erreicht. Ich griff zur Szenariotechnik: Die bisherigen Ergebnisse wurden mit der neuen Situation verknüpft und plausible Szenarien entwickelt, ohne mit den Führungskräften und Mitarbeitern ein weiteres Gespräch zu führen. Davon ausgehend wurde überlegt, was wahrscheinlich ist, was sich am besten für die Zielerreichung eignet und welche Option am schlechtesten wäre. Daraus ergaben sich wiederum verschiedene Handlungsmöglichkeiten. Entschieden wurde sich für die beste Variante. Es ging nicht um Zweckoptimismus, sondern darum, mithilfe eines klaren und überzeugenden Vorgehens das Ziel zu erreichen: bewerten und empfehlen. Mit dieser Grundlage konnte das Management die Führungskräfte und Mitarbeiter für die anstehenden anspruchsvollen Aufgaben abholen. Somit hatte sich meine etwas riskante Entscheidung, keine weiteren Gespräche mit den Beteiligten zu führen, als richtig erwiesen.

In beiden Fälle wurden mir meine Grenzen gezeigt und wie ich mit diesen umgehen und sie verschieben kann. Nachträglich betrachtet bin ich sogar froh, durch die jeweiligen Komplikationen, ausgelöst durch Komplexität, meine Anpassungsfähigkeit erhöht und Risikoaversion gesenkt zu haben.

Sich Zweifeln stellen

Sie kennen die Zeichen, an denen Sie Ihre Zweifel erkennen. Sie beobachten an sich ungewöhnliches Verhalten bei den üblichen Aufgaben. Sie grübeln und hadern mit sich, denn Sie merken, dass ihre Leistungen schlechter werden. Oder die Anforderungen, denen Sie bislang gewachsen waren, haben sich geändert, erscheinen Ihnen zu hoch oder sind es tatsächlich. Das ist, je nach Erfahrung und bisherigem Karriereverlauf, zunächst eine Überraschung oder gar ein Schock.

Sie dürfen auch dieses Gefühl zulassen. Zweifeln Sie und, soweit zeitlich machbar, schnaufen Sie ein bisschen durch. Danach gilt es, sich über die Folgen Klarheit zu verschaffen. Früher oder später wird auch Ihren Kollegen, Vorgesetzten oder Kunden auffallen, dass Sie sich anders verhalten, was sich negativ für Sie auswirken könnte. Um Ihre persönliche Grenzerfahrung näher zu betrachten, eignen sich folgende Fragen:

✓ *Fakten sortieren:* Sind meine Zweifel nachvollziehbar oder habe ich zu viel erwartet? Fehlt mir die nötige Kompetenz? Habe ich tatsächlich meine Grenzen erreicht?

✓ *Optionen sondieren:* Kann ich die Situation selber lösen? Was brauche ich zusätzlich? Kann ich Unterstützung erhalten? Welche Szenarien sind tragfähig?

✓ *Haltung und weiteres Handeln anpassen:* Je nach Szenario habe ich Grenzen zu akzeptieren und daraus Konsequenzen zu ziehen. Oder kann ich meine Grenzen verschieben und neue Chancen nutzen?

Grenzen zu erreichen kündigt sich nicht immer an. Eine Überforderung tritt zuweilen spontan ein, wenn eine Anforderung an sich schlicht »eine Nummer zu groß ist.« Sind wir anhand der Antworten auf obige Fragen überzeugt, unsere Grenze erreicht zu haben, sollten wir uns keinesfalls überreden oder überrumpeln lassen, egal, welche Rolle und Funktion wir haben. Je engagierter Sie sind, desto schwerer fällt Ihnen zunächst, innezuhalten und danach vielleicht sogar Nein zu sagen. Dabei kann, wenn Sie sicher sind, dass die Anforderungen zu hoch sind, ein Nein ein Zeichen von Stärke sein. Sie können nämlich einschätzen, über welche Fähigkeiten Sie verfügen und für welche Arbeiten Sie aktuell weniger geeignet sind. Langfristig zahlt sich diese Haltung immer aus. Im Alltag braucht es jedoch einiges an Überwindungskraft, selbstbewusst zu seinen Grenzen zu stehen und etwas abzulehnen.

Ich kann Ihnen von mir sagen, dass auch nach über 20 Jahren Erfahrung und vielen neuen Methoden, die ich mir angeeignet habe, es jährlich immer noch ein oder zwei Situationen gibt, in denen ich Kunden absage, weil ich eine Aufgabe nicht übernehmen möchte, da ich und meine Mitarbeiter sie nicht darin unterstützen können, das anvisierte Ziel zu erreichen. Dies auszusprechen kostet mich immer wieder Überwindung, mehr noch, als selbstbewusst »ins kalte Wasser zu springen«. Am Rand stehen zu bleiben, wenn ich weiß, dass ich bei bestem Willen nicht ans andere Ufer gelange, sondern untergehen könnte, ist unangenehmer, als sich beherzt überwinden zu können.

Sich überwinden lernen

Bungee- oder Fallschirmspringen, Kletterwände oder Berggipfel bezwingen oder ... oder ... All das bringt nichts! Aus Überwindungsübungen in einer Parallelwelt ziehen wir nichts für die eigentlich wichtigen Aufgaben im »normalen« Leben und im Job. Sich einmal in einer außergewöhnlichen, unbekannten Situation zu fordern, ist gerade deshalb möglich, weil diese einmalig ist. Im (Berufs-)Alltag sind die Anforderungen komplexer. Selten geht es um das Erleben eines isolierten Aspekts und meistens sind die anstehenden Aufgaben wenig spektakulär. Daher ist es in vielen Unternehmen nichts Ungewöhnliches, dass Mitarbeiter bei Betriebsausflügen überraschende Fähigkeiten zeigen und am nächsten Arbeitstag die Bereitschaft zur Veränderung genauso gering ist wie vorher.

Überwindung ist die freiwillige Entscheidung, zwischen Alternativen nicht die einfachste zu wählen. Niemand sollte etwas tun, nur um sich zu überwinden. Wer sinnbildlich ins kalte Wasser springt, nur um zu springen, macht etwas falsch. Deshalb bringt es auch nichts, sich Extremsituationen auszusetzen, um für den Alltag etwas zu lernen. »Mutproben« sind für unsere Herausforderungen im Alltag bedeutungslos.

Zum Beherrschen von Komplexität könnten Sie sich zum Beispiel überwinden müssen, nicht bedingungslos am heute Guten festzuhalten, damit Fehler vermieden werden. Die Kraft dazu kann Ihnen kein Chef oder Lehrer »verordnen«. Beide können uns Perspektiven aufzeigen, diese Kraft zu mobilisieren und, soweit noch nicht geschehen, überhaupt erst zu entdecken. Am Ende gilt: Eigene Grenzen zu überwinden müssen wir wollen. Das kann uns keiner abnehmen.

Überwindung ist, psychologisch betrachtet, eine emotionale Selbststeuerung. Eine Tätigkeit, die wir durch Überwindung erfolgreich ausüben, ist von tiefer und anhaltend positiver Bedeutung für unser Handeln. Die Angst vor einem künftigen Misserfolg wird reduziert. Denn von der Erinnerung daran, dass wir uns mit Erfolg überwunden haben, können wir lange zehren, gerade wenn es einmal nicht so gut zu laufen scheint. Wenn ein Projekt auf der Kippe steht, hilft das Wissen darum, dass schon einmal durch zusätzliche Energie Probleme gelöst und trotz aller Zweifel ein optimales Ergebnis erzielt wurden.

Diese Selbstbilder können unsere Überwindungskraft im Alltag aktivieren, wenn wir nicht durch eine besondere Krisensituation ohnehin einen natürlichen Adrenalinschub bekommen – dann müssen wir uns nicht mehr überwinden. Wir schaffen uns motivierende Selbstbilder, wie die Unterteilung einer Marathondistanz in kleine Abschnitte, die wir Schritt für Schritt schaffen wollen. Dazu passt an dieser Stelle ein alltägliches Beispiel, in dem die Komplexität in uns selbst schlummert und uns an guten Absichten hindert. Das Beispiel sind die berühmten guten Vorsätze für ein neues Jahr.

Das passiert jedes Jahr aufs Neue im Fitnessstudio, wenn bisher eher unsportliche Menschen plötzlich mehrfach in der Woche die Hanteln schwingen, schnell die Muskeln und Gelenke schmerzen und sie sich dennoch zum Training zwingen. Irgendwann sind sie genauso plötzlich wieder verschwunden, weil sie völlig verspannt oder gar verletzt die ganze Sache aufgegeben haben. Viel besser wäre gewesen, die Überwindung, etwas Neues anzupacken, in kleine Abschnitte zu teilen und kontinuierlich in einen Rhythmus einfließen zu lassen, zunächst nur zweimal in der Woche und nur 30 Minuten Sport zu treiben und dann behutsam zu steigern – früher oder später ist dann keine Überwindung mehr nötig, weil nach einem ersten Anstoß eine neue Routine in unserem Leben fest verankert wurde.

Deshalb scheitern auch viele Versuche zum Abnehmen: viel zu schnell soll das Ziel erreicht werden, statt Schritt für Schritt das Verhalten anzupassen. Und wenn das Ziel erreicht wird, kommt der Rückfall, da die ursprüngliche Überwindung nicht in Gewohnheit übergegangen ist, zum Beispiel sich anders zu ernähren und zu bewegen. Die Last der zusätzlichen Anstrengung sollte immer der Lust an der erreichten Veränderung weichen. Nur bei akuter Gefahr, zum Beispiel für die Gesundheit, sollte radikal umgestellt werden – dann ist auch der *Druck* unausweichlich.

Auch von faszinierenden, großen, langfristigen Zielen geht nicht die notwendige Überwindungskraft aus, um täglich »die Extrameile zu gehen«. Selbst wenige Monate vor Olympischen Spielen, wenn für mich ein Trainingsabschnitt ungewöhnlich hart war, brachte mich der Gedanke daran nicht weiter. Es zählte das Ergebnis des jeweiligen Tages. Die Perspektive, bald bei Olympia anzutreten, reichte dann nicht aus. Auch heute im Job ist ein tolles Jahresziel allein zu wenig, um sich nach einer verpatzten Präsentation am nächsten Tag zu überwinden, weiterzumachen und sich wieder Höchstleistung abzufordern. Das mögliche konkrete Resultat meiner Arbeit am nächsten Tag – ein guter Workshop bei Kunden, die Idee für eine Veranstaltung oder ein erfolgreiches Seminar – sorgt für den Impuls, erneut einen Schritt nach vorne zu machen. Und wenn auch das nicht hilft, denken Sie an Sokrates: Nicht das Hinfallen ist schlimm, sondern es ist schlimm, wenn man dort liegen bleibt, wo man hingefallen ist.

Die Vorstellung des gewünschten Ergebnisses oder der Erfahrungen auf dem Weg zu einem Ziel kann uns motivieren und die innere Kraft auslösen, um sich selbst zu überraschen, weil mehr als das

Erwartete geleistet wurde. Im Sport ist das der Trainingstest oder ein Wettkampf. Dafür ackern Aktive auf der Laufbahn, auf dem Sportplatz oder in der Trainingshalle. Um sich im Beruf noch mehr ins Zeug zu legen, kann die Aussicht auf eine neue, leistungsfähigere Software oder Maschine hilfreich sein. Ein weiteres Beispiel ist der Hausbau: Die Perspektive, dass aus den eigenen Plänen Wirklichkeit wird, lässt uns immer wieder neu anpacken. Falls die Vorstellung des fertigen Hauses nicht reicht, weil es so weit weg erscheint, können Zwischenziele Kraft geben, angefangen bei der perfekt gegossenen Bodenplatte über das Richtfest bis zur Einweihung.

Wenn es möglich ist, können Etappen auf dem Weg zu einem Ziel eingebaut werden, die das vermeintlich Unerreichbare in greifbare Nähe rücken, nicht nur beim Hausbau. Auch andere Menschen, die sich mit Ihnen auf Augenhöhe befinden und die geforderte Leistung bereits vollbracht haben, können unterstützen: »Wenn der das kann, kann ich das wohl auch.« Auch Impulse wie dieser können unsere Kraft zur Überwindung stärken.

Und wenn wir geschafft haben, dass unser Selbstbild in der Realität bestätigt wird? Dann erkennen wir durch diese Erfahrung nachhaltig einen tieferen Sinn in dem, was wir tun, leisten oder schaffen wollen. Dies gilt vor allem, wenn das Ergebnis ohne Überwindungskraft nicht erreicht worden wäre. Gerade hinter jenen mit Leichtigkeit realisierten Zielen steckt häufig viel Arbeit, Fleiß und Überwindung. Ob Artisten im Zirkus, mit dem Oscar prämierte Schauspieler oder auch Studenten mit brillanten Abschlüssen – immer ist es in der Vorbereitung irgendwann zu Situationen gekommen, die Überwindung gekostet haben, um noch besser zu werden.

Sich bei der Erfüllung alltäglicher Aufgaben zu überwinden, stimmt optimistisch und ermöglicht eine positive Grundstimmung. Dann erschrecken uns die eigenen Grenzen, zum Beispiel im Umgang mit Komplexität, nicht mehr so. Wir stellen uns der Erkenntnis, Grenzen vielleicht erreicht zu haben. Und wir ergreifen umgekehrt die Gelegenheit, eigene Grenzen zu verschieben.

Mit der entsprechenden Grundhaltung müssen wir uns nicht mehr einreden, dass wir uns mal zusammenreißen sollten. Das wäre negativ und psychisch anstrengend, wenn wir uns auf die Art und Weise auf Dauer überwinden. Sie hielte uns eventuell davon ab, uns beim nächsten Mal zu überwinden. Mit positiven Selbstbildern kommt dagegen in Situationen, in denen Überwindungskraft gefordert ist, der Gedanke auf: »Jetzt kann's losgehen.« Dann ist Überwindung ein schönes Erlebnis, auch wenn es etwas wehtut.

Aus diesem Kapitel nehmen Sie wichtige Impulse mit zum »Einfach machen«, wenn es einmal schwerer wird als gedacht. Sie können sich damit Ihren möglichen Grenzen im Beherrschen von Komplexität stellen. Sie scheuen dann weder den erforderlichen geordneten Rückgriff auf vorhandene Fähigkeiten noch mutiges Voranschreiten, um eigene Grenzen zu überwinden.

Nach allen 18 Kapiteln bisher kennen Sie viele Instrumente und Methoden für den Umgang mit Komplexität. Zum Gelingen dürfte – zum Abschluss des Buchs – Ihr dringendes Anliegen nun sein, für sich zwei Fragen zu klären: Was mache ich denn jetzt? Wie kann ich losgehen? Davon handelt das letzte Kapitel.

Tipps zu diesem Kapitel

➤ Zweifel zulassen: Risiken wahrnehmen und mögliche negative Auswirkungen einordnen.

➤ Überforderung aufgreifen: Wenn nicht anders machbar, Aufgaben, Vorgehen und Verhalten an eine neue Situation anpassen.

➤ Überwindung genießen: Erfahrung zur Motivation für die Bewältigung neuer Herausforderungen nutzen.

19. Eigene Regeln setzen

Googelsieren ist nicht statisch und kein festgelegtes Verfahren von A bis Z. Sie werden auch nie bei Z ankommen, das bedeutet, alle notwendigen Kompetenzen erworben zu haben, die nur noch abgerufen werden müssen. Es kommt immer wieder etwas Neues dazu. Sie haben Ihre Kombination an Aktivitäten, müssen Ihren Rhythmus finden und diesen immer wieder überprüfen und neu justieren. Damit Ihnen dies gelingt, brauchen Sie Regeln. Und die sollten möglichst einfach sein.

Mit Ihren Regeln geben Sie sich quasi den Rahmen zur Entwicklung Ihres eigenen Rhythmus für den meisterhaften Umgang mit Komplexität, passend zur jeweiligen Situation und Zielsetzung, die sich verändern werden im Laufe der Zeit. Daraus entsteht kein Regelwerk, das für jedermann zu jederzeit gültig ist. Sie formen mit Ihren eigenen Regeln das für Sie passende »Rezept« zum meisterhaften Umgang mit Komplexität. Wie beim Googeln, wo ein ständig optimierter und einzigartiger Algorithmus aus immer mehr Daten und Informationen die besten Suchergebnisse für Sie erzielt, entwickeln Sie Ihre eigenen Regeln immer weiter, verfeinern Sie das Rezept, geben etwas hinzu oder lassen etwas weg, das sich nicht bewährt hat.

Die »Zutaten« für Ihre Regeln, aus denen Ihr Erfolgsrezept entsteht, hat Ihnen dieses Buch geliefert. Bestimmt haben Sie bereits Gedanken im Kopf wie dass ein Kapitel für Ihre Situation besonders relevant ist, dass Sie in einem Punkt bereits gut aufgestellt sind oder woanders Defizite oder Hindernisse erkennen, die Sie ausräumen möchten.

So ergeben sich aus der bisherigen Lektüre dieses Buchs für Sie wichtige Grundlagen, aus denen Regeln formuliert werden können. Oder Sie greifen jetzt zum Stift oder in die Tastatur und fassen für sich die wichtigsten Ergebnisse kurz zusammen. Sind Sie fertig? Dann sind Sie bereit zum Googelsieren!

Mein Regelwerk ist überall tauglich

Ich lasse Sie jetzt natürlich nicht allein. Sie werden sich vielleicht fragen, wie ich es denn halte, welche Regeln ich habe. Gerne stelle ich Ihnen diese vor! Sie sind kein Geheimnis und ich kann ganz offen darüber reden. Die Regeln passen zu mir, meinen Zielen und der Art und Weise, wie ich Komplexität angehe und für mich nutzbar mache. Bei meinen Regeln gibt es keine Hierarchie, sie stehen gleichberechtigt nebeneinander und ergänzen sich. Sie haben sich entwickelt und sahen vor zehn Jahren anders aus. Sie taugen für mich in nahezu jeder Situation im Umgang mit Komplexität – zumindest aktuell. Was in fünf Jahren ist, kann ich Ihnen nicht sagen.

»*Mäßig, aber regelmäßig*«: Das ist mein Rahmen, in dem ich alles anpacke, ohne es auf die Spitze zu treiben und rechts und links nichts zu übersehen. Für viele ein wichtiger Aspekt im Umgang mit Komplexität sind die digitalen Medien und sozialen Netzwerke. Ich nutze diese regelmäßig, aber eben nur mäßig, sprich: Es gibt Auszeiten, etwa einen Tag in der Woche meist ganz abzuschalten, um den Kopf freizubekommen. Zusätzlich habe ich mir den permanenten Standby-Modus abgewöhnt durch Abschalten aller »Push-Funktionen« für Mails und in Netzwerken. So kann ich Kontakt halten, wann und wie ich möchte, und werde über die neuesten Trends, die in meinem Beruf wichtig und das Ergebnis der komplexen Vielfalt in meiner Branche sind, zur gewünschten Zeit informiert. Daraus ergibt sich für mich ein Work-Life-Blending, eine eigenverantwortete Vermischung von Arbeit mit dem restlichen Tagesablauf. Auch dieses

Buch ist so entstanden, nicht in einer monatelangen Klausur, sondern über einzelne Denk-, Recherche- und Schreibphasen hinweg, teilweise auch im Urlaub, wenn die Ideen sprudelten.

»Mut zur Lücke«: Mit dieser Regel gehe ich bewusst das Risiko ein, einzelne Anlässe oder Aspekte, Inhalte oder Themen zu verpassen, um mich auf das Wesentliche zu konzentrieren. Auch das Buch hat, so hoffe ich, davon profitiert, Lücken gelassen, um es nicht auf 500 Seiten anschwellen zu lassen (was leicht möglich gewesen wäre) und dadurch für Sie die Komplexität nicht unnötig zu erhöhen. Für den Alltag bedeutet diese Regel, bewusst Informationen nicht zu berücksichtigen, von denen ich überzeugt bin, dass sie nur unwesentliche Details enthalten. Ich weiß, was ich nicht weiß, weshalb mir nachgesagt wird, sehr fokussiert wirklich wichtige Einzelheiten herausarbeiten zu können, statt mich darin zu verlieren, um so zum Beispiel berufliche Projekte in meiner Beratungstätigkeit zum Erfolg zu führen.

»Nicht hadern, was verpasst wurde, darauf konzentrieren, was gemacht und besser werden kann«: Diese Regel zu berücksichtigen fällt mir zugegebenermaßen manchmal am schwersten, wenn etwas anders kommt als erhofft. Das passiert oft. Aber was soll ich tun? Griesgrämig sein hilft auch nicht weiter und demotiviert eher meine Mitarbeiter. Eine Nacht, manchmal zwei oder drei, darüber schlafen und dann wieder in den Gestaltungsmodus wechseln. Daran erinnert mich diese Regel, besonders wenn das Umschalten schwerfällt. Die innere Stimme sagt dann: »Hey, Michael, du weißt doch bestimmt, was du jetzt machen kannst. Überlege mal!« Bilder zur Selbstermutigung unterstützen mich dabei, wieder aufzustehen und weiterzumachen. Resilienz nennt man diese Fähigkeit heute neudeutsch. Und ich habe den Eindruck, dass sie durch die wachsende Zahl komplexitätsbedingter Rückschläge wichtiger geworden ist. Aber das kann bei Ihnen auch anders sein.

»Sagen, was ich tue, und tun, was ich sage«: Zur Beherrschung von Komplexität ist diese Regel für mich elementar, da sie mich dazu anhält, mich auf das zu konzentrieren, was ich beeinflussen kann. Zugleich »scanne« ich zum Beispiel bei Projekten stets die größten Risiken mit der höchsten Eintrittswahrscheinlichkeit, die meist außerhalb meines Einflussbereichs sind, und lasse den Rest unberücksichtigt. Damit kenne ich nicht alle, aber die wichtigsten Einflüsse von Komplexität, die ich absehen kann, und habe ein Gefühl dafür, dass sich Unerwartetes und Unkalkulierbares einstellen könnte. Der schöne Nebeneffekt ist: Ich halte meine Versprechen immer ein. Als Folge dessen weiß meine Umgebung die damit einhergehende Zuverlässigkeit sehr zu schätzen.

»Bloß nicht eindimensional werden«: Diese Regel ist für mich neu und in der Testphase. Denn gerade in meinem Beruf besteht die ständige Gefahr der Spezialisierung und verfrühten Festlegung auf ein Instrumentarium, das sich bewährt hat. In der Beratung von Unternehmen gilt aber: Was in einem Fall erfolgreich war, könnte beim nächsten Mal die Garantie für Misserfolg sein. Die Digitalisierung sorgt für mich zusätzlich für einen Innovationsschub an Instrumenten und Methoden. Varianten zuzulassen bedeutet für mich zwar erhöhte Komplexität durch mehr Optionen, vor allem jedoch eine höhere Chance für den Erfolg meiner Kunden. So weit die Theorie. Sie können mich ja in ein, zwei Jahren fragen, ob sich diese Regel bewährt hat oder die Komplexität zu sehr und vor allem unnötig gesteigert hat.

Das sind meine Regeln zum »Einfach machen« (aber nicht einfach nachmachen!). Bestimmt haben Sie Zusammenhänge zu den Inhalten der vorherigen Kapiteln erkannt, wie zum Beispiel aus dem ersten Teil: Ich frage mich eher selten, warum sich in meinem Umfeld bestimmte Rahmenbedingungen geändert haben, und vertraue nicht mehr als nötig einfachen Ursache-Wirkung-Zusammenhängen. Auch mache ich mir keine falschen Hoffnungen bezüglich der

Folgen, die aus den Ergebnissen meiner Arbeit resultieren können. Sie wissen ja inzwischen selbst, dass beides, die permanente Suche nach Ursachen und das Streben nach geraden Wirkungslinien, ungeeignet ist, Komplexität zu beherrschen.

Die Regeln an sich sind nicht spektakulär, besitzen aber für meine Tätigkeit und Lebenssituation eine hohe Relevanz und Performanz, das heißt, sie tragen viel dazu bei, meine Kompetenz zu nutzen und mein Handeln in Richtung der gewünschten Ergebnisse zu lenken. Aus dem Zusammenspiel meiner Regeln als Zutaten habe ich mein Rezept kreiert, um Komplexität zu beherrschen. Das gelingt nicht immer, aber immer besser.

Der Sinn von Regeln

Ihre eigenen Regeln schaffen den Rahmen, um Komplexität zu beherrschen, und sorgen dafür, dass Sie nicht von ihren Auswirkungen erschlagen werden oder sich im ständigen Kampf damit aufreiben. Das gesamte Regelwerk wiederum überschreitet nicht die Schwelle der Komplexität, sodass die Regeln nützlich bleiben. Skeptiker unter Ihnen könnten nun einwenden: »Moment mal, mit einfachen Regeln reduziere oder ignoriere ich doch Komplexität. Davor hat mich doch der Autor im ersten Teil des Buchs gewarnt!« Sie hätten recht, wenn Ihre Regeln inhaltsleer, ohne Einfluss auf die Sie umgebende Komplexität wären – so wie zum Beispiel »Mich interessiert Komplexität nicht mehr«. Das wäre nicht nur eine Kapitulation. Vor allem würde diese »Regel« den Verzicht bedeuten, neue Chancen zur erfolgreichen Gestaltung des Lebens zu nutzen. Oder Sie greifen zu einfachen Formeln, um sich die Auswirkungen von Komplexität zu erklären oder zu ignorieren – wie im Fall von »Globalisierung ist schlecht« über »Gegen den Klimawandel kann man wenig mehr machen« bis zu »Entscheidungen in unserem Unternehmen werden nie umgesetzt«. Dieses »Vogel-Strauß-Verhalten«

ist genauso wenig geeignet wie ein breit gefächertes Regelwerk aus genauen Vorschriften zur Durchführung. Das würde nur bei klar abgrenzbaren komplizierten Aufgaben greifen, wenn sich auch die Einflüsse des Umfelds exakt bestimmen und kontrollieren lassen. Damit arbeiten beispielsweise alle Unternehmen, die hohe Sicherheitsstandards verfolgen, wie in der Arzneimittelproduktion. Dieselbe Aufgabe haben Checklisten für Routinetätigkeiten in Berufen mit Null-Fehler-Toleranz, wie sie Piloten vor jedem Start durchgehen. Doch selbst mit einer ausgefeilten Vorbereitung sind alle Auswirkungen, die sich aus den folgenden Ereignissen ergeben können, nicht vorwegzunehmen.

Komplexität mit Komplexität zu begegnen stiftet stets mehr Verwirrung und sorgt für zusätzlichen Klärungsbedarf. Zwei Beispiele zur Verdeutlichung: Die Steuergesetze, die dazugehörigen Verordnungen, Vorschriften und Gerichtsurteile haben einen Umfang angenommen, der jeden Steuerpflichtigen und auch Steuerberater überfordert. Auslöser dafür ist die Absicht des Gesetzgebers, so vielen Wünschen und Anforderungen gerecht werden zu wollen – wenn man das Ganze positiv betrachtet. Dieser Versuch, allen Fällen ein faires Verfahren zu ermöglichen, hat ein ausgeufertes Werk hervorgebracht, womit nichts dem Zufall überlassen werden soll. In einem Test wurden in den USA, deren Steuergesetze genauso komplex sind wie unsere, 45 Steuerberater gebeten, auf der Basis identischer Angaben den Steuerbescheid für eine fiktive Familie zu erstellen. Das Ergebnis waren 45 verschiedene Steuerbeträge von 36.000 bis über 94.000 US-Dollar. Diese komplexitätsbedingte Variabilität wollen auch in Deutschland viele Menschen für sich nutzen. Als Folge dessen gibt es hier inzwischen fast 100.000 Steuerberatungsgesellschaften. Im Jahr 2000 waren es nur gut 60.000. Wenn Sie von Komplexität finanziell profitieren wollen, wäre Steuerberater der passende Beruf für Sie, denn die Einnahmen sind stabil.

Bleiben wir auch im zweiten Beispiel bei Zahlen und beginnen mit einer ganz einfachen Frage: Wie viele Möglichkeiten gibt es, um sechs klassische Legosteine mit jeweils vier mal zwei Noppen zusammenzusetzen? Fangen Sie mit zwei Steinen an und mit etwas Nachdenken kommen Sie auf die Zahl 24. Bei drei Steinen wird es schon schwierig – es sind 1.560 Möglichkeiten. Bei sechs Steinen herrschte jahrzehntelang die einhellige Meinung von 103 Millionen Möglichkeiten vor. Vor ein paar Jahren haben dann zwei Mathematiker mit neuen Hochleistungscomputern über mehrere Wochen ermittelt, dass es 915 Millionen sind. Bei sieben Steinen sind es 85 Milliarden. Wenn absolute Profis mit technischer Unterstützung Wochen benötigen, um auf eine einfache Frage, die keinen äußeren Einflüssen unterliegt, die richtige Antwort zu finden, werden wir es im Umgang mit Komplexität nicht schaffen, effektive und umfassende Lösungen zu finden und anzuwenden. Ich hoffe, dass nun auch die letzten Skeptiker überzeugt sind, dass komplexe Systeme mit einfachen Regeln besser zu beherrschen sind als mit komplizierten Lösungen.

Regeln setzen

Einfache Regeln für sich zu bestimmen, diese fortlaufend zu verbessern und anzupassen, ist nicht trivial, wenn diese uns in die Lage versetzen sollen, Komplexität besser zu beherrschen. Perfekt wird unser Regelwerk bei aller Anstrengung nie sein, weil wir, ähnlich wie beim Hase-und-Igel-Spiel, der Komplexität immer einen Schritt hinterherhinken werden. Aber besser einen als noch mehr Schritte hinterher.

Um den Abstand immer möglichst gering zu halten, sollten wir uns als Erstes darüber klar sein, dass Regeln, die wir uns geben, veränderbar sind. Vor dem Hintergrund neuer Erfahrungen und Fakten, wechselnder Ziele und weiterer Bedingungen können sie sich jederzeit wandeln. Dies sollte in einem strukturierten Prozess erfolgen, um unser Regelwerk nicht wie die Steuergesetze ausufern zu lassen, sodass es kompliziert und damit für den Einzelnen unüberschaubar und somit wirkungslos ist.

Wenige wirksame Regeln: Einfache Regeln bestehen aus wenigen Punkten, die für die wichtigsten Sie betreffenden Auswirkungen relevant sind. Aus den Regeln ergibt sich jeweils eine begrenzte Anzahl von Handlungsmöglichkeiten. Jede Regel hält uns an, uns auf das zu konzentrieren, worauf es uns in einer Situation oder bei einem Ereignis am meisten ankommt. Daraus folgt keine Vereinfachung der Komplexität. Sie werden sich jedoch auf die entscheidenden Faktoren und die Fähigkeiten konzentrieren, die Ihnen jetzt helfen. Die ansonsten vorhandenen vielen Variablen und Unwägbarkeiten bleiben zwar bestehen, werden jedoch nicht berücksichtigt.

Engpässe und Stellschrauben bestimmen: Der Flaschenhals, der Ihre persönliche Entwicklung und den Umgang mit Komplexität behindert, sowie die dazugehörigen wichtigen Fähigkeiten oder Verhaltensweisen, sollten sich in den Regeln wiederfinden. Durch die Lektüre bis hierher wird ihnen dazu bereits einiges im Kopf herumschwirren, wo Sie für sich ansetzen können. Jetzt können Sie konkret werden:

➤ Was bedauern Sie, in den letzten Jahren verpasst oder nicht so gut gemacht zu haben?

➤ Was bereitet Ihnen am meisten Sorgen im Umgang mit Komplexität?

➤ Was sollten Sie als Erstes verbessern? Drei Dinge stehen vielleicht besonders im Vordergrund.

Und schließlich:

➤ Wie würde ein Mensch, dem Sie vertrauen, wie zum Beispiel einem Freund, Partner oder den Eltern, diese Fragen für Sie beantworten?

➤ Gibt es vielleicht Vorbilder oder Ereignisse, die für Sie inspirierend sind?

Über die Antworten auf diese Fragen bekommen Sie erste Hinweise auf Themen, die Ihre Regeln abdecken sollten, um Ihr Leben erfolgreicher zu gestalten.

Konkrete Entscheidung und Handlung: Aus einer Regel heraus sollten Sie Entscheidungen leichter fällen können sowie sich Aktivitäten ergeben, die Sie wesentlich überzeugter und konsequenter angehen können. Die Regeln sind umso wirksamer, wenn durch die Entscheidungen oder Ihr Handeln Hindernisse auf dem Weg zu Ihren Zielen aus dem Weg geräumt werden. Achten sollten Sie dabei darauf, dass Ihre Regeln kein Korsett schaffen. Enge Vorgaben haben zum Beispiel wie formelhafte Gebote den Nachteil, nur für ganz spezifische Ereignisse geeignet zu sein. Komplexität konfrontiert uns aber mit im Detail unterschiedlichen, mehrdeutigen Auswirkungen, die nicht durch ein »Ich werde immer ...« oder »Ich werde nie ...« zu erfassen sind. Der Regeleffekt wäre damit verpufft. Und zudem ist es schwer, gebotsartige Regeln zu verändern oder anzupassen.

Erreichbare und feststellbare Wirkungen: Ihre Regeln sollten einen unmittelbaren Bezug zu den Auswirkungen haben, die Ihnen Komplexität beschert. Sie sollten »komplexitätsrelevant« sein, das heißt, Sie sollten mit Ihren Regeln auf konkrete Ereignisse Einfluss nehmen können. Wenn Sie Ihre Regeln aufstellen, malen Sie sich aus, wie sich Ihr Verhalten in den Situationen verändert, wenn Sie diese einsetzen. Daraus können Sie ein Szenario entwickeln. Ist das Ergebnis positiv, können Sie die Regeln in einer »Testphase« überprüfen.

Um ein erstes Regelwerk zu erstellen, genügen ein paar prägnante Beispiele, die Sie sammeln. Dazu bietet sich an, auf einem weißen Blatt Papier eine schlichte Matrix zum Eingrenzen der für Sie relevanten Themen anzulegen. In drei Spalten tragen Sie oben nebeneinander die drei soeben genannten Punkte ein, wie Regeln aussehen sollten: Engpass beheben, Handlung ermöglichen und Wirkung erreichen. Links daneben listen Sie untereinander in je einer Zeile die bisherigen Auswirkungen von Komplexität anhand konkreter Ereignisse oder Ihrer Versäumnisse auf, die besonders hinderlich oder störend für die Erreichung Ihrer Zielräume sind. Es genügt zunächst maximal ein Dutzend Punkte, um die Komplexität nicht unnötig zu erhöhen. Im Ergebnis erhalten Sie im Schnittpunkt der beiden Skalen viele weiße Felder. Darin halten Sie stichpunktartig fest, wie Sie nicht (rote Farbe) und im Optimalfall (grüne Schrift) handeln sollten, um die drei Punkte, die die Regeln bewirken sollten, zu erfüllen. Wenn Sie sich bei einzelnen Punkten nicht klar sind und deshalb das eine oder andere Feld leer bleibt, ist das nicht schlimm, da die Stichpunkte für den nächsten Schritt ausreichen dürften.

In der ausgefüllten, vielleicht etwas lückenhaften Matrix suchen Sie nun nach Gemeinsamkeiten Ihrer Notizen, markieren diese oder schreiben sie sich auf ein anderes Blatt Papier. So erstellen Sie ein Cluster der optimalen und hinderlichen Verhaltensweisen, die sich offenbar in unterschiedlichen Situationen häufen. Aus dieser Zusammenstellung lassen sich erste Regeln ableiten. Diese müssen sprachlich nicht geschliffen, aber vor allem handlungsrelevant sein. Denn nun »proben« Sie, indem Sie eine typische Situation wiederholen, unter Berücksichtigung dieser Regel. Fühlen Sie sich bei der Vorstellung daran gut oder sogar besser? Haben Sie spontan Lust, dieser neuen Perspektive zu folgen? Dann probieren Sie es bei nächster Gelegenheit aus!

Zusätzlich könnte es bereits einige Regeln geben, denen Sie unausgesprochen folgen. Dies kann positiv oder auch von Nachteil sein.

Dazu zählen auch sogenannte Glaubenssätze, die wir uns in der Vergangenheit angeeignet haben. Sie können uns unterbewusst sehr stark prägen und zum Beispiel einen offensiven Umgang mit Komplexität verhindern. Ein Klassiker ist der Gedanke »Veränderungen sind mir schon immer schwergefallen«. Also wird das auch so bleiben, so die implizite Bedeutung dieser Aussage. Diese innere Zensur, Wandel an sich als Gefahr zu bewerten – egal, was kommt –, beruht wahrscheinlich auf prägenden Erfahrungen oder Botschaften, die zu einer großen Verunsicherung geführt haben. Hinderliche Glaubenssätze wie dieser sollten freigelegt und hinterfragt werden. Insofern kann die Auseinandersetzung mit Regeln zum Umgang mit Komplexität hilfreich sein, auch tiefer liegende Überzeugungen zu verändern.

Positiv wirksam können sogenannte Faustregeln oder Daumenregeln sein. Die Herkunft der Begriffe ist nicht eindeutig. Aber vor der Einführung lasergesteuerter Messgeräte war es bei Dachdeckern und Schreinern nicht unüblich, Entfernungen, die nur umständlich exakt zu bestimmen waren, zunächst mit einem Blick »über den Daumen« zu schätzen, aufgrund der vorhandenen Erfahrung und dem geschulten Auge meist mit gutem Erfolg. Ich habe zum Beispiel die Faustregel »Erst ein Bild, dann Worte« entwickelt, um bei Kunden meine Präsentationen zu beginnen. Menschen reagieren auf Bilder emotional und sind konzentriert. Dadurch hören mir die Anwesenden meist aufmerksam zu. Das funktioniert gut, um die Komplexität im Raum durch die verschiedenen Gedanken, die jeder mitbringt, einzusammeln.

Generell können für Sie bewährte Faustregeln ein guter Impuls sein, allgemeinere Regeln für den Umgang mit Komplexität zu formulieren. Dafür können Sie zum Beispiel Ihre Faustregeln neben die oben genannte Matrix legen und prüfen, ob sie mit Ihren Aufzeichnungen übereinstimmen. Allerdings sollten Sie Ihre neu erlangten Erkenntnisse nicht unter die vorhandenen Faustregeln zwingen. Denn Ihre

bewährten Regeln aus dem Alltag könnten auf alte Denkmuster zurückzuführen sein, wie etwa einfachen Ursache-Wirkung-Beziehungen, die immer seltener oder nur in klar abgegrenzten Umfeldern
oder Situationen anzutreffen sind. Deshalb hat meine Faustregel
»Erst ein Bild, dann Worte«, die auf einem einfachen Ursache-Wirkung-Schema beruht, keinen Bezug zu meinen Regeln, die ich Ihnen
oben vorgestellt habe. Hingegen geht meine neue Regel »Bloß nicht
eindimensional werden« genau in die entgegengesetzte Richtung:
offen für Zukünftiges sein.

Damit begegne ich den Auswirkungen von VUCA, die im ersten
Kapitel aufgezeigt wurden. Offenheit ist wichtig für das Setzen und
Verändern von Regeln, um mit Komplexität möglichst meisterhaft
umgehen zu können. Faustregeln und Ursache-Wirkung-Beziehungen basieren immer auf in der Vergangenheit Erlebtem und auf vorhandenen Vergleichsdaten. Das wesentliche Merkmal von komplexen Systemen ist, dass die Zukunft völlig anders aussehen kann als
die Vergangenheit und dass sie ganz neue Ereignisse hervorruft. Und
selbst das vermeintlich sichere Analyseergebnis von Vergangenem
als Grundlage für Zukünftiges kann, wie Psychologen sagen, »ver-
rauscht« sein. Das bedeutet, verwirrende oder nicht eindeutige Informationen, die aber als solche wahrgenommen werden, lassen ein
Bild entstehen, das »übertypisiert« ist, obwohl es gar nicht typisch
ist. Informationen werden auf der Basis von Bestehendem durch In-
terpretation passend gemacht. Deshalb scheitern beispielsweise viele Projekte in Unternehmen, die auf erfolgreichen Beispielen der
Vergangenheit beruhen, erstens weil sich das Umfeld geändert hat
und zweitens das Beispiel einzigartig ist und trotz des Erfolgs kein
Vorbild sein kann.

Aus diesem Dilemma helfen Ihre Regeln hinaus, weil die jeweils
wichtigsten Variablen in den Fokus rücken. Indem Sie periphere Faktoren und unsichere Zusammenhänge, die Sie nicht genau
bewerten und schon gar nicht direkt beeinflussen können, nicht

berücksichtigen, werden Störsignale zum »Verrauschen« ausgeschaltet. Dadurch sind Sie in der Lage, Zukunftsszenarien zu bewerten und die bestmögliche und somit richtige Entscheidung zu treffen. Besser können Sie nicht entscheiden. Das gilt auch, wenn sich im Einzelfall herausstellt, dass eine Entscheidung letztlich nicht die erhofften Ergebnisse und Folgen nach sich zieht. Niemand weiß, ob ein anderer Entschluss die Wahrscheinlichkeit, erfolgreich zu entscheiden und zu handeln, erhöht hätte.

Unbestritten und bewiesen durch zahlreiche Experimente, Verhaltensstudien und Forschungsarbeiten ist, dass wir dazu neigen, periphere Variablen auf Kosten entscheidender Faktoren stärker zu berücksichtigen, wenn wir versuchen, sie alle in einer Entscheidungssituation in Betracht zu ziehen. So hat sich zum Beispiel gezeigt, dass Privatinvestoren, die sehr konsequent einfachen Regeln folgen, deutlich erfolgreicher sind als professionelle Anleger, die mit einem hohen Analyseaufwand und auf einer breiten Datengrundlage Entscheidungen treffen. Gerade in schwankenden und instabilen Märkten und Ausgangslagen, die in komplexen Umgebungen immer wieder entstehen können, ist der Einsatz von einfachen Regeln als Richtschnur bei Entscheidungen besonders effektiv.

Legendär ist seit dem 19. Jahrhundert die Regel »Kaufen, wenn die Kanonen grollen«, also bei einem durch politische Entscheidungen ausgelösten Börsencrash. Langfristig waren dann für mutige Anlagen die Kurssteigerungen immer am höchsten – so die Kanonen nicht noch donnerten. Dann sah das Ergebnis teilweise ganz anders aus. Deshalb kam es immer darauf an, die entscheidenden Faktoren für das Ausbleiben des Donners zu identifizieren.

Regeln verändern

Einfache Regeln reduzieren das Risiko, unwichtige Faktoren über-
zubewerten. Sie helfen uns, das für uns Wichtige vom Unwichtigen
zu unterscheiden. Und was wichtig ist, wechselt in einem komplexen Umfeld ständig. Allein deshalb verändern sich unsere Regeln,
entweder fließend oder auch abrupt, je nach Situation und Ereignis.

Zum »Einfach machen« gehört, sich wie bei der Überprüfung der
eigenen Ziele einen Rahmen zu setzen, also wann und wie Sie Ihre
Regeln einer Revision unterziehen. Es bieten sich drei naheliegen-
de Kriterien dafür an: erstens einschneidende Ereignisse, bei denen
Regeln versagt haben. Zweitens dauerhafte Wirkungslosigkeit einer
Regel oder unangenehme »Nebenwirkungen« und drittens grundsätzliche Einsatzprobleme, um die eigenen Erwartungen und Ziele
zu erfüllen.

Als vierte Möglichkeit gäbe es noch den »Routinecheck«: Die Regeln wirken, Sie sind zufrieden mit Ihrem »Einfach machen« und
die Auswirkungen und Folgen, die sich aus Ihren Leistungen ergeben, passen für Sie. Regeln, die sich wiederholt bewährt haben,
sind ein stabiles Fundament. Deshalb ist aber noch lange nicht sicher, dass dies bei komplexitätsbedingten Veränderungen auch in
Zukunft der Fall sein wird. Jedes stabile Fundament kann bröckeln.
Nachdem Sie dieses Buch gelesen haben, dürften Sie jedoch ohnehin wachsam sein für die Entwicklungen und Auswirkungen durch
VUCA. Eine besondere Aufmerksamkeit erübrigt sich daher – wir
wollen es ja möglichst »einfach machen«.

Einschneidende Ereignisse: Regeln können versagen. Gerne greife ich
zur Veranschaulichung auf meine Regel »Mut zur Lücke« zurück.
Sie hat sich häufig bewährt, führte aber einmal dazu, dass ich wichtige Informationen übersehen habe. Zwar ist niemand zu Schaden
gekommen, aber für mich wurde es kompliziert, die Auswirkungen

aufzufangen und ein Projekt zu retten. Als Erstes habe ich überlegt, wie die Situation ohne Einsatz der Regel verlaufen wäre. Wäre der Ausgang ein anderer und positiver gewesen? Wäre eine andere Regel besser gewesen? Habe ich die Regel falsch eingesetzt? Könnte diese Situation noch mal so eintreten, mit oder ohne diese Regel? In der Konsequenz bleibe ich bei der Regel »Mut zur Lücke«. Zugleich bin ich nun noch aufmerksamer für die Einzigartigkeit von Situationen, getreu meiner neuen Regel »Bloß nicht eindimensional werden«.

In jedem Fall sollte bei einschneidenden negativen Ereignissen geprüft werden, ob daraus Konsequenzen zu ziehen sind. Nüchtern und ergebnisoffen die genannten Fragen zu stellen und aus den Antworten Szenarien für die Zukunft zu entwickeln, schadet nicht. Die Justierung im Detail, also mehr Aufmerksamkeit beim Einsatz einer Regel, sie umzuformulieren oder zu verwerfen – alles sollte möglich sein, egal, wie lange Sie eine Regel (erfolgreich) verwenden.

Wirkungslosigkeit einer Regel: Wenn eine Regel sich dauerhaft als völlig unbrauchbar erwiesen hat oder bei vielen kleinen Ereignissen der Eindruck entsteht, dass die Regel irgendwie nicht oder nicht mehr passt, dann ist die grundsätzliche Betrachtung sinnvoll, wie beim Setzen einer neuen Regel. Ihre Bedürfnisse oder Erwartungen können sich unbewusst verändert haben, wodurch sich ein Engpass ergeben kann und Sie zur Bewältigung an Stellschrauben drehen müssen. Damit ergeben sich neue Anforderungen an Ihre Entscheidungen und Ihr Handeln.

Bei meiner ersten Regel »Mäßig, aber regelmäßig« hatte ich nach einigen Jahren den Eindruck, Dinge nicht ganz oder nicht mit voller Energie zu verfolgen. Ich meinte, da und dort hätte ich vielleicht noch mehr aus mir rausholen können. Dieses Gefühl entstand unabhängig davon, ob der Umgang mit Komplexität gelitten hatte. Gerade ehrgeizige oder gewissenhafte Menschen, die etwas konsequent verfolgen oder ordentlich abschließen möchten, können dies vielleicht nachvollziehen. In meinem Fall kam noch die Prägung aus der Vergangenheit als Leistungssportler dazu. Damals hatte ich nur nach vollem Einsatz in der Vorbereitung beim Start ein gutes Gefühl.

Bei intensiver Überprüfung möglicher Engpässe und vorhandener Stellschrauben und welche Anforderungen Komplexität an mich stellt, wurde mir bewusst, dass für mein mulmiges Gefühl ein Glaubenssatz verantwortlich ist: »Wenn, dann richtig!« Trotz aller Regeln prägt mich diese Überzeugung bis heute und ist gewiss von Vorteil für meine Kunden, da ich deswegen so zuverlässig und durchsetzungsfähig bin. Die Regeln steuern mich aber, um den heutigen Anforderungen gerecht zu werden. Und diese sind wesentlich komplexer als in der sehr eindimensionalen Wettkampfsituation im Sport. Manche »Nebenwirkungen« nehme ich daher hin. Das Gefühl, meine Regel sei nicht mehr angemessen, ist weg, nachdem ich darüber nachgedacht und mit vertrauensvollen Partnern darüber gesprochen habe.

Grundsätzliche Einsatzprobleme: Angesichts des beabsichtigten Nutzens der Regeln, »Einfach machen«, und unser Leben erfolgreicher zu gestalten, könnte es sein, dass sie keinen oder nur einen sporadischen Effekt haben. Das sollten Sie prüfen und ernst nehmen. Natürlich kann dies an den Regeln liegen. Dann gilt es, sich neue Regeln zu setzen. Sozusagen »zurück auf Los«.

Nehmen wir aber an, dass Sie sich Regeln gesetzt haben, so wie ich es Ihnen in diesem Kapitel nahegelegt habe, dann sollten Sie sich überlegen, ob die Grundlagen für Ihre Regeln passen. Also machen Sie ein, zwei Schritte zurück, um den Überblick zurückzugewinnen. Dazu wäre ein Blick in den ersten Teil sinnvoll, ob Ihre Erwartungen und Ziele angesichts der bestehenden Rahmenbedingungen angemessen sind oder diese Sie vielleicht einschränken. Ein Blick in Ihr Zielhaus wäre dann ebenfalls angebracht. Gerade das Zielhaus gibt Ihnen die notwendige Flexibilität, sich veränderten Rahmenbedingungen anzupassen, ohne beliebig zu werden. Ihre Probleme beim Einsatz Ihrer Regeln hätten insofern den positiven Effekt, sich über vorhandene Erwartungen und Zielsetzungen bewusst zu werden und diese auf den Prüfstand zu stellen.

Wie auch immer Ihre Regeln sein und sich verändern werden, erinnern Sie sich bitte immer daran, ihre Anzahl überschaubar (»eine Handvoll«) und allgemein zu halten (»ein kurzer Satz«). Das ist »Einfach machen«. Sobald Sie Ihr Regelwerk nicht mehr spontan zitieren können und Sie zunächst in Ihre Notizen schauen müssen, wie Sie vorgehen sollten, erreichen Sie die Grenze zum »Nicht-mehr-einfach-Machen«. Ihre Regeln sollten nicht für jede, aber für möglichst viele wichtige Ereignisse und Situationen, die Ihnen Komplexität beschert, wirksam sein. Und wirksam bedeutet letztlich, dass durch Ihre Regeln Komplexität die Chance erhöht, Ihre Ziele zu erreichen.

Regeln geben Ihnen den Rhythmus beim Googelsieren, der Ihren Bedürfnissen, Erwartungen und Zielen entspricht. Ich wünsche Ihnen dazu den Mut, die Geduld und letztlich den Erfolg, den Sie sich erhoffen.

Ausblick:
Googelsieren Sie schon?

Jetzt kann es losgehen. Sie haben entweder schon eine Vorstellung davon, wie Sie Komplexität als Chance zur Erreichung der eigenen Ziele künftig nutzen möchten. Oder Sie haben festgestellt, bereits ganz gut aufgestellt zu sein, sogar ganz gut googelsieren zu können. Ebenso könnte es sein, dass die Ideen in Ihrem Kopf wie lose Enden herumschwirren und zusammengefügt werden sollten. In jedem Fall ist Ihnen klar, dass Komplexität ein bestimmendes Gestaltungsmerkmal Ihres Lebens ist und sich damit Ihr Handlungsspielraum erweitert.

Das letzte Kapitel zum Setzen eigener Regeln hat Ihnen verdeutlicht, dass Googelsieren keine festgelegte Tätigkeit ist, die so und nicht anders erfolgt. Sie werden Ihr eigenes Rezept entwickeln und verfeinern. Wie beim Googeln wird jeder von uns je nach Bedarf und Situation die in diesem Buch aufgeführten Instrumente und Methoden einsetzen.

Grundlage dafür ist Ihr Bewusstsein, dass nicht das Reduzieren oder Ignorieren von Komplexität zum Erfolg führt, sondern Ihr Streben nach dem meisterlichen Umgang. Dabei führen die unterschiedlichen Auswirkungen von und Herausforderungen durch Komplexität dazu, den Einsatz der eigenen Fähigkeiten immer wieder neu zu justieren und diese je nach Bedarf zu kombinieren. Sie können Ihr Verhalten im Alltag fortlaufend anpassen. Kleine Fortschritte können dabei sehr viel bewirken. Das ist ja gerade der große Vorteil, den

Komplexität bietet: Kleine Veränderungen können im Wechselspiel der unterschiedlichen Einflüsse eine große Wirkung entfalten.

Zweifellos braucht es zum Googelsieren eine gewisse Anstrengung und ein entsprechendes Durchhaltevermögen. Denn es gibt keinen Plan von A bis Z und schon gar kein Schema F, die immer zum »Einfach machen« passen. Bei bestem Willen und auch wenn Sie sich geschickt anstellen, wird es Ihnen nicht gelingen, immer und in jeglicher Hinsicht optimal zu handeln. Einige Überraschungen werden Sie erwarten. Und für die Richtigkeit Ihrer Entscheidungen gibt es keine Garantie. Das ist schon immer so gewesen. Dieser Trend wird sich aber durch die Digitalisierung und damit dem »Ver-appen« vieler Lebensbereiche weiter verschärfen, wenn wir nicht handeln.

Googelsieren eröffnet neue Perspektiven und ermöglicht, eine aktive Rolle einzunehmen und eine potenzielle Abnahme von Gestaltungsmöglichkeiten nicht hinzunehmen. Sie müssen nicht mehr warten, bis äußerer Druck durch Komplexität oder persönlicher Misserfolg Sie zum Handeln drängt, etwa wenn Sie hinderliche Gewohnheiten ablegen wollen. Über Ihren Wunsch zum »Einfach machen« sind Sie durch dieses Buch auf Fähigkeiten aufmerksam geworden oder Ihr selbstbewusster Einsatz ist Ihnen wieder bewusst geworden. Sie wissen, was Sie bereits gut können und welche Ideen eine nützliche Ergänzung dessen sind. Sie wollen sich in Ihrem eigenen Rhythmus und mit den eigenen Regeln ständig weiterentwickeln. Sie können darin so gut werden, wie kein Algorithmus irgendeines Programms es jemals vermag. Sie sichern so Ihre Unabhängigkeit und behalten im digitalen Zeitalter das Heft zum Handeln in der Hand und lassen es sich nicht von den technischen Helfern abnehmen.

Die Fahrt in die Zukunft beginnt

Für uns neue Herausforderungen sind bereits absehbar. Eine wird viele Jahre unserer Lebenszeit beeinflussen, die wir bisher zusammengerechnet mit einer Tätigkeit verbringen: Autofahren. Die neuen Internet- und alten Automobilkonzerne liefern sich ein Wettrennen, wer das erste selbstfahrende Fahrzeug auf die Straße bringt, das ohne Lenkrad und Pedale auskommt. Erneut wird eine Tätigkeit durch die Digitalisierung vereinfacht. Das selbstfahrende Auto wird uns Zeit verschaffen, die wir bisher im Stau verplempern. Aber stellen Sie sich vor, in so einem Fahrzeug zu sitzen. Wie wird sich das anfühlen und was ist die Folge? Eins steht für uns alle fest: Wir können währenddessen nun alles Mögliche machen!

Bevor manche von Ihnen vorschnell jubeln und andere trauern – noch etwas ist absehbar: Unser Leben wird erneut komplexer durch die Vielfalt an neuen Möglichkeiten. Wir werden selbst entscheiden können, wofür wir die Autofahrt nutzen. Ein Fehler wäre, neben dem Motor nun auch den eigenen Aktivitätsmodus einzuschalten, um zum Beispiel E-Mails zu erledigen oder für eine Prüfung zu lernen. Vielleicht ist es besser, die Landschaft zu genießen und nach einem anstrengenden Arbeitstag abzuschalten. Statt vor einfachen Entscheidungen im Verkehr zu stehen, fassen wir zukünftig immer wieder neue Entschlüsse, was wir machen oder sein lassen können. Und das bei jeder Fahrt.

Jede technische Vereinfachung schafft neue Wahlmöglichkeiten und Abhängigkeiten und erhöht damit die Komplexität. Selber »Einfach machen« wird deshalb in Zukunft immer wichtiger. Seien Sie sicher: Sie sind gut vorbereitet.

»Googelsiere das mal«

Künftig könnte so die Aufforderung zum brillanten Umgang mit Komplexität lauten, quasi als Entsprechung zu »Googel das mal«. Dahinter verbirgt sich nicht nur die Eingabe in einem Suchfenster. Vielmehr ist damit auch eine Fähigkeit verbunden. Mit der zunehmenden Menge an Daten und Quellen entsteht nicht automatisch ein höheres Maß an Informationen, die für die jeweilige Suche relevant sind. Wir sind gefordert, die verschiedenen Ergebnisse auszuwählen und zu bewerten. Googeln fordert uns mehr ab, als Worte in ein Feld einzugeben. Erfolgreiches Googeln hängt auch vom Ergebnis unserer Suche ab, von unseren Bedürfnissen und Zielen. Darüber machen sich – nach gut 15 Jahren Nutzung der Suchmaschine – nur wenige Gedanken, wobei es bei jeder Suche von uns unbemerkt dazu kommt. Wer klickt gleich das erste Suchergebnis an? Es sei denn, jemand hat schlicht eine bestimmte Telefonnummer gesucht. Die neue Kompetenz ist für viele Menschen alltäglich geworden.

Das kann auch für das Googelsieren gelten. Es ist der nächste Schritt, sozusagen Googeln ohne Suchmaschine. Die Annahme, dass dieser Begriff in unseren allgemeinen Sprachgebrauch eingehen und von jedem verstanden werden könnte, ist vielleicht nicht ganz unberechtigt. Entscheidend wird sein, wie stark der Leidensdruck und der Wunsch zum »Einfach machen« sind und ob sie zunehmen werden. Das ist nicht vorhersehbar: Die Bedeutung des Begriffs »Googelsieren« wird sich eben auch in einem komplexen System entfalten – mit ungewissem Ausgang.

Gewiss ist allerdings, dass jede Leserin und jeder Leser Erfahrungen sammeln wird im »Einfach machen«. Sie werden dadurch zu Neuem angeregt und wollen vielleicht ihre Erfahrungen teilen. Ich habe zu diesem Zweck im Internet eine Plattform eingerichtet. Unter www.googelsieren.de können Sie Erfahrungen austauschen und Themen ergänzen. Zudem finden Sie dort über das Buch hinausgehende Hinweise und Links zum Googelsieren, die sich im Laufe der Zeit ergeben – durch die fortschreitende Digitalisierung und damit einhergehende Auswirkungen von Komplexität. Lassen Sie uns gemeinsam sehen, wie weit wir mit dem »Einfach machen« kommen und welche neuen Perspektiven sich ergeben.

Im Ergebnis bedeutet das Beherrschen von Komplexität, für sich das Wesentliche im Leben zu entdecken und sich darauf zu konzentrieren, was uns weiterbringt und Freude bereitet. »Einfach machen« heißt, sein Leben besser und erfolgreicher zu gestalten. Das ist ein hoher Anspruch. Und das ist gut so. Denken Sie an den Slogan für den Apple-II-Computer aus dem Jahr 1977. Er ist zwar alt, aber nicht veraltet und aktueller denn je:

Einfachheit ist die ultimative Raffinesse.

Über den Autor

Dr. Michael Groß ist als dreifacher Olympiasieger, fünffacher Weltmeister und vierfacher »Sportler des Jahres« als einer der erfolgreichsten Schwimmsportler in Deutschland bekannt geworden. Heute ist er Inhaber von Groß & Cie., einer Beratungsgesellschaft für Change Management und Talent Management. Zudem unterrichtet er an der Universität Frankfurt am Main zum Thema »Digital Leadership« und ist seit vielen Jahren als gefragter Coach und Buchautor tätig.

Literatur

Die Hinweise konzentrieren sich auf Quellen, die je nach Thema möglichst die durch den digitalen Wandel bedingten neuen Perspektiven berücksichtigen. Es besteht kein Anspruch auf Vollständigkeit. Gerne können Sie, liebe Leserinnen und Leser, dem Autor unter www.googelsieren.de weitere Quellen mitteilen, die Ihnen wertvoll erscheinen.

Die Reihenfolge der Angaben entspricht den Kapitelinhalten.

Kapitel 1

Nicht nur die Bundesanstalt für Arbeitsschutz und Arbeitsmedizin ermittelt fortlaufend Daten (zu finden im Internet unter www. baua.de). Für »Einfach Machen« interessante aktuelle Trends finden Sie auch unter https://yougov.de. Geben Sie dort zum Beispiel das Schlagwort »Stress« ein.

Zum Komplexitätsmanagement und den Erkenntnissen aus der Psychologie bietet einen kompakten Überblick: Elke Döring-Seipel u. a. (2015), *Komplexitätsmanagement.* Wiesbaden: Springer Fachmedien

Auf Chancen und Herausforderungen durch VUCA in Unternehmen geht detailliert ein: Oliver Mack u. a. (2015), *Managing in a VUCA World.* Heidelberg: Springer

Kapitel 2

Hinsichtlich der historischen Dimensionen von Komplexität aufschlussreich ist: Andreas Röder (2015), *21.0: Eine kurze Geschichte der Gegenwart*. München: C.H.Beck

Bezüglich Auswirkungen und Perspektiven von Big Data hilft weiter: Viktor Mayer-Schönberger (2013), *Big Data: Die Revolution, die unser Leben verändern wird*, München: Redline Verlag

Wie Digital Natives Work-Life-Blending umsetzen zeigt: Christian Scholz (2014), *Generation Z. Wie sie tickt, was sie verändert und warum sie uns alle ansteckt*. Weinheim: Wiley

Kapitel 3

Einen Einblick in die Modelle, die uns prägen, liefert: Daniel Kahneman (2012), *Schnelles Denken, langsames Denken*. München: Siedler

Den Einfluss der Kultur auf unsere biologische Entwicklung und unser Denken zeigt: Michael Tomasello (2014), *Eine Naturgeschichte des menschlichen Denkens*. Berlin: Suhrkamp

Die versteckten Botschaften, die wir aussenden, betrachtet: Angela Gatterburg, Dietmar Pieper (2016). *Das Geheimnis guter Kommunikation*. München: Deutsche Verlags-Anstalt

Kapitel 4

Zur Erforschung der eigenen Motive und Festlegung von Zielen bietet konkrete Unterstützung: Michael Groß (2013), *Selbstcoaching:*

Eigenmotivation, Karriereplanung, Selbstführung – Veränderung als Chance nutzen und den eigenen Erfolgsweg gehen. Heidelberg: Springer

Falls Sie sich intensiver mit den Grundlagen Ihrer Erwartungen beschäftigen möchten, hilft Ihnen weiter: Jutta Heckhausen (2010), *Motivation und Handeln.* Heidelberg: Springer

Falls Sie sich auf eine neue Aufgabe als Führungskraft vorbereiten möchten, ist hilfreich: Diana von Kopp (2014). *Führungskraft – und was jetzt?* Heidelberg: Springer

Kapitel 5

Über die Macht höchst unwahrscheinlicher Ereignisse: Nassim Nicholas Taleb (2008), *Der Schwarze Schwan: Die Macht höchst unwahrscheinlicher Ereignisse.* München: Hanser

Gute Beispiele für das erfolgreiche Setzen von Zielen hat zusammengestellt: Rainer Zitelmann (2014), *Setze dir größere Ziele. Die Geheimnisse erfolgreicher Persönlichkeiten.* München: Redline Verlag

Mit der Aktivierung unserer Willenskraft intensiv beschäftigt sich: Kelly McGonigal (2012), *Bergauf mit Rückenwind: Willenskraft effizient einsetzen.* München: Goldmann

Kapitel 6

Ein Blick hinter die Kulissen von Google gewährt: Thomas Schulz (2015), *Was Google wirklich will: Wie der einflussreichste Konzern der Welt unsere Zukunft verändert.* München: Deutsche Verlags-Anstalt

Eine gute Zusammenfassung, wie mit Informationen heute umgegangen werden sollte, ist die Novemberausgabe von 2011 des Harvard Business Manager

Kapitel 7

Einen tiefen Einblick in die erstaunlichen Fähigkeiten unseres Gehirns bietet: Norman Doidge (2014), *Neustart im Kopf: Wie sich unser Gehirn selbst repariert.* Frankfurt am Main: Campus Verlag

Kapitel 8

Zum Erkennen und Umsetzen persönlicher Stärken im Beruf ist hilfreich: Jürgen Nawatzki (2013), *Mit Selbstcoaching zum Traumjob: Wie Sie in fünf Schritten Ihre wahre Berufung entdecken und umsetzen.* Wiesbaden: Springer Gabler

Kapitel 9

Einblick in typische Entscheidungssituationen gibt: Hartmut Walz (2015) *Einfach genial entscheiden: Die 55 wichtigsten Erkenntnisse für Ihren Erfolg.* Freiburg: Haufe-Lexware

Kapitel 10

Dem Verkraften von Rückschlägen widmet sich sehr pragmatisch: Mirriam Prieß (2015), *Resilienz – Das Geheimnis innerer Stärke: Widerstandskraft entwickeln und authentisch leben.* München: Südwest Verlag

Kapitel 11

Die Vorteile der Gestalterhaltung betrachten im Detail: Jens-Uwe Martens und Julius Kuhl (2013), *Die Kunst der Selbstmotivierung: Neue Erkenntnisse der Motivationsforschung praktisch nutzen.* Stuttgart: Kohlhammer

Kapitel 12

Sehr hilfreich für die Beschäftigung mit Achtsamkeit ist: Halko Weiss u. a. (2014), *Das Achtsamkeits-Übungsbuch: Für Beruf und Alltag.* Stuttgart: Klett-Cotta

Kapitel 13

Details zum Umgang mit sozialen Netzwerken enthält: Alexandra Samuel (2015), *Work Smarter with Social Media: A Guide to Managing Evernote, Twitter, LinkedIn and Your EMail.* Boston: Harvard Business Review Press (E-Book)

Kapitel 14

Einen aktuellen und guten Überblick, wie und warum Multitasking häufig versagt, liefern: Andreas Zimber und Thomas Rigotti (2015), *Multitasking: Komplexe Anforderungen im Arbeitsalltag verstehen, bewerten und bewältigen.* Göttingen: Hogrefe Verlag

Kapitel 15

Details und Checklisten für Zeitmanagement liefern: Jörg Knoblauch u. a. (2015), *Zeitmanagement.* Freiburg: Haufe-Lexware

Kapitel 16

Bewährte Kreativitätstechniken überblicken: Sascha Friesike und Oliver Gassmann (2015), *Kreativcode: Die sieben Schlüssel für persönliche und berufliche Kreativität.* München: Carl Hanser Verlag

Zur Praxis der gegenseitigen Inspiration in Teams bietet einen kompakten Überblick: Rolf van Dick u. a. (2013) *Teamwork, Teamdiagnose, Teamentwicklung.* Göttingen: Hogrefe Verlag

Kapitel 17

Aus der Vielzahl an Büchern zum Stressmanagement empfiehlt sich aktuell: Gert Kaluza (2014), *Gelassen und sicher im Stress: Das Stresskompetenz-Buch. Stress erkennen, verstehen, bewältigen.* Heidelberg: Springer

Kapitel 18

Zum ganz alltäglichen Überwinden eigener Grenzen liefern gute Anregungen: Nikolaus Enkelmann und Alexander A. Gorjinia (2014), *Hemmungslos: Blockaden und Ängste überwinden – Ziele erreichen – einfach entspannter leben.* Wien: Linde

Kapitel 19

Mehr zur Wirksamkeit einfacher Regeln erfahren Sie bei Donald Sull und Kathleen M. Eisenhardt (2015), *Simple Rules: Einfache Regeln für komplexe Situationen.* Berlin: Econ

Etliche Inspirationen, welche Regeln sinnvoll sein könnten, liefert Martin Krengel (2013). *Golden Rules: Erfolgreiche Lernen und Arbeiten.* Zürich: Midas

Stichwortverzeichnis

D

Denkmuster, alte 23, 25, 27, 38, 104, 129, 147, 205, 208, 216f., 223, 257

Denkstrategien, neue 13, 25, 28, 30f., 89, 223

Digitalisierung 9, 19, 22, 36, 46, 56f., 83, 98–101, 111, 157, 162, 169, 194f., 213, 236, 249, 264f., 267

Dissonanz, kognitive 155ff., 233, 237

Distanz 143, 156, 219, 221, 223, 234, 237

Doping, natürliches 15, 170, 172 200, 221

E

Edison, Thomas Alva 113

Eindimensionalität vermeiden 77, 249, 257, 260f.

Einfachheit 7, 9ff., 18, 32f., 89, 267

Einflüsse 19f., 23, 28f., 33, 39, 46, 55f., 61, 65, 67, 69, 71, 76–79, 81, 104f., 114, 124, 127, 130, 132, 144, 151f., 216, 227, 249, 251f., 264

Einkapselung 24

Einstein, Albert 111

E-Mail 37, 50, 168f., 173–177, 180, 195, 197–199, 201, 212, 229, 265

-Kategorien 175

Emotion 30, 37, 51, 55, 59, 61f., 68, 77f., 85, 103ff., 118, 133, 144f., 153f., 172, 190, 196, 201, 218, 223f., 227f., 231, 242, 256

Engpässe 16, 211, 253, 255, 260f.

Entscheiden 10, 14, 16, 18, 20f., 26, 29f., 34, 39, 42, 52, 54, 73, 81f., 85, 96–99, 101, 111, 114f., 121–136, 139, 153, 155ff., 164, 174, 180f., 187, 189, 202f., 214, 223, 238f., 241, 250, 254, 258, 260, 264f., 274

Entscheidungsprofil 125f., 128f., 131, 133f.

Entschlüsse, spontane 133f.

Entspannung 15, 170f., 200, 225, 227–231

Ereignisse, einschneidende 81, 259f.

Erfahrungen 11, 29, 80, 84, 88, 98, 104f., 107, 117, 127, 129ff., 167, 186, 191, 215, 218, 225, 243, 252, 256, 266

Ergebnisse prüfen 26, 159

Erreichbarkeit 12, 15, 78, 166, 170, 179

Erwartung 13, 26

-eigene 14, 18, 26, 50–56, 59, 61ff., 71, 88f., 94ff., 101, 106, 114, 140, 151f., 155ff., 159, 188, 224, 234, 259–262, 273

-fremde 57–61, 63f., 66, 74, 106

-konkrete 25, 54, 59

Jeder hat eine Begabung – sie muss nur entwickelt werden

Wo liegen meine Stärken? Worin bin ich begabt? Jeder stellt sich irgendwann diese Fragen. Dieses Buch hilft Ihnen, die eigenen Begabungen und Stärken zu erkennen und richtig zu nutzen – ob im Beruf oder im privaten Umfeld.

Mithilfe eines im Buch enthaltenen Online-Codes können Sie den von Gallup entwickelten Online-Test StrenghtsFinder 2.0 aufrufen, die eigenen Stärken herausfinden und in Kombination mit der Buchlektüre richtig ausbauen.

Die neuen Erkenntnisse werden Ihr Leben revolutionieren – Sie werden sehen, wie viel mehr Spaß und Freude Ihnen Ihre Tätigkeiten bereiten, wenn Sie dabei Ihre persönlichen Begabungen ausspielen können!

208 Seiten
Hardcover
16,99 € (D) | 17,50 € (A)
ISBN 978-3-86881-529-0

www.redline-verlag.de

REDLINE | VERLAG

Menschen durchschauen und steuern

Immer wieder stoßen wir im Berufsleben auf den Widerstand anderer.
Wir sind auf unsere Kollegen, Kunden,
Partner und Freunde angewiesen, aber
gleichzeitig stellen sich diese oft auch
als die größten Hindernisse heraus,
wenn sie sich querstellen und selbst
vernünftige Argumente ignorieren.
Kishor Sridhar zeigt in diesem Buch,
wie man durch die Verhaltenspsycho-
logie beziehungsweise mit den
Erkenntnissen der Behavioral
Economics spielend leicht andere
dazu bringt, das zu tun, was man
will. Anhand klarer und überraschend
einfacher Methoden sowie konkreter
Praxisbeispiele belegt er, wie man
die schwierigsten Kandidaten dazu
bewegt, aus eigener Überzeugung
fremde Pläne umzusetzen.

240 Seiten
Softcover
17,99 € (D) | 18,50 € (A)
ISBN 978-3-86881-553-5

www.redline-verlag.de